21世纪全国高等院校实用规划教材

U0354965

运　筹　学

（第2版）

主　编　吴亚丽　张俊敏
副主编　魏宗田　吴　园
参　编　屈漫利　张海英　常晓军
主　审　徐裕生

北京大学出版社
PEKING UNIVERSITY PRESS

内 容 简 介

本书是介绍运筹学的一些重要分支的基本理论和方法的基础教材，注重培养学生运用运筹学的方法分析和解决实际问题的能力，内容包括线性规划、动态规划、网络规划、决策与对策、存储问题、实验指导与运算软件6个部分，共10章。书中除了有大量例题外，还附有一定数量的习题。

本书前9章增加了应用案例、关键词及其英文对照两部分，补充了习题内容；第10章介绍了常用的MATLAB命令及相关函数和表达方法，WinQSB软件、LINGO软件及其使用方法，为满足不同实验环境提供了参考。

本书侧重于实际问题的建模和计算，可作为高等院校理工科运筹学课程教材，也可供从事实际工作的工程技术人员以及管理人员、企业家、商业经营者等学习参考。

图书在版编目(CIP)数据

运筹学/吴亚丽，张俊敏主编. —2版. —北京：北京大学出版社，2011.6
(21世纪全国高等院校实用规划教材)
ISBN 978-7-301-18860-6

Ⅰ.①运… Ⅱ.①吴…②张… Ⅲ.①运筹学—高等学校—教材 Ⅳ.①O22

中国版本图书馆CIP数据核字(2011)第078995号

书　　名：运筹学(第2版)
著作责任者：吴亚丽　张俊敏　主编
策 划 编 辑：程志强
责 任 编 辑：程志强
标 准 书 号：ISBN 978-7-301-18860-6/TP·1167
出 版 者：北京大学出版社
地　　址：北京市海淀区成府路205号　100871
网　　址：http://www.pup.cn　http://www.pup6.cn
电　　话：邮购部62752015　发行部62750672　编辑部62750667　出版部62754962
电 子 邮 箱：pup_6@163.com
印 刷 者：三河市博文印刷有限公司
发 行 者：北京大学出版社
经 销 者：新华书店
787毫米×1092毫米　16开本　14印张　324千字
2006年4月第1版　2011年8月第2版　2016年7月第5次印刷
定　　价：28.00元

第 2 版前言

运筹学是 20 世纪 40 年代开始形成的一门新学科。它用定量分析的方法来研究现实世界系统运行的规律，从中提出具有共性的模型，寻求解决模型的方法，其目的是帮助管理者选择最优决策方案，因此运筹学是实现管理现代化必不可少的工具。运筹学又是一门应用学科，也是交叉学科，因此它在工程技术、生产管理、财政经济、军事作战、科学实验及社会科学中都得到广泛的应用，越来越受到各部门和企业的重视。目前许多高等院校的很多专业，特别是理工科专业都把运筹学列为选修课，有的专业已把它列为必修课。

本书具有以下特色：在叙述与论证方面力求简洁清晰，尽量避免冗长的定理证明；理论与算法能联系实际问题，特别注重实用性；在内容深度上力求能被具有高等数学、线性代数和概率统计基础知识的读者顺利地接受和掌握；注重运筹学与相关学科的互相渗透和促进；注重数学模型与计算机软件的结合，给出了与数学模型对应的算法，便于计算结果、分析结果。因此本书有助于培养学生的“优化”意识、决策能力和思考能力，特别是建立模型的能力和使用计算机软件解决实际问题的能力。

本书可作为理工科本科或大专院校的教材，也可供从事实际工作的工程技术人员、管理人员、企业家、商业经营者等学习参考。建议总课时为 40～60 课时，上机课时为 6～10 课时。

本书内容共 10 章，可分为 6 部分：线性规划(第 1 章、第 2 章、第 3 章、第 4 章)，动态规划(第 5 章)，网络规划(第 6 章)，决策与对策(第 7 章、第 8 章)，存储问题(第 9 章)，实验指导与运算软件(第 10 章，为综合性设计与训练提供帮助)。

参加本书编写的单位和人员：西安建筑科技大学魏宗田、张俊敏（负责编写绪论、第 5 章、第 7 章、第 8 章)，西安理工大学常晓军、屈漫利、吴亚丽、张海英(负责编写第 1 章、第 2 章、第 3 章、第 4 章、第 6 章、第 10 章)，西安工程大学吴园(负责编写第 9 章)。教学课件的制作者：吴亚丽、张海英(负责制作绪论、第 1 章、第 2 章、第 3 章、第 4 章、第 6 章)，魏宗田、张俊敏(负责制作第 5 章、第 7 章、第 8 章)，吴园(负责制作第 9 章)。全书由吴亚丽、张俊敏担任主编，魏宗田、吴园担任副主编，张海英负责统稿，西安建筑科技大学的徐裕生教授担任主审。徐教授极其认真地审阅了全稿，并提出了许多宝贵的改进意见，在此表示诚挚的感谢！

由于编者时间和水平有限，书中不妥之处在所难免，恳请专家及读者批评指正。

编　者

2011 年 6 月

目　录

绪　论

一、运筹学的产生与发展

运筹学的英文名称为 Operations Research，简称 OR，意为“运用研究”或“操作研究”。作为一个科学名词，OR 最早出现于 20 世纪 30 年代末，50 年代后期由著名科学家钱学森、许国志等引入我国，其中文译名则是来自古语“运筹帷幄之中，决胜千里之外”（见《史记・高祖本记》)。因为运筹学不单有数学的含义，还含有规划、决策等其他相关学科的内容，更是有运用筹划、以策略取胜等意义，因此借用其中的“运筹”二字，恰当地反映了这门学科的性质和内涵。

各国学者对运筹学的定义和解释各不相同。P. M. Morse 与 G. E. kimball 给运筹学下的定义是：“运筹学是在实行管理的领域，运用数学方法对需要进行管理的问题统筹规划、做出决策的一门应用科学。”运筹学的另一位创始人把运筹学定义为：“管理系统的人为了获得关于系统运行的最优解而必须使用的一种科学方法。”也有学者把运筹学描述为就组织系统的各种经营做出决策的科学手段，它使用许多数学工具(包括高等数学、线性代数、概率统计、数理分析、随机过程等)和逻辑判断方法，来研究系统中人、财、物的组织管理、筹划调度等问题，以便获得最大效益。

运筹学的早期工作可以追溯到 20 世纪初，1914 年兰彻斯特(Lanchester)提出了军事运筹学的战斗方程；1917 年排队论的先驱爱而朗(Erlang)提出了排队论的一些著名公式。而存储论的最优批量公式是在 20 世纪 20 年代初提出来的，列温逊(Lewin Johnson)则在 20 世纪 30 年代已经开始用运筹学思想分析商业广告和顾客心理。运筹学的活动是从第二次世界大战初期的军事任务开始的，当时迫切需要把各种稀少的资源以有效的方式分配给各种不同的军事活动团体，所以英国和美国等军事管理当局号召科学家运用科学手段来处理战略与战术问题。在第二次世界大战期间，运筹学成功地解决了许多重要的作战问题，显示了其巨大的威力。

但是作为数学的一门分支学科，运筹学是在第二次世界大战后期才形成的。在战后的工业恢复时期，由于组织内与日俱增的复杂性和专业化所产生的问题，使运筹学进入工商企业和其他部门，并在 20 世纪 50 年代以后得到广泛的应用。其中，系统配置、聚散、竞争、优化的运用机理得到深入的研究和应用，形成了一套较完备的理论，如规划论、排队论、存储论、决策论等。后来电子计算机的问世又大大促进了运筹学的发展。不久许多国家相继成立了专门的运筹学会，1948 年英国成立了运筹学学会，1952 年美国成立了运筹学学会，1957 年国际运筹学协会成立了，至 1986 年全世界已有 38 个国家和地区成立了运筹学学会或类似的组织。我国于 1956 年由中国科学院成立了运筹学小组，并于 1980 年成立了运筹学学会。

运筹学概念虽然起源于欧美国家，但在学科研究方面，我国并不落后。20 世纪 50 年代中期，著名数学家华罗庚等老一辈科学家的贡献最为突出 20 世纪六七十年代，华罗庚的“优选法”和“统筹法”被许多部门采用，取得很好的经济效益，受到中央领导的好评。改革开放以来，运筹学的应用更为普遍，例如，运用线性规划进行全国范围的粮食、钢材的合理调运和广东省内水泥的合理调运等，同时简单易行的“图上作业法”也发挥了作用。运筹学方法在企业管理中的应用取得了明显的经济效益，提高了企业的管理水平，受到企业决策层和主管部门的重视。

二、运筹学的性质与特点

运筹学是一门应用科学，它广泛地应用现有的科学技术知识和数学方法来解决实际问题。运筹学研究的对象是经济、军事及科学技术等活动中，能用数量关系来描述的有关决策、筹划与管理等方面的问题。运筹学着重以管理、经济活动方面的问题及解决这些问题的原理和方法作为研究对象。

运筹学发展到今天，内容已相当丰富，分支也很多，主要包括线性规划、整数规划、目标规划、多目标规划、非线性规划、动态规划、图与网络、决策论、对策论、排队论、存储论、可靠性与质量管理、层次分析法等。显然，运筹学具有多学科交叉的特点，是跨学科的应用科学。

由于运筹学具有广泛的应用性，为了有效地应用运筹学，英国前运筹学会会长汤姆林森(Tomlin Son)提出了以下 6 条原则。

(1) 合作原则：运筹学工作要和各方面的人士，尤其是同实际部门工作者合作。

(2) 催化原则：在多学科共同解决某问题时，要引导人们改变一些常规的看法。

(3) 互相渗透原则：要求多部门彼此渗透地考虑问题，而不是只局限于本部门。

(4) 独立原则：在研究问题时，不应受某人或某部门的特殊政策所左右，应独立工作。

(5) 宽容原则：解决问题的思路要宽，方法要多，而不是局限于某种特定的方法。

(6) 平衡原则：要考虑各种矛盾的平衡、关系的平衡。

总之，应用运筹学要集思广益，取长补短，灵活运用，积极进取。运筹学在研究问题方面具有以下特点。

(1) 运筹学借助于模型，用定量分析或定量与定性分析相结合的方法，合理地解决实际问题，广泛应用于工商企业、军事部门、民政事业等研究组织内的统筹协调问题，故其应用不受行业和部门的限制。

(2) 运筹学是多学科专家集体协作研究的结晶。运筹学既对各种经营活动进行创造性的科学研究，又涉及组织的实际管理问题，具有很强的实践性，最终能向决策者提供建设性意见，并收到实效。

(3) 运筹学以“整体最优”为目标，从系统的观点出发，力图以整个系统最佳的方式来解决该系统各部门之间的利害冲突；对所研究的问题求出最优解或最佳的行动方案，所以它也常被看成是一门优化技术，它提供的是解决各类问题的优化方法。

(4) 电子计算机是不可缺少的工具，计算机的发展使许多运筹学方法得以实现和发展。目前已有不少可以求解运筹学各种问题的成熟软件，如 MATLAB、QSB、LINDO、LINGO 等。

三、运筹学的模型与应用

运筹学在解决实际问题的过程中，其核心问题是建立模型，建立模型的主要步骤如下。

1. 明确目标

即通过对实际问题的调查研究，搜集有关资料，弄清问题的目标、可能的约束、问题的有关变量及有关参数。

2. 建立模型

构建模型是运筹学研究的关键步骤，模型主要有像形模型、模拟模型和数学模型三大类型，其中以数学模型为主。在建立模型时，往往要根据一些理论的假设或设立一些前提条件，对模型进行必要的抽象和简化。

建立模型需要注意以下几点。

(1) 要有一组决策变量。

(2) 要有一组反映系统逻辑和约束关系的约束方程。

(3) 建立能反映决策目标的目标函数。

(4) 搜集与系统密切相关的各种参数。

3. 求解与检验

对建立的模型求解计算，得到的结果只是解决问题的一个初步方案。结果是否满意，还需检验；若不满意，要重新考虑模型的建立是否合理，采用的数据是否完整与科学，并对模型进行修正或更改。经过反复检验和修正模型后求得的结果才是符合实际的可行方案。

需要注意的是，由于模型和实际存在差异，由模型得到的最优解可能是实际系统的近似解或者满意解，因此得到的结果只能给决策者提供一个决策的参考。

4. 分析与实施

当求出结果后，必须对结果进行分析。要求管理人员(决策者)和建模人员共同参与，让决策者了解求解的方法步骤，对结果赋予经济含义，并从中获取求解过程中宝贵的经济信息，便于结果的真正实施。

近几十年来，运筹学的模型已广泛应用于许多领域。在军事、交通运输及国民经济各部门的资源分配与管理、工程优化设计、市场预测与分析、生产计划管理、库存管理、计算机与管理信息系统等诸多领域都有重要的应用成果出现。

运筹学模型的应用越来越受到重视。以兰德公司(RAND)为首的一些部门十分注重研究战略性问题，如为美国空军评价各种轰炸机系统，讨论未来的武器系统和未来战争的战略。

美国的杜帮公司在20世纪50年代就非常重视运筹学在广告工作、产品评价和新产品开发方面的应用；通用电气公司还对某些市场进行了模拟研究；美国的西电公司将库存理论与计算机的物质管理信息相结合，取得了显著的成效。

在我国，为解决粮食部门的合理运输问题，数学家万哲先提出了“图上作业法”，管梅谷教授提出了“中国邮递员问题”。排队论应用于矿山、港口、电信及计算机设计等方面；图论用于线路布置、计算机设计和网络流量控制问题；存储论在应用汽车工业等方面也获得了成功。运筹学目前已趋向研究和解决规模更大、更复杂的问题，并与系统工程紧密结合。这门学科今后必将在科学技术现代化和管理现代化进程中发挥巨大的作用。

第1章 线性规划及单纯形法

线性规划是运筹学的一个重要分支。1947年，当时正在美国空军担任数学顾问的丹捷格(Dantzig)在《最优规划的科学计算》中提出“如何使规划过程机械化”的问题，并着手建立数学模型。他从改造投入产出模型入手，经逐步研究，形成了“单纯形法”，并于1953年提出了“改进单纯形法”，以解决计算机求解过程中的舍入误差问题。之后，线性规划理论逐步趋向成熟，在实用中日益广泛和深入。特别是随着计算机应用的日益普及，线性规划的适用领域更为广泛。

1.1 线性规划问题及其数学模型

1.1.1 问题的提出

在生产管理和经营活动中经常提出的一类问题是：如何合理地利用有限的人力、物力、财力等资源，才能得到最好的经济效果。

【例1.1】 某工厂在计划期内要安排生产Ⅰ、Ⅱ两种产品，已知生产单位产品所需的设备台数及A、B两种原材料的消耗量，见表1-1。该工厂每生产单位产品Ⅰ可获利润2元，每生产单位产品Ⅱ可获利润3元，问应如何安排生产计划才能使该工厂获得的利润最大?

表1-1 产品、资源信息

资源 \ 产品	Ⅰ	Ⅱ	资源限量
设备/台	1	2	8
原材料A/kg	4	0	16
原材料B/kg	0	4	12

解：设 x_1、x_2 分别表示在计划期内产品Ⅰ、Ⅱ的生产量，在满足资源限量的条件下，它们必须同时满足下列条件。

对设备有效台数： $x_1+2x_2\leqslant 8$

对原材料A： $4x_1\leqslant 16$

对原材料B： $4x_2\leqslant 12$

该工厂的生产目标是在不超过所有资源限量的条件下，确定生产量 x_1、x_2，使该厂得到的利润最大。若用 Z 表示总利润，则有

$$\max Z=2x_1+3x_2$$

综合上述，该生产计划问题可用数学模型表示为

$$\max Z=2x_1+3x_2$$

$$\begin{cases} x_1+2x_2\leqslant 8 \\ 4x_1 \leqslant 16 \\ 4x_2\leqslant 12 \\ x_1,\ x_2\geqslant 0 \end{cases}$$

【例 1.2】 某工地租赁甲、乙两种机械来安装 A、B、C 这 3 种构件，这两种机械每天的安装能力见表 1-2。工程任务要求安装 250 根 A 构件，300 根 B 构件和 700 根 C 构件；又知机械甲每天的租赁费为 250 元，机械乙每天的租赁费为 350 元，试决定租赁甲、乙机械各多少天，才能使总租赁费最少？

表 1-2 机械安装能力信息

机械 \ 构件	A	B	C
机械甲	5	8	10
机械乙	6	6	20

解： 设租赁机械甲 x_1 天，机械乙 x_2 天。为满足 A、B、C 这 3 种构件的安装要求，必须满足以下条件

$$\begin{cases} 5x_1+\ 6x_2\geqslant 250 \\ 8x_1+\ 6x_2\geqslant 300 \\ 10x_1+20x_2\geqslant 700 \\ x_1,\ x_2\geqslant 0 \end{cases}$$

若用 Z 表示总租赁费，则该问题的目标函数可表示为 $\min Z=250x_1+350x_2$。该问题的数学模型可表示为

$$\min Z=250x_1+350x_2$$

$$\begin{cases} 5x_1+\ 6x_2\geqslant 250 \\ 8x_1+\ 6x_2\geqslant 300 \\ 10x_1+20x_2\geqslant 700 \\ x_1,\ x_2\geqslant 0 \end{cases}$$

1.1.2 线性规划问题的数学模型

从 1.1.1 节的两个例题可以看出，它们都属于同一类优化问题。

(1) 每个问题都有一组表示某一方案的变量(x_1，x_2，…，x_n)，称为决策变量。这组决策变量的值代表一个具体方案。

(2) 存在一定的约束条件，且所有的约束条件都是关于决策变量的线性等式或不等式。

(3) 都有一个要求达到的目标，它是关于决策变量的线性函数，称为目标函数。

满足以上 3 个条件的优化问题称为线性规划问题，其数学表达式称为那个规划问题的数学模型。其一般形式为

目标函数 $$\max(\min)Z = c_1x_1 + c_2x_2 + \cdots + c_nx_n \qquad (1-1)$$

$$\text{约束条件}\begin{cases} a_{11}x_1+a_{12}x_2+\cdots+a_{1n}x_n\leqslant(=,\geqslant)b_1 & (1-2)\\ a_{21}x_1+a_{22}x_2+\cdots+a_{2n}x_n\leqslant(=,\geqslant)b_2 \\ \qquad\vdots \\ a_{m1}x_1+a_{m2}x_2+\cdots+a_{mn}x_n\leqslant(=,\geqslant)b_m \\ x_1,x_2,\cdots,x_n\geqslant 0 & (1-3)\end{cases}$$

其中，式(1-1)称为目标函数；式(1-2)、(1-3)统称为约束条件；式(1-3)称为非负约束条件。

建立线性规划问题数学模型的基本步骤为：(1)设定决策变量；(2)确定约束条件；(3)建立目标函数。

1.1.3 线性规划问题的标准型

线性规划问题的数学模型有各种不同的形式。目标函数有求 max 的，有求 min 的；约束条件可以是“≤”形式的不等式，也可以是“≥”形式的不等式，还可以是等式；决策变量一般是非负约束，但也允许在$(-\infty, +\infty)$范围内取值，即无约束。为了便于讨论和求解，需要将线性规划问题的数学模型写成一个统一的格式，称为线性规划问题的标准型，其统一的格式规定如下。

(1) 目标函数取最大化。

(2) 所有约束条件用等式来表示。

(3) 所有决策变量取非负值。

(4) 每一个约束条件的右端常数(资源限量)为非负值。

由此，线性规划问题的标准型为

$$\max Z=c_1x_1+c_2x_2+\cdots+c_nx_n$$

$$\begin{cases} a_{11}x_1+a_{12}x_2+\cdots+a_{1n}x_n=b_1 \\ a_{21}x_1+a_{22}x_2+\cdots+a_{2n}x_n=b_2 \\ \qquad\vdots \\ a_{m1}x_1+a_{m2}x_2+\cdots+a_{mn}x_n=b_m \\ x_1,\ x_2,\ \cdots,\ x_n\geqslant 0\end{cases}$$

其简缩式为

$$\max Z=\sum_{j=1}^{n}c_jx_j$$

$$\begin{cases}\sum_{j=1}^{n}a_{ij}x_j=b_i & i=1,2,\cdots,m \\ x_j\geqslant 0 & j=1,2,\cdots,n\end{cases}$$

用向量形式可写为

$$\max Z=\boldsymbol{CX}$$

$$\begin{cases}\sum_{j=1}^{n}\boldsymbol{P}_jx_j=b \\ x_j\geqslant 0 \quad j=1,\ 2,\ \cdots,\ n\end{cases}$$

其中，$\boldsymbol{C}=(c_1,\ c_2,\ \cdots,\ c_n)$；$\boldsymbol{X}=(x_1,\ x_2,\ \cdots,\ x_n)^{\mathrm{T}}$；$\boldsymbol{P}_j=(a_{1j},\ a_{2j},\ \cdots,\ a_{mj})^{\mathrm{T}}$；$\boldsymbol{b}=$

$(b_1, b_2, \cdots, b_m)^T$；

向量 $\boldsymbol{P}_j$ 对应的决策变量是 x_j。

用矩阵形式可表示为

$$\max Z=\boldsymbol{CX}$$
$$\begin{cases}\boldsymbol{AX}=\boldsymbol{b}\\ \boldsymbol{X}\geqslant\boldsymbol{O}\end{cases}$$

其中

$$\boldsymbol{A}=\begin{bmatrix}a_{11} & a_{12} & \cdots & a_{1n}\\ a_{21} & a_{22} & \cdots & a_{2n}\\ & \vdots & & \\ a_{m1} & a_{m2} & \cdots & a_{mn}\end{bmatrix}=[\boldsymbol{P}_1, \boldsymbol{P}_2, \cdots, \boldsymbol{P}_n]$$

$\boldsymbol{O}=(0, 0, \cdots, 0)^T$ 是 m 维列向量，一般 $m\leqslant n$。

通常称 $\boldsymbol{A}$ 为约束条件的 $m\times n$ 维系数矩阵；$\boldsymbol{b}$ 为资源向量；$\boldsymbol{C}$ 为价格向量；$\boldsymbol{X}$ 为决策变量向量。

线性规划问题的数学模型都可以变换为标准型，具体步骤如下。

(1) 目标函数为最小化即 $\min Z=\boldsymbol{CX}$ 时，变换为求目标函数最大化，令 $Z'=-Z$，则 $\max Z'=-\boldsymbol{CX}$。

(2) 约束方程为不等式时，这里有两种情况：一种是"$\leqslant$"形式的不等式，则可在"$\leqslant$"不等号的左端加入一个非负松弛变量，把原"$\leqslant$"不等式变为等式；另一种是"$\geqslant$"形式的不等式，则可在"$\geqslant$"不等号的左端减去一个非负剩余变量，把"$\geqslant$"不等式变为等式。下面举例说明。

【例 1.3】 将例 1.1 的数学模型化为标准型。

例 1.1 的数学模型为

$$\max Z=2x_1+3x_2$$
$$\begin{cases}x_1+2x_2\leqslant 8\\ 4x_1\leqslant 16\\ 4x_2\leqslant 12\\ x_1, x_2\geqslant 0\end{cases}$$

解： 在约束不等式中分别加上一个松弛变量 x_3、x_4、x_5，使不等式变为等式，这时得到标准型

$$\max Z=2x_1+3x_2+0x_3+0x_4+0x_5$$
$$\begin{cases}x_1+2x_2+x_3=8\\ 4x_1+x_4=16\\ 4x_2+x_5=12\\ x_1, x_2, x_3, x_4, x_5\geqslant 0\end{cases}$$

所加松弛变量 x_3、x_4、x_5 表示资源的剩余量，当然也就没有利润，在目标函数中其系数 c_3、c_4、c_5 为零。

(1) 若存在取值无约束的决策变量 x_k，可令 $x_k=x_k'-x_k''$，其中 $x_k', x_k''\geqslant 0$。

(2) 若存在 $b_l<0$ 的约束条件，则在约束条件的两边同乘(-1)。

以上讨论说明，任何形式的线性规划问题的数学模型都可以化为标准型。

【例 1.4】 将下列线性规划问题化为标准型。

$$\min Z=-x_1+2x_2-3x_3$$

$$\begin{cases} x_1+x_2+x_3\leqslant 7 \\ x_1-x_2+x_3\geqslant 2 \\ 3x_1-x_2-2x_3=-5 \\ x_1,\ x_2\geqslant 0,\ x_3\text{无约束} \end{cases}$$

解：(1) 令 $x_3=x_4-x_5$，其中 x_4，$x_5\geqslant 0$。

(2) 在第一个约束不等式的左端加入非负松弛变量 x_6。

(3) 在第二个约束不等式的左端减去非负剩余变量 x_7。

(4) 在第三个约束条件的两边同乘(−1)。

(5) 令 $Z'=-Z$，把求 $\min Z$ 改为求 $\max Z'$，即可得到该问题的标准型。

$$\max Z'=x_1-2x_2+3(x_4-x_5)+0x_6+0x_7$$

$$\begin{cases} x_1+x_2+(x_4-x_5)+x_6=7 \\ x_1-x_2+(x_4-x_5)-x_7=2 \\ -3x_1+x_2+2(x_4-x_5)=5 \\ x_1,\ x_2,\ x_4,\ x_5,\ x_6,\ x_7\geqslant 0 \end{cases}$$

注：以下所涉及的线性规划问题，若无特别说明，均指标准型。

1.2 线性规划问题解的基本理论

1.2.1 线性规划问题的图解法

为了给后面的线性问题的基本理论提供较直观的几何说明，本书先介绍线性规划问题的图解法。

把满足约束条件和非负条件的一组解叫做可行解，所有可行解组成的集合称为可行域。

图解法的一般步骤如下。

(1) 建立平面直角坐标系。

(2) 根据线性规划问题的约束条件和非负条件画出可行域。

(3) 做出目标函数等值线 $Z=c$(c 为常数)，然后根据目标函数平移等值线至可行域边界，这时目标函数与可行域的交点即为最优解。

【例 1.5】 对例 1.1 用图解法求解。

解：在以 x_1，x_2 为坐标轴的直角坐标系中，非负条件 x_1，$x_2\geqslant 0$ 是指解值在第一象限，每个约束条件都代表一个半平面，如约束条件 $x_1+2x_2\leqslant 8$ 是代表以直线 $x_1+2x_2=8$ 为边界的左下方的半平面，则它满足所有约束条件和非负条件的可行解集合即为可行域，如图 1.1 所示的阴影部分。

再分析目标函数 $Z=2x_1+3x_2$，令 $Z=c$，随着 c 的取值不同，可得到平面上一组平行线。位于同一直线上的点具有相同的目标函数值，即称为“等值线”，当 c 值由小变大时，直线 $2x_1+3x_2=c$ 沿其法线方向向右上方移动。当移动到 Q_2 点时，使 Z 值在可行域上实现最大化(如图 1.2 所示)，这就得到了例 1.1 的最优解 $Q_2(4, 2)$，$Z=14$。这说明该厂的最优生产计划方案是：生产Ⅰ产品 4 个单位，生产Ⅱ产品 2 个单位，可得最大利润 14 元，该线性规划问题有唯一最优解。

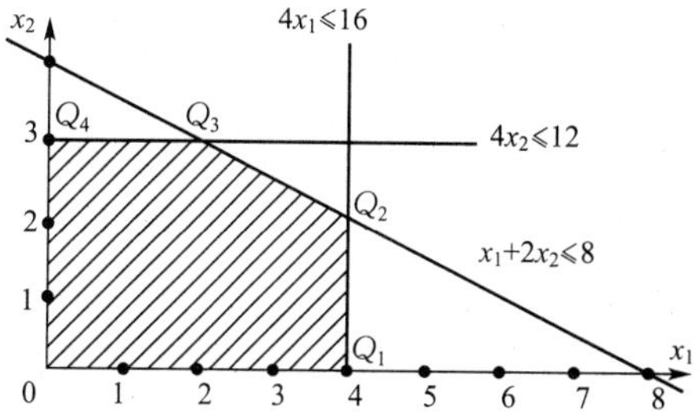

图 1.1　可行域

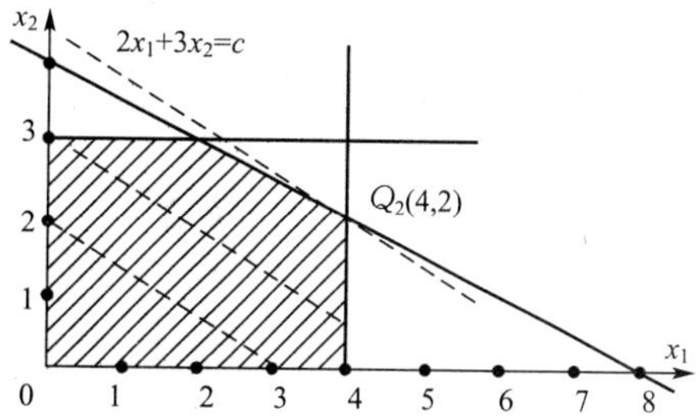

图 1.2　唯一最优解

若将例 1.1 的目标函数变为 $\max Z=2x_1+4x_2$，则表示目标函数的等值线与约束条件 $x_1+2x_2\leqslant8$ 的边界线 $x_1+2x_2=8$ 平行。当 Z 值由小变大时，与线段 Q_2Q_3 重合，如图 1.3 所示，线段 Q_2Q_3 上任意一点都使 Z 取得相同的最大值，即这个线性规划问题有无穷多最优解。

【例 1.6】 用图解法求解下列线性规划问题

$$\max Z=x_1+x_2$$
$$\begin{cases}-2x_1+x_2\leqslant4\\ x_1-x_2\leqslant2\\ x_1,\ x_2\geqslant0\end{cases}$$

解：求解结果如图 1.4 所示，从图中可以看到，该线性规划可行域无界、目标函数可以无限增大，因此称这种解为无界解，即最优解无界。

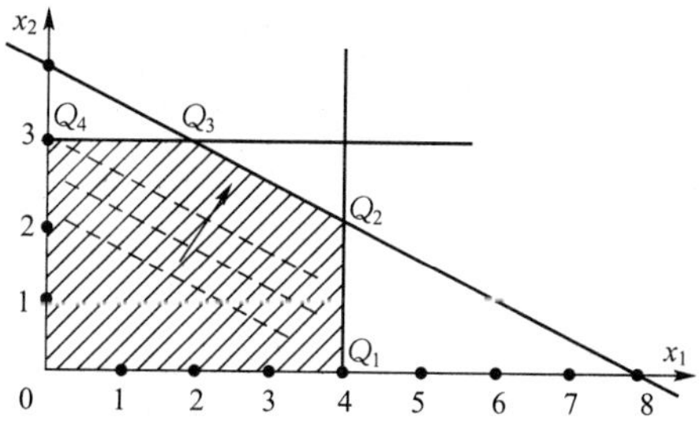

图 1.3　无穷多最优解

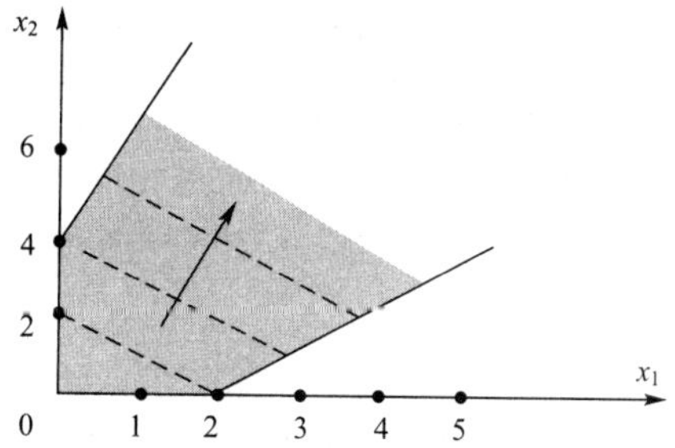

图 1.4　无界解

如果在例 1.1 的数学模型中增加一个约束条件：$-2x_1+x_2\geqslant4$，则该线性规划问题的可行域为空集，即无可行解，也不存在最优解。

通过上述几个图解法的例子可以看到，当线性规划问题的可行域为非空时，它是有界或无界凸多边形。若线性规划问题存在最优解，它一定可以在可行域的某个顶点得到；若在两个顶点同时得到最优解，则它们的连线上任意一点都是最优解，如图 1.3 所示，即有无穷多最优解；若可行域无界，如图 1.4 所示，目标函数值可以增大到无穷大，称这种情况为无界解或无最优解。

线性规划问题的解有 4 种情况：唯一最优解、无穷多最优解、无界解和无可行解。

1.2.2 线性规划问题解的几何意义

在1.2.1节介绍图解法时，已直观地看到可行域和最优解的几何意义。在一个线性规划问题中，每一个约束条件(包括资源约束与非负约束)实际上对应着平面坐标系的一个半平面(三维坐标系为半空间)，而所有的这些半平面的共同部分，就构成了这个线性规划问题的可行域。如果用s_j表示每一个半平面，用s表示可行域，则有$s=s_1\cap s_2\cap\cdots\cap s_m$，其中可行域中的每一个点都是可行解，能够使目标函数取得极值的可行解就是最优解。下面从理论上进一步讨论。

1. 基本概念

(1) 基：设$\boldsymbol{A}$是约束方程组的$m\times n$阶系数矩阵，其秩为m，$\boldsymbol{B}$是$\boldsymbol{A}$中$m\times m$阶非奇异子矩阵($|\boldsymbol{B}|\neq 0$)，则称$\boldsymbol{B}$是线性规划问题的一个基。这就是说，矩阵$\boldsymbol{B}$是由m个线性独立的列向量组成的，为不失一般性，可设

$$\boldsymbol{B}=\begin{bmatrix} a_{11} & a_{12} & \cdots & a_{1m} \\ a_{21} & a_{22} & \cdots & a_{2m} \\ & \vdots & & \\ a_{m1} & a_{m2} & \cdots & a_{mm} \end{bmatrix}=[\boldsymbol{P}_1, \boldsymbol{P}_2, \cdots, \boldsymbol{P}_m]$$

称$\boldsymbol{P}_j(j=1, 2, 3, \cdots, m)$为基向量，与$\boldsymbol{P}_j$对应的变量$x_j(j=1, 2, 3, \cdots, m)$称为基变量，其余变量$m_{m+1}, \cdots, x_n$称为非基变量。在约束方程组$\boldsymbol{AX}=\boldsymbol{b}$中，若$\boldsymbol{B}$是线性规划问题的一个基，令其非基变量都等于零，就可求得$\boldsymbol{AX}=\boldsymbol{b}$的一个解$\boldsymbol{X}=(x_1, x_2, \cdots, x_m, 0, \cdots, 0)^{\mathrm{T}}$，称为$\boldsymbol{AX}=\boldsymbol{b}$关于$\boldsymbol{B}$的基本解。

(2) 基本可行解：满足非负条件的基本解称为基本可行解。基本可行解对应的基称为可行基。一般地，线性规划通常最多可以有C_n^m个基本解，各种解之间的关系如图1.5所示。

(3) 退化的基本可行解：一个基本可行解中的非零分量小于m个时，则该解称为退化的基本可行解，该解对应的基称为退化基，如果有关的线性规划问题的所有基本可行解都是非退化解，则该问题称为非退化的线性规划问题。

(4) 凸集：设K是n维欧氏空间的一个点集，若任意两点$\boldsymbol{X}^{(1)}\in K$，$\boldsymbol{X}^{(2)}\in K$的连线上任意一点

$$\alpha\boldsymbol{X}^{(1)}+(1-\alpha)\boldsymbol{X}^{(2)}\in K \quad (0\leqslant\alpha\leqslant 1)$$

则称K为凸集。如图1.6(a)、图1.6(b)所示是凸集，图1.6(c)所示不是凸集。

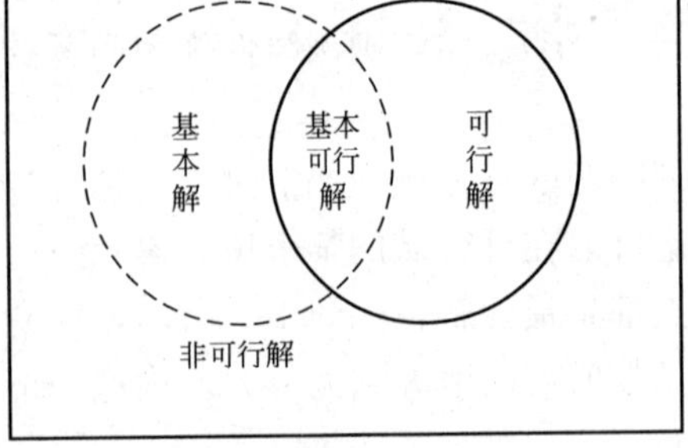

图1.5 解之间的关系

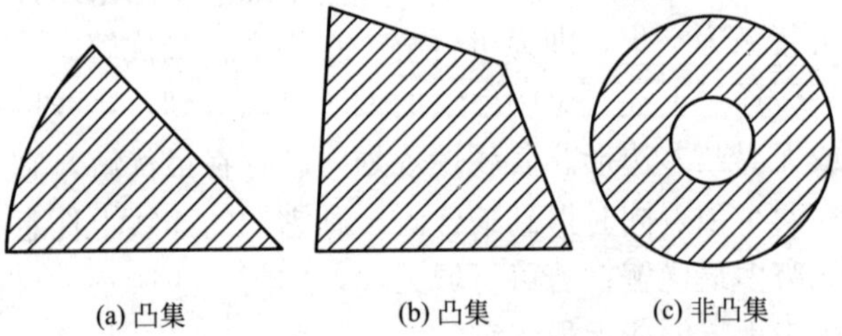

图1.6 凸集和非凸集

(5) 凸组合：设 $\boldsymbol{X}^{(1)}$，$\boldsymbol{X}^{(2)}$，…，$\boldsymbol{X}^{(k)}$ 是欧氏空间中的 k 个点，若存在 k 个数 u_1，u_2，…，u_k，满足 $\sum\limits_{i-1}^{k} u_i = 1, 0 \leqslant \mu_i \leqslant 1$ $(i=1, 2, \cdots, k)$，使 $X=u_1X^{(1)}+u_2X^{(2)}+\cdots+u_kX^{(k)}$，则称 $\boldsymbol{X}$ 为 $\boldsymbol{X}^{(1)}$，$\boldsymbol{X}^{(2)}$，…，$\boldsymbol{X}^{(k)}$ 的凸组合。

(6) 顶点：设 K 是凸集，$\boldsymbol{X}\in K$；若 $\boldsymbol{X}$ 不能用不同的两点 $\boldsymbol{X}^{(1)}\in K$，$\boldsymbol{X}^{(2)}\in K$ 的线性组合表示为

$$\boldsymbol{X}\neq\alpha\boldsymbol{X}^{(1)}+(1-\alpha)\boldsymbol{X}^{(2)} \quad (0<\alpha<1)$$

则称 $\boldsymbol{X}$ 为 K 的一个顶点(或极点)。

2. 基本定理

定理 1-1 若线性规划问题存在可行域，则其可行域

$$\boldsymbol{D}=\left\{\boldsymbol{X} \left| \sum_{j=1}^{n} \boldsymbol{P}_j x_j=\boldsymbol{b},\ x_j\geqslant 0\right.\right\}$$

是凸集。

证： 为了证明满足线性规划问题的约束条件

$$\sum_{j=1}^{n} \boldsymbol{P}_j x_j=\boldsymbol{b},\ x_j\geqslant 0,\ j=1, 2, \cdots, n$$

的所有点(可行解)组成的集合是凸集，只要证明 D 中任意两点的连线上的点必然在 D 内即可。

设
$$\boldsymbol{X}^{(1)}=(x_1^{(1)}, x_2^{(1)}, \cdots, x_n^{(1)})^{\mathrm{T}}$$
$$\boldsymbol{X}^{(2)}=(x_1^{(2)}, x_2^{(2)}, \cdots, x_n^{(2)})^{\mathrm{T}}$$

是 $\boldsymbol{D}$ 内的任意两点，且 $\boldsymbol{X}^{(1)}\neq\boldsymbol{X}^{(2)}$，则有

$$\sum_{j=1}^{n}\boldsymbol{P}_j x_j^{(1)}=\boldsymbol{b},\ x_j^{(1)}\geqslant 0, \quad j=1, 2, \cdots, n$$

$$\sum_{j=1}^{n}\boldsymbol{P}_j x_j^{(2)}=b,\ x_j^{(2)}\geqslant 0, \quad j=1, 2, \cdots, n$$

令 $\boldsymbol{X}=(x_1, x_2, \cdots, x_n)^{\mathrm{T}}$ 为 $X^{(1)}$，$X^{(2)}$ 连线段上的任意一点，即

$$\boldsymbol{X}=\alpha\boldsymbol{X}^{(1)}+(1-\alpha)\boldsymbol{X}^{(2)} \quad (0<\alpha<1)$$

$\boldsymbol{X}$ 的每一个分量 $x_j=\alpha x_j^{(1)}+(1-\alpha)x_j^{(2)}$，把它代入约束条件，得到

$$\begin{aligned}\sum_{j=1}^{n}\boldsymbol{P}_j x_j &= \sum_{j=1}^{n}\boldsymbol{P}_j[\alpha x_j^{(1)}+(1-\alpha)x_j^{(2)}] \\ &= \alpha\sum_{j=1}^{n}\boldsymbol{P}_j x_j^{(1)}+\sum_{j=1}^{n}\boldsymbol{P}_j x_j^{(2)}-\alpha\sum_{j=1}^{n}\boldsymbol{P}_j x_j^{(2)} \\ &= \alpha\boldsymbol{b}+\boldsymbol{b}-\alpha\boldsymbol{b}=\boldsymbol{b}\end{aligned}$$

又因为 $x_j^{(1)}$，$x_j^{(2)}\geqslant 0$，$\alpha>0$，$1-\alpha>0$，所以 $x_j\geqslant 0$，$j=1, 2, \cdots, n$。由此可见 $\boldsymbol{X}\in\boldsymbol{D}$，$\boldsymbol{D}$ 是凸集。

引理 1-1 线性规划问题的可行解 $\boldsymbol{X}=(x_1, x_2, \cdots, x_n)^{\mathrm{T}}$ 为基本可行解的充要条件是 $\boldsymbol{X}$ 的正分量所对应的系数列向量是线性独立的。

定理 1-2 线性规划问题的基可行解 $\boldsymbol{X}$ 对应于可行域 $\boldsymbol{D}$ 的顶点。

引理 1-2 若 K 是有界凸集，则任意一点 $\boldsymbol{X}\in K$ 可表示为 K 的顶点的凸组合。

定理 1-3 若可行域有界，线性规划问题的目标函数一定可以在其可行域的顶点上达到最优。

证： 设 $X^{(1)}$，$X^{(2)}$，…，$X^{(k)}$ 是可行域的顶点，若 $\boldsymbol{X}^{(0)}$ 不是顶点，且目标函数在 $\boldsymbol{X}^{(0)}$ 处达到最优 $Z^*=\boldsymbol{CX}^{(0)}$(标准型是 $Z^*=\max Z$)。

因为 $\boldsymbol{X}^{(0)}$ 不是顶点，所以它可以用 $\boldsymbol{D}$ 的顶点线性表示为

$$X^{(0)}=\sum_{i=1}^{k}\alpha_i X^{(i)},\quad \alpha_i\geqslant 0\cdots,\quad \sum_{i=1}^{k}\alpha_i=1$$

所以

$$CX^{(0)}=C\sum_{i=1}^{k}\alpha_i X^{(i)}=\sum_{i=1}^{k}\alpha_i CX^{(i)} \tag{1-4}$$

在所有的顶点中，必然能找到某个顶点 $\boldsymbol{X}^{(m)}$，使 $\boldsymbol{CX}^{(m)}$ 是所有 $\boldsymbol{CX}^{(i)}$ 中的最大者，并且将 $\boldsymbol{X}^{(m)}$ 代替式(1-4)中所有的 $\boldsymbol{X}^{(i)}$，这就得到

$$\boldsymbol{C}\sum_{i=1}^{k}\alpha_i\boldsymbol{X}^{(i)}\leqslant\boldsymbol{C}\sum_{i=1}^{k}\alpha_i\boldsymbol{X}^{(m)}=\boldsymbol{CX}^{(m)}$$

由此得到

$$\boldsymbol{CX}^{(0)}\leqslant\boldsymbol{CX}^{(\mathrm{m})}$$

根据假设 $\boldsymbol{CX}^{(0)}$ 为最大值，仅存在

$$\boldsymbol{CX}^{(0)}=\boldsymbol{CX}^{(m)}$$

即目标函数在顶点 $\boldsymbol{X}^{(m)}$ 处也达到最大值。

有时目标函数可能在多个顶点处达到最大值，这时在这些顶点的凸组合上也达到最大值，称这种线性规划问题有无穷多个最优解。

假设 $\hat{\boldsymbol{X}}^{(1)}$，$\hat{\boldsymbol{X}}^{(2)}$，…，$\hat{\boldsymbol{X}}^{(m)}$ 是目标函数达到最大值的顶点，若 $\hat{\boldsymbol{X}}$ 是这些顶点的凸组合，即

$$\hat{\boldsymbol{X}}=\sum_{i=1}^{k}\alpha_i\hat{X}^{(i)},\quad \alpha_i\geqslant 0,\quad \sum_{i=1}^{k}\alpha_i=1$$

于是

$$C\hat{\boldsymbol{X}}=C\sum_{i=1}^{k}\alpha_i\hat{X}=\sum_{i=1}^{k}\alpha_i C\hat{X}^{(i)}$$

设

$$\boldsymbol{C}\hat{\boldsymbol{X}}^{(i)}=m,\quad i=1,2,\cdots,k$$

于是

$$C\hat{X}=\sum_{i=1}^{k}\alpha_i m=m$$

另外，若可行域无界，则可能无最优解，如果存在最优解也必定在某顶点上得到。根据以上讨论，可以得到以下结论。

线性规划问题的所有可行解构成的集合是凸集，也可能为无界域，它们有有限个顶点，线性规划问题的每个基可行解对应可行域的一个顶点；若线性规划问题有最优解，则必定在某个顶点上得到。虽然顶点数目是有限的(它不大于 C_n^m 个)，若采用“枚举法”找所有基可行解，然后一一比较，最终可能找到最优解；但是当 n、m 数较大时，这种方法是行不通的，所以要继续讨论找到最优解的有效方法，这就是 1.3 节要介绍的单纯形法。

1.3 单纯形法

单纯形法的基本思路是：根据线性规划问题的标准型，从可行域中某个基本可行解(一个顶点)开始，转换到另一个基本可行解(顶点)，并且当目标函数达到最大值时，问题就得到了解决。

1.3.1 单纯形法的基本思路

【例 1.7】 讨论例 1.1 的求解。

已知例 1.1 的标准型为

$$\max Z=2x_1+3x_2+0x_3+0x_4+0x_5 \tag{1-5}$$

$$\begin{cases} x_1+2x_2+x_3 = 8 \\ 4x_1 + x_4 = 16 \\ 4x_2 + x_5 = 12 \\ x_j \geqslant 0,\ j=1,\ 2,\ \cdots,\ 5 \end{cases} \tag{1-6}$$

约束条件式(1-6)的系数矩阵为

$$\boldsymbol{A}=(\boldsymbol{P}_1,\ \boldsymbol{P}_2,\ \boldsymbol{P}_3,\ \boldsymbol{P}_4,\ \boldsymbol{P}_5)=\begin{bmatrix} 1 & 2 & 1 & 0 & 0 \\ 4 & 0 & 0 & 1 & 0 \\ 0 & 4 & 0 & 0 & 1 \end{bmatrix}$$

显然，x_3、x_4、x_5 的系数列向量

$$\boldsymbol{P}_3=\begin{bmatrix} 1 \\ 0 \\ 0 \end{bmatrix},\quad \boldsymbol{P}_4=\begin{bmatrix} 0 \\ 1 \\ 0 \end{bmatrix},\quad \boldsymbol{P}_5=\begin{bmatrix} 0 \\ 0 \\ 1 \end{bmatrix}$$

是线性独立的，因而这些向量构成一个基：

$$\boldsymbol{B}=(\boldsymbol{P}_3,\ \boldsymbol{P}_4,\ \boldsymbol{P}_5)=\begin{bmatrix} 1 & 0 & 0 \\ 0 & 1 & 0 \\ 0 & 0 & 1 \end{bmatrix}$$

对应于 $\boldsymbol{B}$ 的基变量为 x_3、x_4、x_5，从约束条件式(1-6)中可以得到

$$\begin{cases} x_3=8-x_1-2x_2 \\ x_4=16-4x_1 \\ x_5=12-4x_2 \end{cases} \tag{1-7}$$

当令非基变量 $x_1=x_2=0$，这时得到一个基本可行解 $\boldsymbol{X}^{(0)}$：

$$\boldsymbol{X}^{(0)}=(0,\ 0,\ 8,\ 16,\ 12)^{\mathrm{T}}$$

将式(1-7)代入目标函数式(1-5)得到

$$Z=0+2x_1+3x_2=0 \tag{1-8}$$

这个基本可行解表示：工厂没有安排生产Ⅰ、Ⅱ产品；资源都没有被利用，所以工厂的利润 $Z=0$。

分析目标函数的表达式(1-8)可以看到：非基变量 x_1、x_2 的系数都是正数，因此将非基变量变为基变量，目标函数的值就可能增大，从经济意义上讲，安排生产产品Ⅰ或Ⅱ，就可以使工厂的利润指标增加，所以只要在目标函数式(1-8)的表达式中还存在有正系数的非基变量，这就表示目标函数值还有增加的可能，就需要将非基变量与某个基变量

进行对换，一般选择正系数最大的那个非基变量 x_2 为换入变量，将它换入到基变量中去，同时还要确定基变量中有一个要换出来成为非基变量，可按以下方法来确定换出变量。

现分析式(1-7)，当将 x_2 定为换入变量后，必须从 x_3、x_4、x_5 中换出一个，并保证其余的都非负，即 x_3、x_4、$x_5 \geqslant 0$。

当 $x_1=0$，由式(1-7)得到

$$\begin{cases} x_3=8-2x_2\geqslant 0 \\ x_4=16\geqslant 0 \\ x_5=12-4x_2\geqslant 0 \end{cases} \tag{1-9}$$

从式(1-9)中可以看出，只有选择

$$x_2=\min(8/2,\ -,\ 12/4)=3$$

时，才能使式(1-9)成立。横杠表示式(1-9)中的第二个式子永远成立，不需要考虑这个条件。因为当 $x_2=3$ 时，基变量 $x_5=0$，所以可用 x_2 去替代 x_5。

以上数学模型说明了每生产一件产品Ⅱ，需要用掉的各种资源数为(2，0，4)。这些资源中的薄弱环节确定了产品Ⅱ的产量。原材料B的数量决定产品Ⅱ的产量只能是 $x_2=12/4=3$ 件。

为了求得以 x_3、x_4、x_2 为基变量的一个基本可行解和进一步分析问题，需将方程式(1-7)中 x_2 的位置与 x_5 的位置对换。得到

$$\begin{cases} x_3+2x_2=8-x_1 \\ x_4=16-4x_1 \\ 4x_2=12-x_5 \end{cases} \tag{1-10}$$

用高斯消去法求解，得到以非基变量表示的基变量为

$$\begin{cases} x_3=2-x_1+0.5x_5 \\ x_4=16-4x_1 \\ x_2=3-0.25x_5 \end{cases} \tag{1-11}$$

再将式(1-11)代入目标函数式(1-5)得到

$$Z=9+2x_1-0.75x_5 \tag{1-12}$$

令非基变量 $x_1=x_5=0$，得到 $Z=9$，并得到另一个基本可行解 $\boldsymbol{X}^{(1)}=(0,\ 3,\ 2,\ 16,\ 0)^{\mathrm{T}}$。

从目标函数的表达式(1-12)中可以看到，非基变量 x_1 的系数是正的，说明目标函数的值还可以增大，还不是最优解。于是用上述方法，确定换入、换出变量，继续迭代，再得到另外一个基本可行解 $\boldsymbol{X}^{(2)}=(2,\ 3,\ 0,\ 8,\ 0)^{\mathrm{T}}$。

再经过一次迭代，得到一个基本可行解 $\boldsymbol{X}^{(3)}=(4,\ 2,\ 0,\ 0,\ 4)^{\mathrm{T}}$。

而这时得到的目标函数的表达式是

$$Z=14-1.5x_3-0.125x_4 \tag{1-13}$$

再分析目标函数式(1-13)，可知所有非基变量 x_3、x_4 的系数都是负数。这说明若要用剩余资源 x_3、x_4，就必须支付附加费用。所以当 $x_3=x_4=0$ 时，即不再利用这些资源时，目标函数达到最大值，那么 $\boldsymbol{X}^{(3)}$ 是最优解。这说明当产品Ⅰ生产4个单位，产品Ⅱ生产2个单位时，工厂才能得到最大利润。

通过上例，可以了解利用单纯形法求解线性规划问题的思路。现将每步迭代得到的结果与图解法进行对比，其几何意义就很清楚了。

例 1.1 的线性规划问题是二维的，即有两个变量，当加入松弛变量 x_3、x_4、x_5后，变换为高维的。这时可以想象，满足所有约束条件的可行域是高维空间的凸多面体(凸集)，这个凸多面体上的顶点，就是基本可行解。初始基本可行解 $\boldsymbol{X}^{(0)}=(0,\ 0,\ 8,\ 16,\ 12)^{\mathrm{T}}$ 就相当于图 1.1 中的原点(0，0)，$\boldsymbol{X}^{(1)}=(0,\ 3,\ 2,\ 16,\ 0)^{\mathrm{T}}$ 相当于图 1.1 中的 Q_4 点(0，3)；$\boldsymbol{X}^{(2)}=(2,\ 3,\ 0,\ 8,\ 0)^{\mathrm{T}}$ 相当于图 1.1 中的 Q_3点(2，3)，最优解 $\boldsymbol{X}^{(3)}=(4,\ 2,\ 0,\ 0,\ 4)^{\mathrm{T}}$ 相当于图 1.1 中的 Q_2 点(4，2)。从初始基本可行解 $\boldsymbol{X}^{(0)}$ 开始迭代，依次得到 $\boldsymbol{X}^{(1)}$，$\boldsymbol{X}^{(2)}$，$\boldsymbol{X}^{(3)}$。这相当于图 1.1 中的目标函数平移时，从 0 点开始，首先移到 Q_4，然后移到 Q_5，最后到达 Q_2。下面讨论一般线性规划问题的求解。

1.3.2 单纯形法的一般描述和求解步骤

一般的线性规划问题的求解有以下几个步骤。

(1) 确定初始基本可行解。为了确定初始可行解，首先要找出初始可行基。

设一线性规划问题为

$$\max Z=\sum_{j=1}^{n} c_j x_j$$

$$\begin{cases}\displaystyle\sum_{j=1}^{n}\boldsymbol{P}_j x_j=\boldsymbol{b}\\ x_j\geqslant 0,\quad j=1,\ 2,\ \cdots,\ n\end{cases}\tag{1-14}$$

可分以下两种情况讨论。

① 若 $\boldsymbol{P}_j(j=1,\ 2,\ \cdots,\ n)$中存在一个单位基，则将其作为初始可行基：

$$\boldsymbol{B}=(\boldsymbol{P}_1,\ \boldsymbol{P}_2,\ \cdots,\ \boldsymbol{P}_m)=\begin{bmatrix}1 & 0 & \cdots & 0\\ 0 & 1 & \cdots & 0\\ & & \vdots & \\ 0 & 0 & \cdots & 1\end{bmatrix}$$

② 若 $\boldsymbol{P}_j(j=1,\ 2,\ \cdots,\ n)$中不存在一个单位基，则人为地构造一个单位初始基。关于这个方法将在本章第 1.4 节中深入讨论。

(2) 检验最优解。得到初始基本可行解后，要检验该解是否为最优解。如果是最优解，则停止运算；否则转入(3)基变换。下面给出最优性判别定理。

一般情况下，经过迭代后可以得到以非基变量表示基变量的表达式为

$$x_i=b_i'-\sum_{j=m+1}^{n} a_{ij}' x_j\quad(i=1,\ 2,\ \cdots,\ m)\tag{1-15}$$

将式(1-15)代入式(1-14)的目标函数，整理后得

$$\max Z=\sum_{i=1}^{m} c_i b_i'+\sum_{i=m+1}^{n}\left(c_j-\sum_{i=1}^{m} c_i a_{ij}'\right)x_j$$

令

$$Z_0=\sum_{i=1}^{n} c_i b_i',\quad Z_j=\sum_{i=1}^{m} c_i a_{ji}'\quad(j=m+1,\cdots,n)$$

于是

$$\max Z=Z_0+\sum_{j=m+1}^{n}(c_j-Z_j)x_j$$

再令 $\sigma_j=c_j-Z_j\quad(j=m+1,\ \cdots,\ n)$

则得到以非基变量表示目标函数的表达式为

$$\max Z = Z_0 + \sum_{j=m+1}^{n} \sigma_j x_j$$

由以上推导可得出下列最优解的判定定理。

① 最优解的判定定理：若 $\boldsymbol{X}^{(0)}=(b_1', b_2', \cdots, b_m', 0, \cdots, 0)^{\mathrm{T}}$ 为对应于基 $\boldsymbol{B}$ 的一个基本可行解，且对于一切 $j=m+1, \cdots, n$，有 $\sigma_j \leqslant 0$，则 $\boldsymbol{X}^{(0)}$ 为最优解，称 σ_j 为检验数。

② 无穷多最优解判定定理：若 $\boldsymbol{X}^{(0)}=(b_1', b_2', \cdots, b_m', 0, \cdots, 0)^{\mathrm{T}}$ 为一个基本可行解，对于一切 $j=m+1, \cdots, n$，有 $\sigma_j \leqslant 0$，又存在某个非基变量的检验数 $\sigma_{m+k}=0$，则线性规划问题有无穷多个最优解。

③ 无界解判定定理：若 $\boldsymbol{X}^{(0)}=(b_1', b_2', \cdots, b_m', 0, \cdots, 0)^{\mathrm{T}}$ 为一基本可行解，有一个 $\sigma_{m+k}>0$，并且对 $i=1, 2, \cdots, m$，有 $a_{i,m+k} \leqslant 0$，那么该线性规划问题具有无界解（或称无最优解）。

注意：当求目标函数极小化时，一种情况如前所述，将其化为标准型。如果不化为标准型，只需在上述①、②中把 $\sigma_j \leqslant 0$ 改为 $\sigma_j \geqslant 0$，在③中将 $\sigma_{m+k}>0$ 改为 $\sigma_{m+k}<0$ 即可。

(3) 基变换。若初始基本可行解 $\boldsymbol{X}^{(0)}$ 不是最优解，又不能判别无界时，由目标函数式(1-14)的约束条件可看到，当某些 $\sigma_j>0$，x_j 增加则目标函数值还可能增加，这时就要将其中某个非基变量换到基变量中去(称为换入变量)，同时，某个基变量要换成非基变量(称为换出变量)，随之会得到一个新的基本可行解。从一个基本可行解到另一个基本可行解的变换，就是进行一次基变换。从几何意义上讲，就是从可行域的一个顶点转向另一个顶点(如 1.2.1 节图解法)。

确定换入变量的原则是：为了使目标函数值尽快地增加，通常选 $\sigma_j>0$ 中的最大者，即

$$\max(\sigma_j \mid \sigma_j>0)=\sigma_k$$

然后选对应的变量 x_k 为换入变量。

确定换出变量的原则是：保持解的可行性，就是说要使原基本可行解的某一个正分量变成 0。同时要保持其余分量均为非负，这时可按“最小比值原则”选换出变量，即若

$$\min(b_i'/a_{ik}' \mid a_{ik}'>0)=b_l'/a_{lk}'=\theta_l$$

则 θ_l 对应的基变量，x_l 为换出变量。

(4) 迭代。在确定了换入变量 x_k 和换出变量 x_l 之后，要把 x_k 和 x_l 的位置进行对换，即把 x_k 对应的系数列向量 $\boldsymbol{P}_k$ 变成单位列向量。这可以通过对约束方程组的增广矩阵进行初等行变换来实现，变换结果得到一个新的基本可行解，然后转入(2)即可。

1.3.3 单纯形表

为了便于理解计算关系，1.3.2 节所述线性规划问题的单纯形法的计算过程可以设计成一个表格，称为单纯形表。

将式(1-15)与目标函数组成 $n+1$ 个变量，$m+1$ 个方程的方程组

$$\begin{cases} x_1 \qquad + a_{1,m+1}x_{m+1} + \cdots + a_{1n}x_n = b_1 \\ \quad x_2 \quad + a_{2,m+1}x_{m+1} + \cdots + a_{2n}x_n = b_2 \\ \qquad \vdots \\ \qquad x_m + a_{m,m+1}x_{m+1} + \cdots + a_{mn}x_n = b_m \\ -Z + c_1x_1 + c_2x_2 + \cdots + c_mx_m + c_{m+1}x_{m+1} + \cdots + c_nx_n = 0 \end{cases}$$

为了便于迭代运算，可将上述方程组写成增广矩阵：

$$\begin{array}{cccccccc|c} -Z & x_1 & x_2 & \cdots & x_m & x_{m+1} & \cdots & x_n & b \\ \end{array}$$

$$\left[\begin{array}{cccccccc|c} 0 & 1 & 0 & \cdots & 0 & a_{1,m+1} & \cdots & a_{1n} & b_1 \\ 0 & 0 & 1 & \cdots & 0 & a_{2,m+1} & \cdots & a_{2n} & b_2 \\ & & & & \vdots & & & & \vdots \\ 0 & 0 & 0 & \cdots & 1 & a_{m,m+1} & \cdots & a_{mn} & b_m \\ 1 & c_1 & c_2 & \cdots & c_m & c_{m+1} & \cdots & c_n & 0 \end{array}\right]$$

若将 Z 看成是不参与基变换的基变量，它与 x_1，x_2，…，x_m 的系数构成一个基，这时可采用行初等变换将 c_1，c_2，…，c_m 变换为零，其对应的系数矩阵为单位矩阵。得到

$$\begin{array}{cccccccc} -Z & x_1 & x_2 & \cdots & x_m & x_{m+1} & \cdots & x_n \end{array}$$

$$\left[\begin{array}{cccccccc} 0 & 1 & 0 & \cdots & 0 & a_{1,m+1} & \cdots & a_{1n} \\ 0 & 0 & 1 & \cdots & 0 & a_{2,m+1} & \cdots & a_{2n} \\ & & & & & \vdots & & \\ 0 & 0 & 0 & \cdots & 1 & a_{m,m+1} & \cdots & a_{mn} \\ 1 & 0 & 0 & \cdots & 0 & c_{m+1}-\sum_{i=1}^{m} c_i a_{i,m+1} & \cdots & c_n-\sum_{i=1}^{m} c_i a_{in} \end{array}\right]$$

可根据上述增广矩阵设计出计算表，见表 1-3。

表 1-3　基本单纯形表

c_j			c_1	…	c_m	c_{m+1}	…	c_n	θ_i
C_B	X_B	b	x_1	…	x_m	x_{m+1}	…	x_n	
c_1	x_1	b_1	1	…	0	$a_{1,m+1}$	…	a_{1n}	θ_1
c_2	x_2	b_2	0	…	0	$a_{2,m+1}$	…	a_{2n}	θ_2
⋮	⋮	⋮	⋮	⋮	⋮	⋮		⋮	⋮
c_m	x_m	b_m	0	…	1	a_{mn}	…	a_{mn}	θ_m
	$-Z$	$-\sum c_i b_i$	0	…	0	$c_{m+1}-\sum_{i=1}^{m} c_i a_{i,m+1}$	…	$c_n-\sum_{i=1}^{m} c_{in}$	

说明：表中 $\boldsymbol{X_B}$ 列填入基变量 x_1，x_2，…，x_m；

$\boldsymbol{C_B}$ 列填入基变量的价值系数，这里是 c_1，c_2，…，c_m；

$\boldsymbol{b}$ 列填入约束方程组右端的常数 b_1，b_2，…，b_m；

c_j 行中填入相应各变量的价值系数 c_1，c_2，…，c_n；

θ_i 列的数字是在确定换入变量后，按 θ 规则计算后填入的。

最后一行称为检验数行，是对应各非基变量 x_j 的检验数

$$\sigma_j = c_j - \sum_{i=1}^{m} c_i a_{ij} \quad j = 1, 2, \cdots, n$$

表 1-3 称为基本单纯形表，每迭代一步构造一个新的单纯形表。一个完整的单纯形表就给出了一个基本可行解。

【例 1.8】 用单纯形表计算例 1.1 的线性规划问题。

解：(1) 根据例 1.1 的标准型，取松弛变量 x_3，x_4，x_5 为基变量，它们对应的系数矩阵(单位矩阵)为基，这就得到初始基本可行解

$$\boldsymbol{X}^{(0)}=(0,\ 0,\ 8,\ 16,\ 12)^{\mathrm{T}}$$

将有关数字填入表中，得到初始单纯形表，见表 1-4。

表 1-4 初始单纯形表

c_j			2	3	0	0	0
C_B	X_B	b	x_1	x_2	x_3	x_4	x_5
0	x_3	8	1	2	1	0	0
0	x_4	16	4	0	0	1	0
0	x_5	12	0	[4]	0	0	1
c_j-Z_j			2	3	0	0	0

表 1-4 推导基变量的检验数都为零，各非基变量的检验数分别为

$$\sigma_1=c_1-\sum_{i=1}^{3}c_i a_{i1}=2-(0\times1+0\times4+0\times0)=2$$

$$\sigma_2=c_2-\sum_{i=1}^{3}c_i a_{i2}=3-(0\times2+0\times0+0\times4)=3$$

(2) 最优性检验，由于非基变量 x_1，x_2的检验数 $\sigma_1=2$，$\sigma_2=3$ 都大于零，且其系数列向量 $\boldsymbol{P}_1$，$\boldsymbol{P}_2$ 有正分量存在，须转入下一步基变换。

(3) 基变换。确定换入变量和换出变量。

$$\max(\sigma_1,\ \sigma_2)=\max(2,\ 3)=3$$

其对应的非基变量 x_2为换入变量；

$$\theta=\min(b_i'/a_{ik}'\mid a_{ik}'>0)=\min(8/2,\ -,\ 12/4)=3$$

其所在行对应的基变量 x_5为换出变量。x_2所在列和 x_5所在行的交叉处［4］称为主元素。

(4) 迭代以［4］为主元素进行初等行变换，使 $\boldsymbol{P}_2$ 交换为$(0,\ 0,\ 1)^{\mathrm{T}}$，在 $\boldsymbol{X}_B$ 列中将 x_2替换 x_5，于是得到新的单纯形表，见表 1-5。

表 1-5 单纯形表(第一次迭代)

c_j			2	3	0	0	0	θ_i
C_B	X_B	b	x_1	x_2	x_3	x_4	x_5	
0	x_3	2	[1]	0	1	0	−1/2	2
0	x_4	16	4	0	0	1	0	4
3	x_2	3	0	1	0	0	1/4	—
c_j-Z_j			2	0	0	0	−3/4	

新的基本可行解 $\boldsymbol{X}^{(1)}=(0,\ 3,\ 2,\ 16,\ 0)^{\mathrm{T}}$，对应目标函数值 $Z=9$。

(5) 重复(2)～(4)的计算步骤，得到单纯形表，见表 1-6。

表 1-6 单纯形表(多次迭代)

c_j			2	3	0	0	0	θ_i
C_B	X_B	b	x_1	x_2	x_3	x_4	x_5	
2	x_1	2	1	0	1	0	−1/2	—
0	x_4	8	0	0	−4	1	[2]	4
3	x_2	3	0	1	0	0	1/4	12
c_j-Z_j			0	0	−2	0	1/4	
2	x_1	4	1	0	0	1/4	0	
0	x_5	4	0	0	−2	1/2	1	
3	x_2	2	0	1	1/2	−1/8	0	
c_j-Z_j			0	0	−3/2	−1/8	0	

(6) 表 1-6 中最后一行的所有检验数 $\sigma_j \leqslant 0$，$j=1$，2，…，5

于是得到最优解

$$\boldsymbol{X}^*=\boldsymbol{X}^{(3)}=(4,\ 2,\ 0,\ 0,\ 4)^{\mathrm{T}}$$

目标函数值 $Z^*=14$。

1.4 单纯形法的进一步讨论

1.4.1 人工变量法

在 1.3.2 节中提到确定初始基本可行解的第二种情况：若不存在单位矩阵时，就采用人造基的方法，本节就来详细讨论这个问题。

设线性规划问题的约束条件为

$$\sum_{j=1}^{n} \boldsymbol{P}_j x_j=\boldsymbol{b}$$

分别给每个约束方程的左端加入虚设的人工变量 x_{n+1}，…，x_{n+m}，得到

$$\begin{cases} a_{11}x_1+a_{12}x_2+\cdots+a_{1n}+x_{n+1}=b_1 \\ a_{21}x_1+a_{22}x_2+\cdots+a_{2n}+x_{n+2}=b_2 \\ \qquad\vdots \\ a_{m1}x_1+a_{m2}x_2+\cdots+a_{mn}+x_{n+m}=b_m \\ x_1,\ \cdots,\ x_n\geqslant 0,\ x_{n+1},\ \cdots,\ x_{n+m}\geqslant 0 \end{cases}$$

即由人工变量 x_{n+1}，x_{n+2}，…，x_{n+m}的系数构成一个 $m\times m$ 单位矩阵，以 x_{n+1}，x_{n+2}，…，x_{n+m}为基变量，令非基变量 x_1，x_2，…，x_n都等于零，便得到一个初始基本可行解

$$\boldsymbol{X}^{(0)}=(0,\ 0,\ \cdots,\ 0,\ b_1,\ b_2,\ \cdots,\ b_m)^{\mathrm{T}}$$

因为人工变量 x_{n+1}，x_{n+2}，…，x_{n+m}是为了构造初始基本可行基，人为加入原约束方程中的虚拟变量，只有当它们同时等于零，即在最终单纯形表中它们全部变换为非基变量时，加入人工变量的等式约束才与原约束条件等价。也就是说，若经过基变换，基变量中

不再含有非零人工变量，就表示原问题有解；若经过基变换，最终单纯形表中基变量还存在非零人工变量，就表示原问题无可行解，那么如何处理人工变量呢？下面介绍两种方法。

1. 大 *M* 法

这种方法是将原问题与加入人工变量后，线性规划问题的等价条件 $x_{n+1}=x_{n+2}=\cdots=x_{n+m}=0$。添加原问题的目标函数，使人工变量在目标函数中的系数为$(-M)$或M(M为任意大的正数)，使目标函数只有在人工变量等于零时，才能实现最大化或最小化，即在最终单纯形表中，基变量中不存在非零人工变量。

【例 1.9】 用单纯形法求解线性规划问题。

$$\max Z=3x_1-x_2-x_3$$

$$\begin{cases} x_1-2x_2+x_3\leqslant 11 \\ -4x_1+x_2+2x_3\geqslant 3 \\ -2x_1+x_3=1 \\ x_1,\ x_2,\ x_3\geqslant 0 \end{cases}$$

解：在约束条件中分别加入松弛变量、剩余变量、人工变量，进一步整理得到

$$\max Z=3x_1-x_2-x_3+0x_4+0x_5-Mx_6-Mx_7$$

$$\begin{cases} x_1-2x_2+x_3+x_4=11 \\ -4x_1+x_2+2x_3-x_5+x_6=3 \\ -2x_1+x_3+x_7=1 \\ x_1,\ x_2,\ \cdots,\ x_7\geqslant 0 \end{cases}$$

其中，x_4 是松弛变量；x_5 是剩余变量；x_6、x_7 是人工变量；M 是任意大的正数。单纯形法计算结果见表 1-7。

表 1-7 单纯形表(大 *M* 法)

c_j			3	-1	-1	0	0	$-M$	$-M$	θ_i
C_B	X_B	b	x_1	x_2	x_3	x_4	x_5	x_6	x_7	
0	x_4	11	1	-2	1	1	0	0	0	11
$-M$	x_6	3	-4	1	2	0	-1	1	0	3/2
$-M$	x_7	1	-2	0	[1]	0	0	0	1	1
c_j-Z_j			$3-6M$	$-1+M$	$-1+3M$	0	$-M$	0	0	
0	x_4	10	3	-2	0	1	0	0	-1	
$-M$	x_6	1	0	[1]	0	0	-1	1	-2	1
c_j			3	-1	-1	0	0	$-M$	$-M$	θ_i
C_B	X_B	b	x_1	x_2	x_3	x_4	x_5	x_6	x_7	
-1	x_3	1	-2	0	1	0	0	0	1	
c_j-Z_j			1	$-1+M$	0	0	$-M$	0	$-3M+1$	
0	x_4	12	[3]	0	0	1	-2	2	-5	4

（续）

c_j			3	−1	−1	0	0	−M	−M	θ_i
C_B	X_B	b	x_1	x_2	x_3	x_4	x_5	x_6	x_7	
−1	x_2	1	0	1	0	0	−1	1	−2	
−1	x_3	1	−2	0	1	0	0	0	1	
c_j-Z_j			1	0	0	0	−1	$-M+1$	$-M-1$	
3	x_1	4	1	0	0	1/3	−2/3	2/3	−5/3	
−1	x_2	1	0	1	0	0	−1	1	−2	
−1	x_3	9	0	0	1	2/3	−4/3	4/3	−7/3	
c_j-Z_j		2	0	0	0	−1/3	−1/3	$-M+1/3$	$-M+2/3$	

从表1-7中最终可得最优解为

$$\boldsymbol{X}^*=(4,\ 1,\ 9,\ 0,\ 0,\ 0,\ 0)^{\mathrm{T}}$$

目标函数值为

$$Z^*=2$$

2. 两阶段法

两阶段法是处理人工变量的另一种方法，它是将加入人工变量后的线性规划问题分成两个阶段求解。将原问题与加入人工变量线性问题等价条件 $x_{n+1}=x_{n+2}=\cdots=x_{n+m}=0$ 添加在第一阶段，并提供给第二阶段一个原问题的可行基。

第一阶段：构造辅助的线性规划问题，不考虑问题解的情况。给原线性规划问题加入人工变量，并构造仅含人工变量要求实现最小化的目标函数，即有

$$\min W=x_{n+1}+x_{n+2}+\cdots+x_{n+m}+0x_1+0x_2+\cdots+0x_n$$

$$\begin{cases} a_{11}x_1+a_{12}x_2+\cdots+a_{1n}x_n+x_{n+1}=b_1 \\ a_{21}x_1+a_{22}x_2+\cdots+a_{2n}x_n+x_{n+2}=b_2 \\ \vdots \\ a_{m1}x_1+a_{m2}x_2+\cdots+a_{mn}x_n+x_{n+m}=b_m \\ x_1,\ x_2,\ \cdots,\ x_n,\ x_{n+1},\ \cdots,\ x_{n+m}\geqslant 0 \end{cases}$$

其中，x_{n+1}，…，x_{n+m} 为人工变量。

然后用单纯形法求解上述构造模型，若得到 $W^*=0$，即所有的人工变量都交换为非基变量，这表明得到了原问题的一个基本可行解，也对应存在原问题的一个可行基，可进入第二阶段；若 $W^*\neq 0$，原问题无可行解，停止计算。

第二阶段：将第一阶段最终计算表格的目标函数换成原问题的目标函数，划去单纯形表中人工变量所在列，即得求原问题的初始单纯形表。用单纯形法进行计算，直至求出最优解。

【例 1.10】 用两阶段法求下列解线性规划问题。

$$\max Z=3x_1-x_2-x_3$$

$$\begin{cases} x_1-2x_2+x_3\leqslant 11 \\ -4x_1+x_2+2x_3\geqslant 3 \\ -2x_1+\qquad x_3=1 \\ x_1,\ x_2,\ x_3\geqslant 0 \end{cases}$$

解：在约束方程中分别加入松弛变量 x_4、剩余变量 x_5 和人工变量 x_6、x_7，得到第一阶段的数学模型为

$$\min W=x_6+x_7+0x_1+0x_2+0x_3+0x_4+0x_5$$

$$\begin{cases} x_1-2x_2+x_3+x_4=11 \\ -4x_1+x_2+2x_3-x_5+x_6=3 \\ -2x_1+x_3+x_7=1 \\ x_1,\ x_2,\ x_3,\ x_4,\ x_5,\ x_6,\ x_7\geqslant 0 \end{cases}$$

其标准型为

$$\max W'=-x_6-x_7+0x_1+0x_2+0x_3+0x_4+0x_5$$

$$\begin{cases} x_1-2x_2+x_3+x_4=11 \\ -4x_1+x_2+2x_3-x_5+x_6=3 \\ -2x_1+x_3+x_7=1 \\ x_1,\ x_2,\ x_3,\ x_4,\ x_5,\ x_6,\ x_7\geqslant 0 \end{cases}$$

用单纯形法进行求解，结果见表 1－8。第一阶段构造辅助线性规划问题的最优解是

$$\boldsymbol{X}^*=(0,\ 1,\ 1,\ 12,\ 0,\ 0,\ 0)^{\mathrm{T}}$$

表 1－8　第一阶段单纯形表(两阶段法)

c_j			0	0	0	0	0	−1	−1	θ_i
C_B	X_B	b	x_1	x_2	x_3	x_4	x_5	x_6	x_7	
0	x_4	11	1	−2	1	1	0	0	0	11
−1	x_6	3	−4	1	2	0	−1	1	0	3/2
−1	x_7	1	−2	0	[1]	0	0	0	1	1
c_j-Z_j			−6	1	3	0	−1	0	0	
0	x_4	10	3	−2	0	1	0	0	−1	
−1	x_6	1	0	[1]	0	0	−1	1	−2	1
0	x_3	1	−2	0	1	0	0	0	1	
c_j-Z_j			0	1	0	0	−1	0	−3	
c_j			0	0	0	0	0	−1	−1	θ_i
C_B	X_B	b	x_1	x_2	x_3	x_4	x_5	x_6	x_7	
0	x_4	12	3	0	0	1	−2	2	−5	
0	x_2	1	0	1	0	0	−1	1	−2	
0	x_3	1	−2	0	1	0	0	0	1	
c_j-Z_j			0	0	0	0	0	−1	−1	

目标函数值为

$$W^*=0$$

因人工变量 $x_6=x_7=0$，所以$(0，1，1，12，0)^T$是原线性规划问题的一个基本可行解。于是可以进行第二阶段运算，即第一阶段最终所得基本可行解可作为原问题的初始基本可行解，单纯形法求解见表 1-9。

表 1-9 第二阶段单纯形表(两阶段法)

c_j			3	−1	−1	0	0	θ_i
C_B	X_B	b	x_1	x_2	x_3	x_4	x_5	
0	x_4	12	[3]	0	0	1	−2	4
−1	x_2	1	0	1	0	0	−1	—
−1	x_3	1	−2	0	1	0	0	—
c_j-Z_j			1	0	0	0	−1	
3	x_1	4	1	0	0	1/3	−2/3	
−1	x_2	1	0	1	0	0	−1	1
−1	x_3	9	0	0	1	2/3	−4/3	
c_j-Z_j			0	0	0	−1/3	−1/3	

从表 1-9 可得到原线性规划问题的最优解为

$$\boldsymbol{X}^*=(4，1，9，0，0)^T$$

目标函数值

$$Z^*=2$$

1.4.2 单纯形法的矩阵描述

现在介绍用矩阵来描述单纯形法的计算过程，它有助于加深对单纯形法和对偶理论等的理解，也有助于改进单纯形法。

设线性规划问题已化成如下的标准型

$$\max Z=\boldsymbol{CX}$$

$$\begin{cases}\boldsymbol{AX}=\boldsymbol{b}\\ \boldsymbol{X}\geqslant\boldsymbol{O}\end{cases} \tag{1-16}$$

其中

$$\boldsymbol{A}=\begin{bmatrix}a_{11} & a_{12} & \cdots & a_{1n}\\ a_{21} & a_{22} & \cdots & a_{2n}\\ & & \vdots & \\ a_{m1} & a_{m2} & \cdots & a_{mn}\end{bmatrix}=[\boldsymbol{P}_1，\boldsymbol{P}_2，\cdots，\boldsymbol{P}_n]=[\boldsymbol{B}，\boldsymbol{N}]$$

为不失一般性，设 $\boldsymbol{B}=[\boldsymbol{P}_1，\boldsymbol{P}_2，\cdots，\boldsymbol{P}_m]$ 为基，$\boldsymbol{N}=[\boldsymbol{P}_{m+1}，\boldsymbol{P}_{m+2}，\cdots，\boldsymbol{P}_n]$ 为非基变量系数构成的矩阵。$\boldsymbol{X}=(x_1，x_2，\cdots，x_n)^T=(\boldsymbol{X_B}，\boldsymbol{X_N})^T$，这里 $\boldsymbol{X_B}=(x_1，x_2，\cdots，x_m)^T$ 为基变量构成的向量。

$\boldsymbol{X_N}=(x_{m+1}，x_{m+2}，\cdots，x_n)^T$ 为非基变量构成的向量。$\boldsymbol{C}=(c_1，c_2，\cdots，c_n)=(\boldsymbol{C_B}，\boldsymbol{C_N})$，其中 $\boldsymbol{C_B}=(c_1，c_2，\cdots，c_m)$，$\boldsymbol{C_N}=(c_{m+1}，c_{m+2}，\cdots，c_n)$，从而有

$$(\boldsymbol{C_B},\ \boldsymbol{C_N})\begin{bmatrix}\boldsymbol{X_B}\\ \boldsymbol{X_N}\end{bmatrix}=\boldsymbol{C_B X_B}+\boldsymbol{C_N X_N}$$

则式(1-16)改写为

$$\max Z=\boldsymbol{C_B X_B}+\boldsymbol{C_N X_N} \tag{1-17}$$

$$\begin{cases}\boldsymbol{BX_B}+\boldsymbol{NX_N}=\boldsymbol{b}\\ \boldsymbol{X_B},\ \boldsymbol{X_N}\geqslant\boldsymbol{O}\end{cases} \tag{1-18}$$

将式(1-18)移项后得

$$\boldsymbol{BX_B}=\boldsymbol{b}-\boldsymbol{NX_N} \tag{1-19}$$

式(1-19)左乘 $\boldsymbol{B}^{-1}$ 后，得到 $\boldsymbol{X_B}$ 的表达式为

$$\boldsymbol{X_B}=\boldsymbol{B}^{-1}\boldsymbol{b}-\boldsymbol{B}^{-1}\boldsymbol{NX_N} \tag{1-20}$$

将式(1-20)代入目标函数(1-17)，得到

$$Z=\boldsymbol{C_B B}^{-1}\boldsymbol{b}+(\boldsymbol{C_N}-\boldsymbol{C_B B}^{-1}\boldsymbol{N})\boldsymbol{X_N}$$

若令非基变量 $\boldsymbol{X_N}=0$，得到一个基本可行解为

$$\boldsymbol{X}=\begin{bmatrix}\boldsymbol{B}^{-1}\boldsymbol{b}\\ 0\end{bmatrix}$$

目标函数为 $\boldsymbol{Z}^*=\boldsymbol{C_B B}^{-1}\boldsymbol{b}$

从式(1-20)和目标函数表达式可以得出以下几点。

(1) 非基变量的系数$(\boldsymbol{C_N}-\boldsymbol{C_B B}^{-1}\boldsymbol{N})$就是非基变量的检验数 σ_N；由此再来看基变量的检验数 $\sigma_B=\boldsymbol{C_B}-\boldsymbol{C_B B}^{-1}\boldsymbol{B}=0$，与单纯形法中结论一致，因此所有的检验数可用 $\boldsymbol{C}-\boldsymbol{C_B B}^{-1}\boldsymbol{A}$ 表示，即检验数的矩阵描述。

(2) 只要求出基的逆矩阵 $\boldsymbol{B}^{-1}$，就可知系数增广矩阵基变化的结果：系数列向量为 $\boldsymbol{B}^{-1}\boldsymbol{P}$；资源向量为 $\boldsymbol{B}^{-1}\boldsymbol{b}$。因此。$\theta$ 规则的矩阵表达式为

$$\theta=\min_i\left\{\frac{(\boldsymbol{B}^{-1}\boldsymbol{b})_i}{(\boldsymbol{B}^{-1}\boldsymbol{P}_j)_i}\,\middle|\,(\boldsymbol{B}^{-1}\boldsymbol{P}_j)_i>0\right\}=\frac{(\boldsymbol{B}^{-1}\boldsymbol{b})_l}{(\boldsymbol{B}^{-1}\boldsymbol{P}_j)_l}$$

其中，$(\boldsymbol{B}^{-1}\boldsymbol{b})_i$ 是向量$(\boldsymbol{B}^{-1}\boldsymbol{b})$中第 i 个元素；$(\boldsymbol{B}^{-1}\boldsymbol{P}_j)_i$ 是向量$(\boldsymbol{B}^{-1}\boldsymbol{P}_j)$中第 i 个元素。

(3) 令 $\boldsymbol{Y}=\boldsymbol{C_B B}^{-1}$称为单纯形乘子，则有

$$Z=\boldsymbol{Yb}+(\boldsymbol{C}-\boldsymbol{YA})\boldsymbol{X}$$

1.4.3 改进单纯形法

从 1.4.2 节单纯形法的矩阵描述中可以看到，在单纯形法迭代时，每迭代一步的关键在于求出 $\boldsymbol{B}^{-1}\boldsymbol{b}$，通过 $\boldsymbol{B}^{-1}$，可求得对应于基 $\boldsymbol{B}$ 的基本可行解 $\boldsymbol{X}=(\boldsymbol{B}^{-1}\boldsymbol{b})$(基中非基变量都等于零)，目标函数 $\boldsymbol{Z}=\boldsymbol{C_B B}^{-1}\boldsymbol{b}$ 及用于最优性判断的检验数构成的向量 $\sigma_N=(\boldsymbol{C_N}-\boldsymbol{C_B B}^{-1}\boldsymbol{N})$，这就是单纯形法的出发点。

设当前基为 $\boldsymbol{B}=(\boldsymbol{P}_1,\ \boldsymbol{P}_2,\ \cdots,\ \boldsymbol{P}_{l-1},\ \boldsymbol{P}_l,\ \cdots,\ \boldsymbol{P}_m)$，基变换中要用非基变量 $\boldsymbol{X}_k$ 替换基变量 $\boldsymbol{X}_l$，基变换后的新基为 $\boldsymbol{B}_1$，在 $\boldsymbol{B}$ 和 $\boldsymbol{B}_1$ 之间只差一个变量，如何只根据 $\boldsymbol{B}_1$ 和换入变量 $\boldsymbol{X}_k$ 的系数列向量来计算出 $\boldsymbol{B}^{-1}$呢？由前面单纯形法基变换中可得到下列关系式：

$$\boldsymbol{B}_1^{-1}=\boldsymbol{EB}^{-1} \tag{1-21}$$

其中

$$\boldsymbol{E}=(e_1,\ \cdots,\ e_{l-1},\ \boldsymbol{\xi},\ e_{l+1},\ \cdots,\ e_m)$$

$$\xi=[-a_{1k}/a_{lk},\ -a_{2k}/a_{lk},\ \cdots,\ -a_{(l-1)k}/a_{lk},\ 1/a_{lk},\ -a_{(l+1)k}/a_{lk},\ \cdots,\ -a_{mk}/a_{lk}]^{T} \tag{1-22}$$

e_i表示第i个位置的元素为1，其他元素均为0的单位列向量。

$\boldsymbol{P}_k=(a_{1k},\ a_{2k},\ \cdots,\ a_{(l-1)k},\ a_{lk},\ a_{(l+1)k},\ \cdots,\ a_{mk})$是$\boldsymbol{B}$对应的换入变量的系数向量。

那么改进单纯形法的计算步骤如下。

(1) 由线性规划问题的标准型确定初始基矩阵的逆矩阵$\boldsymbol{B}^{-1}$。求出初始基本可行解$\boldsymbol{X}=(\boldsymbol{B}^{-1}\boldsymbol{b})$，计算出相应目标函数值$Z=\boldsymbol{C_B}\boldsymbol{B}^{-1}\boldsymbol{b}$。

(2) 最优解检验。计算非基变量检验数σ_N，$\sigma_N=(\boldsymbol{C_N}-\boldsymbol{C_B}\boldsymbol{B}^{-1}\boldsymbol{N})$。若$\sigma_N\leqslant 0$，已得到最优解，可停止计算；若还存在$\sigma_j>0$，$j\in N$，则转入下一步计算。

(3) 根据$\max(\sigma_j \mid \sigma_j>0)=\sigma_k$所对应的非基变量$x_k$为换入变量，计算$(\boldsymbol{B}^{-1}\boldsymbol{P}_k)$。若$(\boldsymbol{B}^{-1}\boldsymbol{P}_k)\leqslant 0$，那么原线性规划问题无解，停止计算。否则，进行下一步计算。

(4) 根据θ规则，求出

$$\theta=\min_i\left\{\frac{(\boldsymbol{B}^{-1}\boldsymbol{b})_i}{(\boldsymbol{B}^{-1}\boldsymbol{P}_k)_i}\,\middle|\,(\boldsymbol{B}^{-1}\boldsymbol{P}_k)_i>0\right\}=\frac{(\boldsymbol{B}^{-1}\boldsymbol{b})_l}{(\boldsymbol{B}^{-1}\boldsymbol{P}_j)_l}$$

它对应的基变量x_l为换出变量，然后进行下一步计算。

(5) 用$\boldsymbol{P}_k$代替当前基中的$\boldsymbol{P}_l$得一新基$\boldsymbol{B}_1$。再根据式(1-22)计算$\boldsymbol{E}$，由式(1-21)求出$\boldsymbol{B}_1^{-1}$。计算新的基本可行解$\boldsymbol{X}_1=\boldsymbol{B}_1^{-1}\boldsymbol{b}$，重复(2)～(5)步骤。

由于在初始单纯形表中，$\boldsymbol{B}^{-1}$是单位矩阵，因而在改进单纯形法的整个计算过程中，就不需要再计算基的逆矩阵。

1.5 线性规划应用举例

1.5.1 生产计划问题

该问题的一般提法是：用若干种资源B_1，B_2，…，B_m，生产若干产品A_1，A_2，…，A_m，资源供应有一定限制，要求制订一个产品生产计划，使其在资源限制条件下，得到最大效益。

这个问题的已知条件见表1-10。

表1-10 产品资源限制条件

单位产品所需资源 产品 / 资源	A_1，A_2，…，A_n	可供应资源量
B_1	a_{11}，a_{12}，…，a_{1n}	b_1
B_2	a_{21}，a_{22}，…，a_{2n}	b_2
…	…	…
B_m	a_{m1}，a_{m2}，…，a_{mn}	b_m
单位产品所得利润	c_1，c_2，…，c_m	

【例1.11】 例1.1就属于这一类生产计划问题，所以很容易写出其线性规划模型。

解：设 x_j 表示生产 A_j 种产品的计划数，$j=1, 2, \cdots, n$。则有

$$\max Z = \sum_{j=1}^{n} c_j x_j$$

$$\begin{cases} \sum_{j=1}^{n} a_{ij} x_j \leqslant b_i \\ x_j \geqslant 0 \end{cases} \quad (i=1, 2, \cdots, m; j=1, 2, \cdots, n)$$

1.5.2 人力资源配置问题

该问题的一般提法是：一项工作根据其特点在不同的时间段，采用不同的工作人员完成。问如何安排工作人员的作息，才能既满足工作需要，又使配备人员的数量最小。

【例 1.12】 某大都市有一昼夜服务的公交线路，经长时间的统计观察，每天各时段所需要的司乘人员数，见表 1-11。

表 1-11 司乘人员需求信息

班次	时间区间	所需人数/人
1	6：00～10：00	60
2	10：00～14：00	70
3	14：00～18：00	60
4	18：00～22：00	50
5	22：00～2：00	20
6	2：00～6：00	30

设司乘人员分别在每时段准时上班，并连续工作 8h，问公交公司应如何安排这条公交线路的司乘人员，才能既满足工作需要，又使配备的司乘人员最少？

解：设用 x_i 表示第 i 班开始上班的司乘人员数，由于每班实际上班的人数中必包括前一班的人数，于是可建立如下线性规划模型

$$\min Z = x_1 + x_2 + x_3 + x_4 + x_5 + x_6$$

$$\begin{cases} x_1 + x_6 \geqslant 60 \\ x_1 + x_2 \geqslant 70 \\ x_2 + x_3 \geqslant 60 \\ x_3 + x_4 \geqslant 50 \\ x_4 + x_5 \geqslant 20 \\ x_5 + x_6 \geqslant 30 \\ x_i \geqslant 0 (i=1, 2, \cdots, 6) \end{cases}$$

求解之后得到 $x_1=50$，$x_2=20$，$x_3=50$，$x_4=0$，$x_5=20$，$x_6=10$，$Z=150$。

【例 1.13】 某商场对一周内的顾客流量进行统计分析后，按照服务定额得知一周中每天售货人员需求量，见表 1-12。

表 1-12 售货人员需求信息

时间	星期日	星期一	星期二	星期三	星期四	星期五	星期六
售货人员/人	28	15	24	25	19	31	28

现在的问题是，售货员每周工作 5 天，休息 2 天，并要求休息时间是连续的，商场应如何安排售货人员的作息，才能够既满足工作需要，又使配备的售货人员最少？

解： 设 x_i 为星期 i 开始休息的人数，星期日记为 x_7，则每一天工作的人数应为下一日开始休息的人员直至由下一日算起的第 5 个工作日，即当日前天(不是昨天，昨天开始休息的人员休息时间会延至当日)休息的人员总和。于是，根据资料可建立如下的线性规划模型

$$\min Z=x_1+x_2+x_3+x_4+x_5+x_6+x_7$$

$$\begin{cases} x_1+x_2+x_3+x_4+x_5\geqslant 28 \\ x_2+x_3+x_4+x_5+x_6\geqslant 15 \\ x_3+x_4+x_5+x_6+x_7\geqslant 24 \\ x_1+x_4+x_5+x_6+x_7\geqslant 25 \\ x_1+x_2+x_5+x_6+x_7\geqslant 19 \\ x_1+x_2+x_3+x_6+x_7\geqslant 31 \\ x_1+x_2+x_3+x_4+x_7\geqslant 28 \\ x_i\geqslant 0(i=1，2，\cdots，7) \end{cases}$$

求解之后得到 $x_1=12$，$x_2=0$，$x_3=11$，$x_4=5$，$x_5=0$，$x_6=8$，$x_7=0$，$Z=36$。

1.5.3 套裁下料问题

这类问题一般提法是：在加工业中，需要将某类规格的棒材或板材裁成不同规格的毛坯，对裁出的毛坯有一定的数量要求。问如何裁取，才能既满足对裁出毛坯的数量要求，又使所使用的原材料最少。

【例 1.14】 某工厂计划做 100 套钢架，需要用长度分别为 2.9m、2.1m 和 1.5m 的圆钢各一根。已知可做原料使用的圆钢每根长 7.4m，问应如何下料才能使所用原料最省？

解： 最简单的下料方法是，每根圆钢截取 2.9m、2.1m 和 1.5m 的长度各一根，组成一套，这样每根圆钢剩下料头 0.9m。完成任务后，共消耗圆钢 100 根，余下的料头共 90m。若改成套裁方法，即可先设计出几个较好的下料方案。所谓较好即第一要求是每个方案下料后的料头较短，第二要求是所有的方案配合起来能满足完成任务的需要。为此，可设计 5 种方案供参考使用，见表 1-13。

表 1-13 下料方案信息 单位：m

圆钢 \ 方案	Ⅰ	Ⅱ	Ⅲ	Ⅳ	Ⅴ
2.9	1	2	0	1	0
2.1	0	0	2	2	1
1.5	3	1	2	0	3
合计	7.4	7.3	7.2	7.1	6.6
料头	0	0.1	0.2	0.3	0.8

为了用最少的原材料得到 100 套钢架，必须混合使用上述各种下料方案。设使用每一种方案下料的圆钢根数分别为 x_1，x_2，x_3，x_4，x_5，则可得到如下的线性规划模型：

$$\min Z=x_1+x_2+x_3+x_4+x_5$$

$$\begin{cases} x_1+2x_2 \quad + x_4 \geqslant 100 \\ 2x_3+2x_4+x_5 \geqslant 100 \\ 3x_1+x_2+2x_3+ \quad 3x_5 \geqslant 100 \\ x_i \geqslant 0 (i=1, 2, \cdots, 5) \end{cases}$$

求解之后得到 $x_1=30$，$x_2=10$，$x_3=0$，$x_4=50$，$x_5=0$，总共需圆钢 90 根。该模型的目标函数也可以是 $\min Z=0.1x_2+0.2x_3+0.3x_4+0.8x_5$，求解后得 $Z=16$。

1.5.4 配料问题

这类问题的一般提法是：由多种原料制成含有 m 种成分的产品，已知产品中所含各种成分的最低需要量及各种原料的单价，并且知道各种原料的数量，问应如何配料，才能使产品的成本最低。

【例 1.15】 某工厂要用 3 种原料 A、B、C 混合调配 3 种产品甲、乙、丙，已知产品的规格要求及单价，原材料的单价和每天的供应量见表 1-14。问该厂应如何安排生产，才能使利润收入最大?

表 1-14　产品及原料信息

产品及原材料	产品规格及原材料可供量	单价/(元/千克)
甲	原料 A 不少于 50%，原料 B 不超过 25%	50
乙	原料 A 不少于 25%，原料 B 不超过 50%	35
丙	原料无具体要求	25
A	100	65
B	100	25
C	60	35

解：这一问题需要使用双下标变量。可设 x_{ij} 表示第 i 种产品第 j 种原料的含量，于是可得到如下线性规划模型

$$\max Z=50(x_{11}+x_{12}+x_{13})+35(x_{21}+x_{22}+x_{23})+25(x_{31}+x_{32}+x_{33}) \\ -65(x_{11}+x_{21}+x_{31})-25(x_{12}+x_{22}+x_{32})-35(x_{13}+x_{23}+x_{33})$$

即　　$\max Z=-15x_{11}+25x_{12}+15x_{13}-30x_{21}+10x_{22}-40x_{31}-10x_{33}$

(1) 产品规格约束为

$$\begin{cases} x_{11} \geqslant 0.5(x_{11}+x_{12}+x_{13}) \\ x_{12} \leqslant 0.25(x_{11}+x_{12}+x_{13}) \\ x_{21} \geqslant 0.25(x_{21}+x_{22}+x_{23}) \\ x_{22} \leqslant 0.5(x_{21}+x_{22}+x_{23}) \end{cases}$$

(2) 原材料可供量约束为

$$\begin{cases} x_{11}+x_{21}+x_{31} \leqslant 100 \\ x_{12}+x_{22}+x_{32} \leqslant 100 \\ x_{13}+x_{23}+x_{33} \leqslant 60 \end{cases}$$

$$x_{ij} \geqslant 0, \quad (i, j=1, 2, 3)$$

求解后得到 $x_{11}=100$，$x_{12}=50$，$x_{13}=50$，其余的 $x_{ij}=0$。得到这样的解是因为每一种产品生产多少没有限制，且原材料的约束为“$\leqslant$”型。如果加上每一种产品的最低生产

量限制，并将原材料可供量约束改为等式约束，则求解结果一定不是这样。

1.6 应用案例

美洲银行网络交易服务问题①

罗伯认为区别于对手的一个对策是提供竞争对手所没有提供的服务——交易服务。他确定，在自动取款机之后又会有一种便利的交易方法，这种方法就是通过网络的电子银行。通过网络，客户可以直接用家里和办公室里的台式计算机来进行交易。网络的大发展，已经使许多人懂得如何使用万维网。这样，他总结出，如果美洲银行能够提供网络上的银行交易的，可能会吸引许多新的消费者。

在罗伯决定开发网上业务之前，他必须知道网络银行的市场及美洲银行可以通过网络提供的服务。例如，客户是否只能通过网络查询账户及交易信息，还是可以获得存取服务？银行是否需要提供实时的股价行情，以及收取很少的一笔手续费而允许客户在网上下订单，以吸引一部分投资市场上的客户？

因为美洲银行没有从事调研业务，所以决定将这一调研项目交给一个专业的咨询公司。该项目收到了好几个咨询公司的投标，罗伯将选择了成本最小的一个公司。罗伯为咨询公司列出了一系列的调研要求，以确保公司能够获得实行该策略所需要的信息。

因为不同年龄段的人需要不同的服务，美洲银行对4个年龄段的人有兴趣：第一类为18～25岁，这些人的收入有限，交易量不会很大；第二类为26～40岁，这些人收入可观，交易量大，需要大量的住房和汽车贷款，并会在各类证券上投资；第三类为41～50岁，这类人与第二类的收入与行为类似，但因为这些人还不适应网络上的计算机大爆炸，因此不大可能使用网络银行；最后，第四类是51岁以上，这些人渴望安全，并且对希望获得退休基金的信息，银行相信这些人是绝对不会使用网络交易的，但银行也希望能够进一步获得这些人的需求信息。美洲银行将会调研2000名客户，其中，第一年龄段至少占20%，第二类占27.5%，第三类占15%，第四类占15%。

罗伯知道网络是近期才发展起来的，一些人甚至还不知道什么是万维网。因此他希望能够知道哪些人使用网络，而哪些人不使用网络。为了保证美洲银行能够获得准确的组合，他要求被调研的人中至少15%来自网络普遍使用的硅谷地区，而35%来自大城市，那些地方网络的使用程度一般，20%来自很少使用计算机的小城镇。

精致调研公司(Sophisticated Surveys)是投标该项目的3家调研公司中的一家，该公司对调研的成本做了初步的估计，每人的调研费用如表1-15所示。

表1-15 调研的成本调研费用信息

地区	年龄段			
	18～25	26～40	41～50	51以上
硅谷	\$4.75	\$6.50	\$6.50	\$5.00
大城市	\$5.25	\$5.75	\$6.25	\$6.25
小城镇	\$6.50	\$7.50	\$7.50	\$7.25

精致调研公司对下面几个问题进行了连续的探讨。

建立线性规划模型，在满足美洲银行的调研要求的基础上使成本最小。

如果精致调研公司边际收益是总成本的 15%，它们的投标将是多少？

在提交了投标书以后，精致调研公司得到通知说，它的标价是最低的，但美洲银行不认同它的结果，罗伯要求被调研的每一个地区每一个年龄段的人数必须超过 50 人，这样的话，精致调研公司新的标价将是多少？

罗伯认为精致调研公司对 18～25 岁年龄段及硅谷地区的取样太多了，因此，他增加了一个新的约束，即 18～25 岁之间的被调研的人数不能超过 600 人，而硅谷地区的人数不能超过 650 人，这样，新的标价又将如何？

在计算调研成本时，精致调研公司认识到，对年轻人的调研较为容易。然而，在近期完成的一个调研报告中显示，这个假设是不正确的。对 18～25 岁间的人的调研成本见表 1-16，在新的成本下，标价将会是多少？

表 1-16　调研城市成本信息

地区	每人的成本($)	地区	每人的成本($)
硅谷	6.5	小城镇	7
大城市	6.75		

为了保证所要求的取样，罗伯做出了更严格的约束，规定各类人数的比例必须符合表 1-17。

表 1-17　调研人群比例信息

人群	调查的人群比例(%)	人群	调查的人群比例(%)
18～25	25	硅谷	20
26～40	35	大城市	50
41～50	20	小城镇	30
51 以上	20		

在这些限制的条件下，精致调研公司的调研成本将增加多少？若以总成本的 15%提取边际收益，精致调研公司的报价又将是多少？

注：①深圳大学《运筹学》精品课工程案例。

习　题

1. 线性规划的数学模型有哪些特点？
2. 线性规划问题的解有哪几种形式？
3. 简述单纯形法的求解步骤。
4. 在单纯形法中，大 M 法与两阶段法有哪些异同点？
5. 将下列线性规划模型转化为标准型。

(1) $\max Z=2x_1+x_2+3x_3+x_4$

$$\begin{cases} x_1+x_2+3x_3+x_4\leqslant 7 \\ 2x_1-3x_2+5x_3=-8 \\ x_1-2x_3+2x_4\geqslant 7 \\ x_1,\ x_3\geqslant 0,\ x_2\leqslant 0,\ x_4\text{无约束} \end{cases}$$

(2) $\min Z=-3x_1+4x_2-2x_3+5x_4$

$$\begin{cases} 4x_1-x_2+2x_3-x_4=-2 \\ x_1+x_2+3x_3-x_4\leqslant 14 \\ -2x_1+3x_2-x_3+2x_4\geqslant 2 \\ x_1,\ x_2,\ x_3\geqslant 0,\ x_4\text{无约束} \end{cases}$$

6. 用图解法求解下列线性规划问题。

(1) $\min Z=-x_1+2x_2$

$$\begin{cases} x_1-2x_2\geqslant -2 \\ x_1+2x_2\leqslant 6 \\ x_1,\ x_2\geqslant 0 \end{cases}$$

(2) $\max Z=-x_1+2x_2$

$$\begin{cases} x_1-x_2\geqslant -2 \\ x_1,\ x_2\geqslant 0 \end{cases}$$

(3) $\max Z=3x_1+6x_2$

$$\begin{cases} x_1-x_2\geqslant -2 \\ x_1+2x_2\leqslant 6 \\ x_1,\ x_2\geqslant 0 \end{cases}$$

(4) $\max Z=3x_1+6x_2$

$$\begin{cases} x_1-x_2\geqslant -2 \\ x_1+x_2\leqslant -5 \\ x_1,\ x_2\geqslant 0 \end{cases}$$

7. 在下面的线性规划问题中找出满足约束条件的所有基本解，指出哪些是基本可行解，并代入目标函数，确定哪一个是最优解。

(1) $\max Z=2x_1+3x_2+4x_3+7x_4$

$$\begin{cases} 2x_1+3x_2-x_3-4x_4=8 \\ x_1-2x_2+6x_3-7x_4=-3 \\ x_1,\ x_2,\ x_3,\ x_4,\ \geqslant 0 \end{cases}$$

(2) $\min Z=5x_1-2x_2+3x_3-6x_4$

$$\begin{cases} x_1+2x_2+3x_3+4x_4=7 \\ 2x_1+x_2+x_3+2x_4=3 \\ x_1,\ x_2,\ x_3,\ x_4,\ \geqslant 0 \end{cases}$$

8. 分别用图解法和单纯形法求解下列线性规划问题，并指出单纯形法迭代的每一步相当于图形上的哪个顶点。

(1) $\max Z=2x_1+x_2$

$$\begin{cases} 3x_1+5x_2\leqslant 15 \\ 6x_1+2x_2\leqslant 24 \\ x_1,\ x_2\geqslant 0 \end{cases}$$

(2) $\max Z=2x_1+5x_2$

$$\begin{cases} x_1\leqslant 4 \\ 2x_2\leqslant 12 \\ 3x_1+2x_2\leqslant 18 \\ x_1,\ x_2\geqslant 0 \end{cases}$$

9. 分别用单纯形法中的大 M 法和两阶段法求解下列线性规划问题。

(1) $\max Z=2x_1+3x_2-5x_3$

$$\begin{cases} x_1+x_2+x_3=7 \\ 2x_1-5x_2+x_3\geqslant 10 \\ x_1,\ x_2,\ x_3\geqslant 0 \end{cases}$$

(2) $\min Z=2x_1+3x_2+x_3$

$$\begin{cases} x_1+4x_2+2x_3\geqslant 8 \\ 3x_1+2x_2\geqslant 6 \\ x_1,\ x_2,\ x_3\geqslant 0 \end{cases}$$

(3) $\max Z=10x_1+15x_2+12x_3$

$$\begin{cases} 5x_1+3x_2+x_3\leqslant 9 \\ -5x_1+6x_2+15x_3\leqslant 15 \\ 2x_1+x_2+x_3\geqslant 5 \\ x_1,\ x_2,\ x_3\geqslant 0 \end{cases}$$

(4) $\max Z=2x_1-x_2+2x_3$

$$\begin{cases} x_1+x_2+x_3\geqslant 6 \\ -2x_1+x_3\geqslant 2 \\ 2x_2-x_3\geqslant 0 \\ x_1,\ x_2,\ x_3\geqslant 0 \end{cases}$$

10. 用改进单纯形法求解以下线性规划问题。

(1) $\max Z=4x_1+2x_2$

$$\begin{cases}-x_1+x_2\leqslant 6\\ x_1+x_2\leqslant 9\\ 3x_1-x_2\leqslant 15\\ x_1,\ x_2\geqslant 0\end{cases}$$

(2) $\min Z=2x_1+x_2$

$$\begin{cases}3x_1+x_2=3\\ 4x_1+3x_2\geqslant 6\\ x_1+2x_2\leqslant 3\\ x_1,\ x_2\geqslant 0\end{cases}$$

11. 表 1-18 是某求极大化线性规划问题计算得到的单纯形表，表中无人工变量，a_1，a_2，a_3，d，c_1，c_2为待定常数，试说明这些常数分别取何数时以下结论成立。

表 1-18 单纯形表

基	b	x_1	x_2	x_3	x_4	x_5	x_6
x_3	d	4	a_1	1	0	a_2	0
x_4	2	−1	−3	0	1	−1	0
x_6	3	a_3	−5	0	0	−4	1
c_j-Z_j		c_1	c_2	0	0	−3	0

(1) 表中解为唯一最优解。

(2) 表中解为最优解，但存在无穷多最优解。

(3) 该线性规划问题具有无界解。

(4) 表中的解非最优，为了改进，设换入变量为 x_1，换出变量为 x_6。

12. 某糖果厂用原料 A、B、C 加工成 3 种不同牌号的糖果甲、乙、丙。已知各种牌号糖果中 A、B、C 的含量，原料成本，各种原料的每月限制用量，3 种牌号糖果的单位加工费及售价见表 1-19。问该厂每月应生产这 3 种牌号糖果各多少千克，才能使该厂获利最大？试建立这个问题的线性规划的数学模型。

表 1-19 产品加工信息

原料含量 产品 / 原料	甲	乙	丙	原料成本/(元/千克)	每月限制用量/(千克)
A	≥60%	≥15%		2.00	2000
B				1.50	2500
C	≤20%	≤60%	≤50%	1.00	1200
加工费/(元/千克)	0.50	0.40	0.30		
售价/(元/千克)	3.40	2.85	2.25		

13. 某厂生产 3 种产品甲、乙、丙。每种产品要经过 A、B 两道工序加工，设该厂有两种规格的设备能完成 A 工序，它们以 A_1、A_2表示；有 3 种规格的设备能完成 B 工序，它们以 B_1、B_2、B_3表示，产品甲可以在 A、B 任何一种规格设备上加工。产品乙可以在任何规格的 A 设备上加工，但完成 B 工序时，只能在 B_1 设备上加工；产品丙只能在 A_2 与 B_2 设备上加工。已知在各种机床设备的单件工时，原材料费、产品销售价格、各种设备有效台时及满负荷操作时机床设备的费用见表 1-20，要求安排最优的生产计划，使该厂利润最大。

表 1-20 产品加工信息

设备	产品			设备有效台时	满负荷时机床设备费用/元
	甲	乙	丙		
A_1	5	10		6000	300
A_2	7	9	12.	10000	321
B_1	6	8		4000	250
B_2	4		11.	7000	783
B_3	7			4000	200
原料费/(元/件)	0.25	0.35	0.50		
单价/(元/件)	1.25	2.00	2.80		

关键词及其英文对照

线性规划	liner programming	决策变量	decision variable
基变量	basic variable	松弛变量	slack variable
剩余变量	surplus variable	目标函数	objecctive function
约束	constraint	约束条件	constraint condition
可行解	feasible solution	基本解	basic solution
基本可行解	feasible basic solution	最优解	optimum solution
可行域	feasible region	图解法	graphical solution
顶点	vertices	迭代	iteration
单纯形法	simplex method	改进单纯形法	modified simplex method

第 2 章　对偶规划与灵敏度分析

本章内容分为两大部分：对偶规划与灵敏度分析。对偶规划是线性规划问题从另一个角度进行的研究，是线性规划理论的进一步深化，也是线性规划理论整体的一个不可分割的组成部分。灵敏度分析是对线性规划结果的再发掘，是对线性规划理论的充分利用。通过本章的学习，要求能够写出任意一个线性规划问题的对偶问题，并能应用对偶单纯形法解决相应的线性规划问题，同时能对线性规划的求解结果进行多种情况的灵敏度分析。

2.1　线性规划的对偶问题及其数学模型

2.1.1　对偶问题的提出

在例 1.1 中讨论了工厂生产计划线性规划问题的数学模型及其解法，其数学模型为

$$\max Z=2x_1+3x_2$$

$$\begin{cases} x_1+2x_2\leqslant 8 \\ 4x_1 \qquad\ \leqslant 16 \\ \qquad 4x_2\leqslant 12 \\ x_1,\ x_2\geqslant 0 \end{cases}$$

现在从另一个角度来讨论这个问题。假设该工厂的决策者决定不自己生产产品，而是将其具有的所有资源出租或外售，这时工厂的决策者就要考虑如何给每种资源定价的问题。

设出租单位的设备台时的租金和出让单位原材料 A、B 的附加额分别为 y_1、y_2、y_3，那么，该工厂应满足下列两个条件。

(1) 出租生产单位产品Ⅰ所消耗的设备台时和原材料的出租出让的所有收入应不低于自己组织生产该产品所获得的利润，即

$$y_1+4y_2\geqslant 2$$

(2) 出租生产单位产品Ⅱ所消耗的设备台时和原材料的出租出让的所有收入应不低于自己组织生产该产品所获得的利润，即

$$2y_1+4y_2\geqslant 3$$

则工厂所有资源出租出让的总收入为

$$\omega=8y_1+16y_2+12y_3$$

从工厂决策者的角度来看，当然 ω 值越大越好；但从接受方的角度来看，支付越少越好。所以，工厂的决策者只能在满足将设备台时和原材料的出租出让的所有收入不低于自己组织生产该产品所获得的利润的条件下，使其总收入尽可能的小，这样才能使接受方接受，工厂才能实现其意愿，为此需求解如下线性规划问题。

$$\min\omega=8y_1+16y_2+12y_3$$

$$\begin{cases} y_1+4y_2 \geqslant 2 \\ 2y_1 +4y_3\geqslant 3 \\ y_1,\ y_2,\ y_3\geqslant 0 \end{cases}$$

称这个线性规划问题为例 1.1 线性规划原问题 P 的对偶问题 D。

同理，例 1.2 的线性规划问题的对偶问题就是将安装 A、B、C 这 3 种构件的工程项目分包给承包商，如何确定工程承包费。

设安装一根 A、B、C 构件的承包费分别为 y_1，y_2，y_3，则该对偶问题的数学模型为

$$\max\omega=250y_1+300y_2+700y_3$$

$$\begin{cases} 5y_1+8y_2+10y_3\leqslant 250 \\ 6y_1+6y_2+20y_3\leqslant 350 \\ y_1,\ y_2,\ y_3\geqslant 0 \end{cases}$$

该对偶问题的经济意义可解释为：工程投资方不自己组织安装，而是分包给承包商，在满足承包费不能大于自己安装时租赁安装机械的租赁费条件下，尽可能使承包费最大，这样承包商才能接受。

2.1.2 对偶问题的数学模型

在 1.4.2 节中线性规划单纯形法的矩阵描述有定义单纯形乘子 $\boldsymbol{Y}=\boldsymbol{C_B}\boldsymbol{B}^{-1}$，对线性规划原问题 P，有

$$\max Z=\boldsymbol{CX}$$

$$\begin{cases} \boldsymbol{AX}\leqslant \boldsymbol{b} \\ \boldsymbol{X}\geqslant 0 \end{cases}$$

最优解标准为所有变量的检验数 $\sigma\leqslant 0$，即 $\boldsymbol{C}-\boldsymbol{C_B}\boldsymbol{B}^{-1}\boldsymbol{A}\leqslant 0$，有 $\boldsymbol{C}-\boldsymbol{YA}\leqslant 0$，得

$$\boldsymbol{YA}\geqslant C \tag{2-1}$$

对于松弛变量 X_S，其系数矩阵为单位矩阵 $\boldsymbol{I}$，价格向量 C_S 为 0，即有

$$\sigma_S=\boldsymbol{C}_S-\boldsymbol{C_B}\boldsymbol{B}^{-1}\boldsymbol{I}\leqslant 0$$

得

$$\boldsymbol{C_B}\boldsymbol{B}^{-1}\geqslant 0$$

即有

$$\boldsymbol{Y}\geqslant 0 \tag{2-2}$$

对 $\boldsymbol{Y}=\boldsymbol{C_B}\boldsymbol{B}^{-1}$两边右乘 $\boldsymbol{b}$，得

$$\boldsymbol{Yb}=\boldsymbol{C_B}\boldsymbol{B}^{-1}\boldsymbol{b}$$

因为 $\boldsymbol{b}\geqslant 0$，$\boldsymbol{Y}\geqslant 0$，$\boldsymbol{Yb}$ 只能存在最小值，即有

$$\min\omega=\boldsymbol{Yb} \tag{2-3}$$

式(2-1)、式(2-2)、式(2-3)构成线性规划原问题 P 的对偶问题 D 的数学模型：

$$\min\omega=\boldsymbol{Yb}$$

$$\begin{cases} \boldsymbol{YA}\geqslant \boldsymbol{C} \\ \boldsymbol{Y}\geqslant 0 \end{cases}$$

同理，线性规划原问题 P 为

$$\min Z=\boldsymbol{CX}$$

$$\begin{cases} \boldsymbol{AX}\leqslant \boldsymbol{b} \\ \boldsymbol{X}\geqslant 0 \end{cases}$$

其对偶问题 D 为

$$\max \omega = \boldsymbol{Yb}$$
$$\begin{cases} \boldsymbol{YA} \leqslant \boldsymbol{C} \\ \boldsymbol{Y} \leqslant 0 \end{cases}$$

上述两种对偶模型称为对称型模型。另外，还有一种原问题约束为等式或变量为无约束变量的对偶模型称为非对称型模型，线性规划原问题 P 为

$$\max Z = \boldsymbol{CX}$$
$$\begin{cases} \boldsymbol{AX} = \boldsymbol{b} \\ \boldsymbol{X} \geqslant 0 \end{cases}$$

这种非对称型模型对偶关系的处理步骤如下。

(1) 先将等式约束条件分解为两个不等式约束条件，则 P 可表示为

$$\max Z = \boldsymbol{CX}$$
$$\begin{cases} \boldsymbol{AX} \leqslant \boldsymbol{b} \\ \boldsymbol{AX} \geqslant \boldsymbol{b} \\ \boldsymbol{X} \geqslant 0 \end{cases}$$

即有

$$\max Z = \boldsymbol{CX}$$
$$\begin{cases} \boldsymbol{AX} \leqslant \boldsymbol{b} & (1) \\ -\boldsymbol{AX} \leqslant -\boldsymbol{b} & (2) \\ \boldsymbol{X} \geqslant 0 \end{cases}$$

$\boldsymbol{Y}' = (y_1', y_2', \cdots, y_m')$是对应约束条件(1)的对偶变量。

$\boldsymbol{Y}'' = (y_1'', y_2'', \cdots, y_m'')$是对应约束条件(2)的对偶变量。

(2) 按对称型变换关系可写出它的对偶问题，有

$$\min \omega = \boldsymbol{Y}'\boldsymbol{b} + (-\boldsymbol{Y}''\boldsymbol{b})$$
$$\begin{cases} \boldsymbol{Y}'\boldsymbol{A} + (-\boldsymbol{Y}''\boldsymbol{A}) \geqslant \boldsymbol{C} \\ \boldsymbol{Y}', \boldsymbol{Y}'' \geqslant 0 \end{cases}$$

整理为

$$\min \omega = (\boldsymbol{Y}' - \boldsymbol{Y}'')\boldsymbol{b}$$
$$\begin{cases} (\boldsymbol{Y}' - \boldsymbol{Y}'')\boldsymbol{A} \geqslant \boldsymbol{C} \\ \boldsymbol{Y}', \boldsymbol{Y}'' \geqslant 0 \end{cases}$$

令 $\boldsymbol{Y} = \boldsymbol{Y}' - \boldsymbol{Y}''$，$\boldsymbol{Y}'$，$\boldsymbol{Y}'' \geqslant 0$，由此可见 $\boldsymbol{Y}$ 不受正、负限制。用 $\boldsymbol{Y}$ 代替后原问题的对偶问题 D 得

$$\min \omega = \boldsymbol{Yb}$$
$$\begin{cases} \boldsymbol{YA} \geqslant \boldsymbol{C} \\ \boldsymbol{Y} \text{ 无约束} \end{cases}$$

从这两个线性规划问题的表达式可看出：根据原线性规划问题的系数矩阵 **A**、价格向量 **C**、资源向量 **b** 就可以写出它的对偶问题，如【例 1.1】，原线性规划问题

$$\boldsymbol{A} = \begin{bmatrix} 1 & 2 \\ 4 & 0 \\ 0 & 4 \end{bmatrix} \qquad \boldsymbol{C} = (2,\ 3) \quad \boldsymbol{b} = \begin{bmatrix} 8 \\ 16 \\ 12 \end{bmatrix}$$

那么它的对偶问题便是

$$\text{Min}\,\omega = \boldsymbol{Y}\ (8,\ 16,\ 12)^T$$

$$Y\begin{bmatrix}1 & 2\\4 & 0\\0 & 4\end{bmatrix}\geqslant(2,\ 3)$$

$$Y\geqslant 0$$

$$Y=(y_1,\ y_2,\ y_3)$$

即有

$$\text{Min}\omega=8y_1+16y_2+12y_3$$

$$\begin{cases}y_1+4y_2\geqslant 2\\2y_1+4y_3\geqslant 3\\y_1,\ y_2,\ y_3\geqslant 0\end{cases}$$

2.1.3 原问题与对偶问题的对应关系

线性规划的原问题与对偶问题是成对出现的，且互为对偶，一个为原问题，则另外一个就为对偶问题。线性规划的原问题与对偶问题的对应关系，其变换形式归纳为表 2-1 中所示对应关系。

表 2-1　线性规划问题对偶关系

原问题(或对偶问题)	对偶问题(或原问题)
目标函数最大化($\max Z$)	目标函数最小化($\min\omega$)
n 个变量 m 个约束 约束条件的资源向量(右端项) 目标函数的价格向量(系数)	n 个约束 m 个变量 目标函数的价格向量 约束条件的资源向量
变量 $\begin{cases}\geqslant 0\\\leqslant 0\\\text{无约束}\end{cases}$	约束 $\begin{cases}\text{“}\geqslant\text{” 形式}\\\text{“}\leqslant\text{” 形式}\\\text{“}=\text{” 形式}\end{cases}$
约束 $\begin{cases}\text{“}\geqslant\text{” 形式}\\\text{“}\leqslant\text{” 形式}\\\text{“}=\text{” 形式}\end{cases}$	变量 $\begin{cases}\leqslant 0\\\geqslant 0\\\text{无约束}\end{cases}$

【例 2.1】 试求下列线性规划问题的对偶问题。

$$\min Z=2x_1+3x_2-5x_3+x_4$$

$$\begin{cases}x_1+x_2-3x_3+x_4\geqslant 5 & ①\\2x_1\qquad+2x_3-x_4\leqslant 4 & ②\\\qquad x_2+\ x_3+x_4=6 & ③\\x_1\leqslant 0;\ x_2,\ x_3\geqslant 0;\ x_4\text{无约束}\end{cases}$$

解： 设对应于约束条件①、②、③的对偶变量分别为 y_1、y_2、y_3，则由表 2-1 中原问题与对偶问题的对应关系，可以直接写出上述线性规划问题的对偶问题，有

$$\max\omega=5y_1+4y_2+6y_3$$

$$\begin{cases}y_1+2y_2\qquad\geqslant 2\\y_1+\qquad y_3\leqslant 3\\-3y_1+2y_2+y_3\leqslant -5\\y_1-\ y_2+y_3=1\\y_1\geqslant 0,\ y_2\leqslant 0,\ y_3\text{无约束}\end{cases}$$

当然，也可依对偶问题写出原问题。

2.2 线性规划的对偶理论

线性规划的对偶理论包括以下几个主要的基本定理。

定理 2-1（对称性定理） 对偶问题的对偶是原问题。

证： 设原问题是

$$\max \boldsymbol{Z}=\boldsymbol{CX};\ \boldsymbol{AX}\leqslant \boldsymbol{b};\ \boldsymbol{X}\geqslant 0$$

根据对偶问题的对称变换关系，得其对偶问题为

$$\min\omega=\boldsymbol{Yb};\ \boldsymbol{YA}\geqslant \boldsymbol{C};\ \boldsymbol{Y}\geqslant 0$$

若将上式两边取负号，可得

$$\max(-\omega)=-\boldsymbol{Yb};\ -\boldsymbol{YA}\leqslant -\boldsymbol{C};\ \boldsymbol{Y}\geqslant 0$$

根据对称变换关系，得上式的对偶问题为

$$\min \boldsymbol{Z}'=-\boldsymbol{CX};\ -\boldsymbol{AX}\geqslant -\boldsymbol{b};\ \boldsymbol{X}\geqslant 0$$

变换上式为

$$\max(-\boldsymbol{Z}')=\boldsymbol{CX};\ \boldsymbol{AX}\leqslant \boldsymbol{b};\ \boldsymbol{X}\geqslant 0$$

可得

$$\max \boldsymbol{Z}=\boldsymbol{CX};\ \boldsymbol{AX}\leqslant \boldsymbol{b};\ \boldsymbol{X}\geqslant 0$$

这就是原问题。

定理 2-2（弱对偶定理） 设 $\boldsymbol{X}$ 和 $\boldsymbol{Y}$ 分别是原问题 P 和对偶问题 D 的可行解，则必有 $\boldsymbol{CX}\leqslant \boldsymbol{Yb}$。

证： 由 P 和 D 的约束条件：$\boldsymbol{AX}\leqslant \boldsymbol{b}$，$\boldsymbol{YA}\geqslant \boldsymbol{C}$ 及 $\boldsymbol{X}\geqslant 0$，$\boldsymbol{Y}\geqslant 0$，得到

$$\boldsymbol{YAX}\leqslant \boldsymbol{Yb},\quad \boldsymbol{YAX}\geqslant \boldsymbol{CX}$$

则有

$$\boldsymbol{CX}\leqslant \boldsymbol{YAX}\leqslant \boldsymbol{Yb}$$

即

$$\boldsymbol{CX}\leqslant \boldsymbol{Yb}$$

定理 2-3（对偶原理） 原问题 P 与对偶问题 D 存在如下对应关系。

(1) P 有最优解的充要条件是 D 有最优解。

(2) 若 P 无界则 D 不可行，若 D 无界则 P 不可行。

(3) 若 $\boldsymbol{X}^*$ 和 $\boldsymbol{Y}^*$ 分别是 P 和 D 的可行解，则它们分别为 P 和 D 的最优解的充要条件是 $\boldsymbol{CX}^*=\boldsymbol{Y}^*\boldsymbol{b}$。

证： 对应关系(1)

由 $\boldsymbol{YA}\geqslant \boldsymbol{C}$，得

$$\boldsymbol{Y}(\boldsymbol{B},\ \boldsymbol{N})\geqslant(\boldsymbol{C_B},\ \boldsymbol{C_N})$$

即

$$(\boldsymbol{YB},\ \boldsymbol{YN})\geqslant(\boldsymbol{C_B},\ \boldsymbol{C_N})$$

有 $\boldsymbol{YB}\geqslant \boldsymbol{C_B}$，两边右乘 $\boldsymbol{B}^{-1}$，得

$$\boldsymbol{Y}\geqslant \boldsymbol{C_B B}^{-1}$$

由于对偶问题 D 属最小化问题，所以 $\boldsymbol{Y}=\boldsymbol{C_B B}^{-1}$ 必为对偶问题的最优解（这一结论也称为单纯形乘子的对偶定理）。

设 $\boldsymbol{X}^*$ 是 P 的最优解，$\boldsymbol{B}$ 是最优基，则由 P 的最优解条件 $\boldsymbol{C}-\boldsymbol{C_B B}^{-1}\boldsymbol{A}\leqslant 0$ 和 $\boldsymbol{C_B B}^{-1}\geqslant 0$，令 $\boldsymbol{Y}=\boldsymbol{C_B B}^{-1}$，得 $\boldsymbol{YA}\geqslant \boldsymbol{C}$，$\boldsymbol{Y}\geqslant 0$，显然 $\boldsymbol{Y}$ 是 D 的一个可行解。再根据弱对偶定理，有

$\boldsymbol{CX}^* \leqslant \boldsymbol{Yb}$，即最小化问题 D 必存在一个下界，换言之，min$\boldsymbol{Yb}$ 必存在最优解。

由对称性定理即可得到证明。

证： 对应关系(2)

假定 P 无界但一定有可行解，根据弱对偶定理，对于 P 的一切可行解均有 $\boldsymbol{CX} \leqslant \boldsymbol{Yb}$，这表明 P 有上界，这与 P 无界的假设相矛盾。同时，根据弱对偶定理，若 P 无界，则 D 必无下界，因 D 属最小化问题，故必无可行解。

证： 对应关系(3)

① 设 $\boldsymbol{X}^*$ 是 P 的最优解，$\boldsymbol{B}$ 是最优基，由弱对偶定理知：若 $\boldsymbol{Y}=\boldsymbol{C_B B}^{-1}$ 是 D 的可行解，就有 $\boldsymbol{CX}^* \leqslant \boldsymbol{Yb}$，由此不等式知若 $\boldsymbol{Yb}$ 存在最小值，其最小值为 $\boldsymbol{CX}^*$；又根据定理 2－3(1)相应对偶问题 D 有最优解 $\boldsymbol{Y}^*$，即 $\boldsymbol{Yb}$ 必存在最小值 min$\boldsymbol{Yb}=\boldsymbol{Y}^*\boldsymbol{b}$，所以 $\boldsymbol{CX}^*=\boldsymbol{Y}^*\boldsymbol{b}$。

② 设 $\boldsymbol{X}^*$ 和 $\boldsymbol{Y}^*$ 分别是 P 和 D 的可行解，且满足 $\boldsymbol{CX}^*=\boldsymbol{Y}^*\boldsymbol{b}$，于是根据弱对偶定理，对于 P 的任何可行解 $\boldsymbol{X}$，存在 $\boldsymbol{CX} \leqslant \boldsymbol{Y}^*\boldsymbol{b}=\boldsymbol{CX}^*$，由于 P 属最大化问题，故 $\boldsymbol{CX}^*$ 必为最优值，即 $\boldsymbol{X}^*$ 为最优解。同理可证，$\boldsymbol{Y}^*$ 也是 D 的最优解。

定理 2－4(互补松弛定理) 如果 $\boldsymbol{X}$ 和 $\boldsymbol{Y}$ 分别为 P 和 D 的可行解，它们分别为 P 和 D 的最优解的充要条件是 $(\boldsymbol{C}-\boldsymbol{YA})\boldsymbol{X}=0$ 和 $\boldsymbol{Y}(\boldsymbol{b}-\boldsymbol{AX})=0$。

证：

(1) 对于对称型对偶问题，引入松弛变量 $\boldsymbol{X}_S \geqslant 0$ 和 $\boldsymbol{Y}_S \geqslant 0$ 后，P 和 D 的约束方程变为

$$\boldsymbol{AX}+\boldsymbol{X}_S=\boldsymbol{b},\quad \boldsymbol{YA}-\boldsymbol{Y}_S=\boldsymbol{C}$$

即有

$$\boldsymbol{X}_S=\boldsymbol{b}-\boldsymbol{AX},\quad \boldsymbol{Y}_S=-(\boldsymbol{C}-\boldsymbol{YA})$$

经变换得

$$\boldsymbol{YX}_S=\boldsymbol{Y}(\boldsymbol{b}-\boldsymbol{AX}),\quad \boldsymbol{Y}_S\boldsymbol{X}=-(\boldsymbol{C}-\boldsymbol{YA})\boldsymbol{X}$$

若 $\boldsymbol{X}$，$\boldsymbol{Y}$ 要为最优解，由定理 2－3 得 $\boldsymbol{CX}=\boldsymbol{Yb}$，则有 $(\boldsymbol{YA}-\boldsymbol{Y}_S)\boldsymbol{X}=\boldsymbol{Y}(\boldsymbol{AX}+\boldsymbol{X}_S)$，即 $\boldsymbol{YX}_S+\boldsymbol{Y}_S\boldsymbol{X}=0$，也就是 $\boldsymbol{YX}_S=0$，$\boldsymbol{Y}_S\boldsymbol{X}=0$。所以有 $(\boldsymbol{C}-\boldsymbol{YA})\boldsymbol{X}=0$，$\boldsymbol{Y}(\boldsymbol{b}-\boldsymbol{AX})=0$

(2) 设 $\boldsymbol{X}$ 和 $\boldsymbol{Y}$ 分别为 P 和 D 的可行解，且满足 $(\boldsymbol{C}-\boldsymbol{YA})\boldsymbol{X}=0$ 和 $\boldsymbol{Y}(\boldsymbol{b}-\boldsymbol{AX})=0$，即得 $\boldsymbol{CX}=\boldsymbol{YAX}=\boldsymbol{Yb}$。

由对偶定理 2－3(3)知，$\boldsymbol{X}$ 和 $\boldsymbol{Y}$ 必是 P 和 D 的最优解。

互补松弛定理也称松紧定理，它描述了线性规划问题达到最优时，原问题(或对偶问题)的变量取值和对偶问题(或原问题)约束的松紧性之间的对应关系。在一对互为对偶的线性规划问题中，原问题的变量和对偶问题的约束是一一对应的，原问题的约束和对偶问题的变量也是一一对应的。当线性规划问题达到最优时，不仅可以同时得到原问题与对偶问题的最优解，而且还可以得到变量与约束之间的一种对应关系。互补松弛定理即揭示了这一点。

互补松弛定理中的条件也可以等价地表示为

$$\begin{cases}\boldsymbol{YX}_S=0\\ \boldsymbol{Y}_S\boldsymbol{X}=0\end{cases}$$

于是当线性规划达到最优时，有下列关系。

(1) 如果原问题的某一约束为紧约束(松弛变量为零)，该约束对应的对偶变量应大于或等于零。

(2) 如果原问题的某一约束为松约束(松弛变量大于零)，则对应的对偶变量必为零。

(3) 如果原问题的某一变量大于零，该变量对应的对偶约束为紧约束。

(4) 如果原问题的某一变量等于零，该变量对应的对偶约束可能是紧约束，也可能是松约束。

定理 2-5 设原问题 P 与其对应的对偶问题 D 分别如下：

$$\max Z=\boldsymbol{CX} \qquad \min\omega=\boldsymbol{Yb}$$

$$\begin{cases}\boldsymbol{AX}+\boldsymbol{X}_S=\boldsymbol{b}\\ \boldsymbol{X},\ \boldsymbol{X}_S\geqslant 0\end{cases} \qquad \begin{cases}\boldsymbol{YA}-\boldsymbol{Y}_S=\boldsymbol{C}\\ \boldsymbol{Y},\ \boldsymbol{Y}_S\geqslant 0\end{cases}$$

则原问题单纯形表的检验数的相反数对应其对偶问题的一个基解。其对应关系见表 2-2。

表 2-2 原问题的检验数与对偶问题的解的对应关系

$\boldsymbol{X}_B$	$\boldsymbol{X}_N$	$\boldsymbol{X}_S$
0 $\boldsymbol{Y}_{S1}$	$\boldsymbol{C}_N-\boldsymbol{C}_B\boldsymbol{B}^{-1}\boldsymbol{N}$ $-\boldsymbol{Y}_{S2}$	$-\boldsymbol{C}_B\boldsymbol{B}^{-1}$ $-\boldsymbol{Y}$

表中 $\boldsymbol{Y}_{S1}$ 是对应原问题中基变量 $\boldsymbol{X}_B$ 的剩余变量，$\boldsymbol{Y}_{S2}$ 是对应原问题中非基变量 $\boldsymbol{X}_N$ 的剩余变量。

证：设 $\boldsymbol{B}$ 是原问题的一个可行基，于是 $\boldsymbol{A}=(\boldsymbol{B},\ \boldsymbol{N})$，原问题可以写为

$$\max Z=\boldsymbol{C}_B\boldsymbol{X}_B+\boldsymbol{C}_N\boldsymbol{X}_N$$

$$\begin{cases}\boldsymbol{BX}_B+\boldsymbol{NX}_N\leqslant\boldsymbol{b}\\ \boldsymbol{X}_B,\ \boldsymbol{X}_N\geqslant 0\end{cases}$$

则其对应的对偶问题为

$$\min\omega=\boldsymbol{Yb}$$

$$\begin{cases}\boldsymbol{YB}\geqslant\boldsymbol{C}_B\\ \boldsymbol{YN}\geqslant\boldsymbol{C}_N\\ \boldsymbol{Y}\geqslant 0\end{cases}$$

原问题与对偶问题的标准形式分别为

$$\max Z=\boldsymbol{C}_B\boldsymbol{X}_B+\boldsymbol{C}_N\boldsymbol{X}_N$$

$$\begin{cases}\boldsymbol{BX}_B+\boldsymbol{NX}_N+\boldsymbol{X}_S=\boldsymbol{b}\\ \boldsymbol{X}_B,\ \boldsymbol{X}_N,\ \boldsymbol{X}_S\geqslant 0\end{cases}$$

$$\min Z=\boldsymbol{Yb}$$

$$\begin{cases}\boldsymbol{YB}-\boldsymbol{Y}_{S1}=\boldsymbol{C}_B & (2-4)\\ \boldsymbol{YN}-\boldsymbol{Y}_{S2}=\boldsymbol{C}_N & (2-5)\\ \boldsymbol{Y}\geqslant 0\end{cases}$$

这里 $\boldsymbol{Y}_S=(\boldsymbol{Y}_{S1},\ \boldsymbol{Y}_{S2})$。

当求得原问题的一个解 $\boldsymbol{X}_B=\boldsymbol{B}^{-1}\boldsymbol{b}$ 时，其相应的检验数为 $\boldsymbol{C}_N-\boldsymbol{C}_B\boldsymbol{B}^{-1}\boldsymbol{N}$ 与 $-\boldsymbol{C}_B\boldsymbol{B}^{-1}$。令 $\boldsymbol{Y}=\boldsymbol{C}_B\boldsymbol{B}^{-1}$，将其代入式(2-4)、式(2-5)得

$$\boldsymbol{Y}_{S1}=0$$

$$-\boldsymbol{Y}_{S2}=\boldsymbol{C}_N-\boldsymbol{C}_B\boldsymbol{B}^{-1}\boldsymbol{N}$$

在有些情况下，应用以上关系可以很方便地求解线性规划问题。

【例 2.2】 已知线性规划问题

$$\max Z=x_1+x_2$$

$$\begin{cases}-x_1+x_2+x_3\leqslant 2\\ -2x_1+x_2-x_3\leqslant 1\\ x_1,\ x_2,\ x_3\geqslant 0\end{cases}$$

试用对偶理论证明该线性规划问题无最优解。

解：首先可以看出原问题存在可行解，如 $\boldsymbol{X}=(0,0,0)$，其对偶问题为

$$\min\omega=2y_1+y_2$$

$$\begin{cases}-y_1-2y_2\geqslant 1\\ y_1+y_2\geqslant 1\\ y_1-y_2\geqslant 0\\ y_1,\ y_2\geqslant 0\end{cases}$$

由第一个约束条件可知该对偶问题无可行解，因而无最优解，所以原问题无最优解。

【例 2.3】 已知线性规划问题

$$\min Z=2x_1+3x_2+5x_3+2x_4+3x_5$$

$$\begin{cases}x_1+x_2+2x_3+x_4+3x_5\geqslant 4\\ 2x_1-x_2+3x_3+x_4+x_5\geqslant 3\\ x_j\geqslant 0,\ j=1,2,\cdots,5\end{cases}$$

又已知其对偶问题的最优解为 $y_1^*=4/5$，$y_2^*=3/5$，$Z=5$。试用对偶理论解原问题。

解：其对偶问题为

$$\max\omega=4y_1+3y_2$$

$$\begin{cases}y_1+2y_2\leqslant 2 & ①\\ y_1-y_2\leqslant 3 & ②\\ 2y_1+3y_2\leqslant 5 & ③\\ y_1+y_2\leqslant 2 & ④\\ 3y_1+y_2\leqslant 3 & ⑤\\ y_1,\ y_2\geqslant 0\end{cases}$$

将 y_1^*、y_2^* 的值代入约束条件，得②、③、④为严格不等式，其对应的对偶松弛变量 y_{s2}，y_{s3}，$y_{s4}\neq 0$，由互补松弛定理得 $x_2^*=x_3^*=x_4^*=0$；又因为 y_1^*，$y_2^*\neq 0$，由互补松弛定理得 $x_{s1}=x_{s2}=0$，即原问题约束条件为严格等式，也就是

$$\begin{cases}x_1^*+3x_5^*=4\\ 2x_1^*+x_5^*=3\end{cases}$$

求解得 $x_1^*=1$，$x_5^*=1$，故原问题的最优解为

$$\boldsymbol{X}^*=(1,0,0,0,1)^{\mathrm{T}}$$

2.3 对偶单纯形法

2.3.1 对偶单纯形法的思路

对偶单纯形法是用对偶原理求解原问题解的一种方法，而不是求解对偶问题解的单纯形法。与对偶单纯形法相对应，已有的单纯形法称为原始单纯形法。两种求解原问题的方法的主要区别在于：原始单纯形法在整个迭代过程中，始终保持原问题的可行性即 $\boldsymbol{X_B}=\boldsymbol{B}^{-1}\boldsymbol{b}\geqslant 0$，达到最优解时检验数 $\boldsymbol{C}-\boldsymbol{C_B}\boldsymbol{B}^{-1}\boldsymbol{A}\leqslant 0$ 为止，而 $\boldsymbol{C}-\boldsymbol{C_B}\boldsymbol{B}^{-1}\boldsymbol{A}\leqslant 0$ 也就是 $\boldsymbol{C}-\boldsymbol{YA}\leqslant 0$，即 $\boldsymbol{YA}\geqslant\boldsymbol{C}$，所以原始单纯形法实质就是在保证原问题可行的条件下向对偶问题可行的方向迭代；而对偶单纯形法在整个迭代过程中，始终保持对偶问题的可行性即 $\boldsymbol{YA}\geqslant\boldsymbol{C}$，也

始终保持所有检验数 $\boldsymbol{C}-\boldsymbol{C}_B\boldsymbol{B}^{-1}\boldsymbol{A}\leqslant 0$，最后达最优解时 $\boldsymbol{X}_B=\boldsymbol{B}^{-1}\boldsymbol{b}\geqslant 0$ 即满足原问题的可行性为止，所以对偶单纯形法实质就是在保证对偶问题可行的条件下向原问题可行的方向迭代。

总之，对偶单纯形法适应求解的线性规划问题是目标函数最大化(或最小化)，价格向量 $\boldsymbol{C}\leqslant 0$(或 $\boldsymbol{C}\geqslant 0$)，且属于初始可行基中有负单位基、约束条件是“$\geqslant$”形式。对此线性规划问题可不用人工变量法，而用对偶单纯形法，先给约束条件是“$\geqslant$”形式的约束两边乘(-1)，使约束条件变为“$\leqslant$”形式，然后加松弛变量即可得初始可行基 $\boldsymbol{B}$。此时原问题存在一个基本解 $\boldsymbol{X}_B=\boldsymbol{B}^{-1}\boldsymbol{b}\leqslant 0$，但不是基本可行解；检验数 $\boldsymbol{C}-\boldsymbol{C}_B\boldsymbol{B}^{-1}\boldsymbol{A}\leqslant 0$(或$\geqslant 0$)也就是满足 $\boldsymbol{YA}\geqslant\boldsymbol{C}$，即对偶问题存在可行解；再迭代保持检验数 $\boldsymbol{C}-\boldsymbol{C}_B\boldsymbol{B}^{-1}\boldsymbol{A}\leqslant 0$(或$\geqslant 0$)，使 $\boldsymbol{X}_B=\boldsymbol{B}^{-1}\boldsymbol{b}\geqslant 0$ 即原问题得到基本可行解，由对偶定理 2-3(3)可知，原问题得到最优解。即为对偶单纯形法的思路。

对偶单纯形法与原始单纯形法相比有以下两个显著的优点。

(1) 初始解是非可行解。当检验数都非正时，可以进行基的变换，这时不需要引进人工变量，简化了计算。

(2) 对于变量个数多于约束方程个数的线性规划问题，采用对偶单纯形法计算量少。因此对于变量较少、约束较多的线性规划问题，可用对偶单纯形法求解。

2.3.2 对偶单纯形法的计算步骤

对偶单纯形法一般解题步骤如下。

(1) 根据线性规划问题，列出初始单纯形表。检查 b 列的数字，若都为非负，并且检验数都为非正，则已得到最优解，停止计算；若检查 b 列的数字时，至少还有一个负分量，并且检验数都为非正，那么进行以下计算。

(2) 确定换出变量。按 $\min\limits_i\{(\boldsymbol{B}^{-1}\boldsymbol{b})_i \mid (\boldsymbol{B}^{-1}\boldsymbol{b})_i<0\}=(\boldsymbol{B}^{-1}\boldsymbol{b})_l$ 对应的基变量 x_l 为换出变量。

(3) 确定换入变量。在单纯形表中检查 x_l 所在行的各系数 a_{lj}($j=1, 2, \cdots, n$)。若所有 $a_{lj}\geqslant 0$，则无可行解，停止计算；若存在 $a_{lj}<0$($j=1, 2, \cdots, n$)，计算下式

$$\theta=\min_j\left\{\frac{c_j-Z_j}{a_{lj}}\middle| a_{lj}<0\right\}=\frac{c_k-Z_k}{a_{lk}}$$

按 θ 规则所对应的列的非基变量 x_k 为换入变量，这样才能保持得到的对偶问题解仍为可行解。

(4) 以 a_{lk} 为主元素，按原单纯形法在表中进行迭代运算，得到新的单纯形表。

(5) 重复上述(1)～(4)步骤，直至获得最优解。

【例 2.4】 用对偶单纯形法求解下列线性规划问题：

$$\min Z=2x_1+3x_2+4x_3$$

$$\begin{cases} x_1+2x_2+\ x_3\geqslant 3 \\ 2x_1-\ x_2+3x_3\geqslant 4 \\ x_1,\ x_2,\ x_3\geqslant 0 \end{cases}$$

解：先将这个问题化成标准型：

$$\max(-Z)=-2x_1-3x_2-4x_3$$

$$\begin{cases} -x_1-2x_2-\ x_3+x_4 \qquad =-3 \\ -2x_1+\ x_2-3x_3 \qquad +x_5=-4 \\ x_1,\ x_2,\ x_3,\ x_4,\ x_5\geqslant 0 \end{cases}$$

再建立这个问题的初始单纯形表，并进行迭代运算，见表2-3、表2-4、表2-5。

表2-3　初始单纯形表

c_j			−2	−3	−4	0	0
C_B	X_B	b	x_1	x_2	x_3	x_4	x_5
0 0	x_4 x_5	−3 −4	−1 [−2]	−2 1	−1 −3	1 0	0 1
c_j-Z_j			−2	−3	−4	0	0
θ_j			1	—	4/3		

表2-4　单纯形表(第一次迭代)

c_j			−2	−3	−4	0	0
C_B	X_B	b	x_1	x_2	x_3	x_4	x_5
0 −2	x_4 x_1	−1 2	0 1	[−5/2] −1/2	1/2 3/2	1 0	−1/2 −1/2
c_j-Z_j			0	−4	−1	0	−1
θ_j				8/5	—		2

表2-5　单纯形表(第二次迭代)

c_j			−2	−3	−4	0	0
C_B	X_B	b	x_1	x_2	x_3	x_4	x_5
−3 −2	x_2 x_1	2/5 11/5	0 1	1 0	−1/5 7/5	−2/5 −1/5	1/5 −2/5
c_j-Z_j			0	0	−9/5	−8/5	−1/5

表2-5中b列数字全为非负，检验数全为非正，故该线性规划问题的最优解为

$$\boldsymbol{X}^*=(11/5,\ 2/5,\ 0\quad 0,\ 0)^{\mathrm{T}}$$

若原问题的两个约束条件对应的对偶变量分别为y_1和y_2，则原问题的对偶问题的最优解为

$$\boldsymbol{Y}^*=(y_1^*,\ y_2^*)=(8/5,\ 1/5)$$

2.4　对偶问题的经济解释

2.4.1　影子价格

设$\boldsymbol{B}$是$\max Z=\{\boldsymbol{CX}|\boldsymbol{AX}\leqslant \boldsymbol{b},\ \boldsymbol{X}\geqslant 0\}$的最优解$Z^*$对应的基，则有

$$Z^{*}=\boldsymbol{C}_{B}\boldsymbol{B}^{-1}\boldsymbol{b}=\boldsymbol{Y}^{*}\boldsymbol{b}$$

由此

$$\frac{\partial Z^{*}}{\partial \boldsymbol{b}}=\boldsymbol{C}_{B}\boldsymbol{B}^{-1}=\boldsymbol{Y}^{*}$$

这就是说，对偶问题最优解的经济意义是在其他条件不变的情况下，单位资源变化所引起的目标函数的最优值的变化。

由例 1.8 的最终单纯形表(见表 1-6)可知，其对偶问题的最优解为 $y_1^{*}=1.5$，$y_2^{*}=0.125$，$y_3^{*}=0$。这说明在其他条件不变的情况下，若设备增加一台时，该厂按最优计划安排生产可多获利润 1.5 元；原材料 A 增加 1kg，可多获利润 0.125 元；原材料 B 增加 1kg，对获利润无影响。

y_i的值代表对第 i 种资源的估价值。这种估价是针对具体工厂的具体产品而存在的一种特殊价格，称它为“影子价格”。影子价格的经济意义如下。

(1) 在该厂现有资源和现有生产方案的条件下，设备的每小时租赁费为 1.5 元，1kg 原材料 A 的出让费为除成本外再附加 0.125 元，1kg 原材料 B 可按原成本出让，这时该厂的收入与自己组织生产时所获利润相等。

(2) 影子价格随具体情况而异，在完全市场经济的条件下，当某种资源的市场价格低于影子价格时，企业应买进该资源用于扩大生产；而当某种资源的市场价格高于影子价格时，企业的决策者应把已有的资源卖掉。可见影子价格是企业根据市场价格变动调整企业生产计划的一个依据。

影子价格有如下特点。

(1) 影子价格的大小客观地反映了资源在系统内的稀缺程度。根据互补松弛定理的条件，如果某一资源在系统内供大于求(即有剩余)，其影子价格(即对偶解)就为零。这一事实表明，增加该资源的供应不会引起系统目标的任何变化。如果某一资源是稀缺资源(即相应约束条件的剩余变量为零)，则其影子价格必然大于零(非基变量的检验数为非零)。影子价格越高，资源在系统中越稀缺。

(2) 影子价格是一种边际价格，它与经济学中所说的边际成本的概念类似，因而在经济管理中有重要的应用价值。

(3) 影子价格是对系统资源的一种最优估价，只有当系统达到最优时才能赋予该资源这种价值。因此，有人也把它称为最优价格。

(4) 影子价格的值与系统状态有关。系统内部资源数量、技术系数和价格的任何变化，都会引起影子价格的变化，所以它又是一种动态价格。

2.4.2 边际贡献

在单纯形迭代过程中，如果检验数 $\boldsymbol{C}_N-\boldsymbol{C}_B\boldsymbol{B}^{-1}\boldsymbol{N}>0$，根据目标函数的表达式，目标函数值的改善实际就取决于 $\boldsymbol{X}_N$(迭代后将变为基变量)可能取值的大小，所以目标函数 Z 也可看作非基变量 $\boldsymbol{X}_N$ 的函数，即 $Z=f(\boldsymbol{X}_N)$，求偏导后得

$$\partial Z/\partial \boldsymbol{X}_N=\boldsymbol{C}_N-\boldsymbol{C}_B\boldsymbol{B}^{-1}\boldsymbol{N}=\boldsymbol{b}_{oj}$$

该式表明，检验数在数学上可以解释为非基变量的单位改变量引起目标函数的改变量。检验数可以表示为

$$\boldsymbol{b}_{oj}=c_j-\boldsymbol{C}_B\boldsymbol{B}^{-1}\boldsymbol{P}_j=c_j-\boldsymbol{Y}\boldsymbol{P}_j$$

大家已经知道，$\boldsymbol{Y}$ 是影子价格，$\boldsymbol{P}_j$ 是第 j 种产品对各种资源的消耗系数(即基中的第 j 个列向量)，所以 $\boldsymbol{YP}_j$ 可解释为按影子价格计算的产品成本。c_j 一般都是产品的边际价值即价格，因此，检验数即产品价格 c_j 与影子成本 $\boldsymbol{YP}_j$ 的差额，在经济上就可以解释为产品对于目标函数的边际贡献，即增加该产品单位产量对目标函数能够带来的贡献。

检验数与每一个变量相对应，当线性规划达到最优时，检验数总是小于或等于零(对于极大化问题)，这意味着在最优状态下，每个变量对于目标函数的边际贡献都小于或等于零。具体地讲，这分为两种情况：对基变量而言，根据互补松弛定理的条件，由于变量 $\boldsymbol{X}>0$，故其对应的检验数($\boldsymbol{C}-\boldsymbol{YA}$)必为零，所以基变量对于目标函数的贡献为零，这实际也就是等边际原理 MVP＝MIC。其中：MIC＝成本增量/产出增量，MVP＝价值产品增量/产出增量＝产品价格。按照等边际原理，只有在 MVP＝MIC 成立时，产品生产的规模才是最佳的(在这里给定的条件下，MIC＝0，因为资源给定，增加产出不涉及成本)。反过来，对于非基变量而言，由于检验数($\boldsymbol{C}-\boldsymbol{YA}$)$<0$，因此相应的变量只能取零值才能保证最优解条件的成立，也就是说，如果某产品对目标函数的边际贡献小于零，最好以不安排生产为宜。

由检验数所代表的边际贡献与影子价格具有相类似的特点：它是系统在达到最优时对变量价格的估量；其取值也受系统状态的影响，随系统状态的变化而变化。

2.5 灵敏度分析

灵敏度分析是指对系统或事物因周围条件的变化显示出来的敏感性程度的分析。

在前面讲的线性规划问题中，通常都是假定问题中的 a_{ij}、b_i、c_j 系数是已知的常数，但实际上这些参数都只是一些估计或预测的数字。在现实中，如果市场条件变化，c_j 值就会发生变化；如果工艺技术条件改变，则 a_{ij} 就会变化；如果资源的可用量发生变化，则 b_i 也会发生变化。因此，就必然会提出这样的问题：当这些参数中的一个或几个发生变化时，原问题的最优解会有什么变化；或者说当这些参数在一个多大的范围内变化时，原问题的最优解性质会保持不变；这就是灵敏度分析所要研究解决的问题。

当然，如果线性规划问题中的一个或几个参数变化时，完全可以用单纯形法从头计算，看最优解有无变化，但这样做既麻烦又没有必要。因为由单纯形法的迭代过程可以知道，线性规划的求解是从一组基向量变换为另一组基向量，其中每步迭代得到的数字只随基向量的不同选择而有所改变，因此完全有可能把个别参数的变化直接在原问题获得最优解的最终单纯形表上反映出来。这样就不需要从头计算，而只需对获得最优解的单纯形表进行审查，看这些参数变化后是否仍满足最优解的条件。如果不满足的话，再从这个表开始进行迭代计算，只是要将这些参数变换成最终单纯形表状态下的数字。例如，若 $\boldsymbol{B}^{-1}$ 表示最终单纯形表中可行基的逆矩阵，$\boldsymbol{P}_j^{(0)}$ 表示初始单纯形表中 x_j 的系数列向量，$\boldsymbol{b}^{(0)}$ 表示初始单纯形表中资源向量，那么技术消耗参数和基变量的值在最终单纯形表中就分别为 $\boldsymbol{B}^{-1}\boldsymbol{P}_j^{(0)}$，$\boldsymbol{B}^{-1}\boldsymbol{b}^{(0)}$。

下面就资源向量变动、价格向量变动和技术系数变动的灵敏度分析分别予以介绍。

2.5.1 资源向量的灵敏度分析

资源向量的灵敏度分析是指当资源向量 $\boldsymbol{b}$ 变动且假定规划问题的其他系数都不变时，原问题解的变化情况。

设资源向量中的某一元素 b_r 发生变化，且有 $b_r'=b_r+\Delta b_r$，那么，原问题最终单纯形表的解变化为

$$\boldsymbol{X}_B'=\boldsymbol{B}^{-1}(\boldsymbol{b}+\Delta\boldsymbol{b})$$

这里 $\Delta\boldsymbol{b}=(0,0,\cdots,0,\Delta b_r,0,\cdots,0)^{\mathrm{T}}$，而最终单纯形表中的检验数不变。因此，$\boldsymbol{X}_B'\geqslant 0$ 时，原问题的最优解性质不变，即原问题最终单纯形表仍为最优单纯形表；但最优解值发生了变化，$\boldsymbol{X}_B'$ 为新的最优解，所以保证原问题最优解性质不变的资源数量可允许变化范围用以下方法确定。

$$\boldsymbol{B}^{-1}(\boldsymbol{b}+\Delta\boldsymbol{b})=\boldsymbol{B}^{-1}\boldsymbol{b}+\boldsymbol{B}^{-1}\Delta\boldsymbol{b}$$

$$\begin{aligned}\boldsymbol{B}^{-1}\Delta\boldsymbol{b}&=\boldsymbol{B}^{-1}(0,0,\cdots,0,\Delta b_r,0,\cdots,0)^{\mathrm{T}}\\&=(a_{1r}\Delta b_r,\cdots,a_{ir}\Delta b_r,\cdots,a_{mr}\Delta b_r)^{\mathrm{T}}\\&=\Delta b_r(a_{1r},\cdots,a_{ir},\cdots,a_{mr})^{\mathrm{T}}\end{aligned}$$

其中，a_{ir} 是 $\boldsymbol{B}^{-1}$ 第 r 列的所有元素，$i=1,2,\cdots,m$

这时在最终单纯形表中，资源向量的所有元素由原来的 b_i 变为 $b_i+a_{ir}\Delta b_r\geqslant 0$，$i=1,2,\cdots,m$。由此可得

$$a_{ir}\Delta b_r\geqslant -b_i,\quad i=1,2,\cdots,m$$

当 $a_{ir}>0$ 时，$\Delta b_r\geqslant -b_i/a_{ir}$

当 $a_{ir}<0$ 时，$\Delta b_r\leqslant -b_i/a_{ir}$

于是，得到保证原问题最优解性质不变的资源数量允许变化范围为

$$\max_i\{-\bar{b}_i/\bar{a}_{ir}\,|\,\bar{a}_{ir}>0\}\leqslant\Delta b_r\leqslant\min_i\{-\bar{b}_i/\bar{a}_{ir}\,|\,\bar{a}_{ir}<0\}$$

例如，求例 1.1 中资源向量元素 b_2 的允许变化范围 Δb_2 时，可计算

$$\boldsymbol{B}^{-1}\boldsymbol{b}+\boldsymbol{B}^{-1}\begin{bmatrix}0\\\Delta b_2\\0\end{bmatrix}=\begin{bmatrix}4\\4\\2\end{bmatrix}+\begin{bmatrix}0.25\\0.5\\-0.125\end{bmatrix}\Delta b_2\geqslant\begin{bmatrix}0\\0\\0\end{bmatrix}$$

可得 Δb_2 的变化范围为 $\max\{-4/0.25,-4/0.5\}\leqslant\Delta b_2\leqslant\min\{-2/(-0.125)\}$。即 Δb_2 的变化范围为 $[-8,16]$，显然 b_2 的允许变化范围为 $[8,32]$。

【例 2.5】 从表 1-5 得知第 1 章例 1.1 中，设备台时的影子价格为 1.5 元，即该资源的增加会引起目标函数值的增加。若该厂又从别处抽出 4 台时用于生产Ⅰ和Ⅱ，求这时该厂生产产品Ⅰ和Ⅱ的最优方案。

解：由表 1-5 可知

$$\boldsymbol{B}^{-1}\Delta\boldsymbol{b}=\begin{bmatrix}0&0.25&0\\-2&0.5&1\\0.5&-0.125&0\end{bmatrix}\begin{bmatrix}4\\0\\0\end{bmatrix}=\begin{bmatrix}0\\-8\\2\end{bmatrix}$$

将此结果反映到原问题最终单纯形表 1-5 中，见表 2-6。

表 2-6　资源向量变化后的单纯形表

c_j			2	3	0	0	0
C_B	X_B	b	x_1	x_2	x_3	x_4	x_5
2	x_1	4+0	1	0	0	0.25	0
0	x_5	4−8	0	0	[−2]	0.5	1
3	x_2	2+2	0	1	0.5	−0.125	0
c_j-Z_j			0	0	−1.5	−0.125	0

由于表 2-6 中 b 列有负数，故用对偶单纯形法求新的最优解，计算结果见表 2-7。

表 2-7　资源向量变化后的最终单纯形表

c_j			2	3	0	0	0
C_B	X_B	b	x_1	x_2	x_3	x_4	x_5
2	x_1	4	1	0	0	0.25	0
0	x_3	2	0	0	1	−0.25	−0.5
3	x_2	3	0	1	0	0	0.25
c_j-Z_j			0	0	0	−0.5	−0.75

即该厂最优生产方案应改为生产Ⅰ产品 4 件，生产Ⅱ产品 3 件，获得的利润为

$$Z^*=4\times2+3\times3=17(\text{元})$$

从表 2-7 可以看出 $x_3=2$，即设备有 $4-2=2$ 台时未被利用。再看影子价格表示单位资源变量引起目标函数的变化值。变化前 $Z^*=14$(元)，变化后 $\underline{Z}^*=Z^*+1.5\times2=14+3=17$(元)。

2.5.2　价格向量的灵敏度分析

价格向量(即目标函数系数)的灵敏度分析分为原最终单纯形表中 c_j 与非基变量和基变量对应两种情况来讨论。

(1) 若 c_j 是非基变量 x_j 的价值系数，则其对应的最终单纯形表中的检验数为

$$\sigma_j=c_j-\boldsymbol{C_B B^{-1} P_j}$$

或

$$\sigma_j=c_j-\sum_{i=1}^{m}a_{ij}y_i$$

当 c_j 变化 Δc_j，要保证最终单纯形表的最优解不变，必有

$$\sigma_j'=c_j+\Delta c_j-\boldsymbol{C_B B^{-1} P_j}\leqslant0$$

保证最终单纯形表最优解不变，可得 c_j 的允许变化值 Δc_j

$$\Delta c_j\leqslant\boldsymbol{C_B B^{-1} P_j}-c_j$$

(2) 若 c_r 是基变量 x_r 的价值系数，应有 $c_r\in\boldsymbol{C_B}$，当 c_r 变化 Δc_r 时，就引起 $\boldsymbol{C_B}$ 的变化，这时

$$\begin{aligned}(\boldsymbol{C_B}+\Delta\boldsymbol{C_B})\boldsymbol{B^{-1}A}&=\boldsymbol{C_B B^{-1}A}+(0,\cdots,0,\Delta c_r,0,\cdots,0)\boldsymbol{B^{-1}A}\\&=\boldsymbol{C_B B^{-1}A}+\Delta c_r(a_{r1},a_{r2},\cdots,a_{rn})\end{aligned}$$

即当 c_r 变化 Δc_r 后，最终单纯形表中的检验数是

$$\sigma_j' = c_j - \boldsymbol{C_B B^{-1} A} - \Delta c_r a_{rj}, \quad j=1, 2, \cdots, n$$

若要求原最优解不变，必须满足 $\sigma_j' \leqslant 0$。于是得到

当

$$a_{rj} < 0, \quad \Delta c_r \leqslant \sigma_j / a_{rj}$$
$$a_{rj} > 0, \quad \Delta c_r \geqslant \sigma_j / a_{rj}$$

所以，Δc_r 可变化的范围是

$$\max_j \{\sigma_j / a_{rj} \mid a_{rj} > 0\} \leqslant \Delta c_r \leqslant \min_j \{\sigma_j / a_{rj} \mid a_{rj} < 0\}$$

【例 2.6】 试以例 1.1 的最终单纯形表 1-5 为例，设基变量 x_2 的价值系数 c_2 变化 Δc_2，在原最优解不变的条件下，确定 Δc_2 的变化范围。

解： 考虑 Δc_2，表 1-5 的最终单纯形表见表 2-8。

表 2-8 价格向量变化后的单纯形表

c_j			2	$3+\Delta c_2$	0	0	0
C_B	X_B	b	x_1	x_2	x_3	x_4	x_5
2	x_1	4	1	0	0	0.25	0
0	x_5	4	0	0	4	0.5	1
$3+\Delta c_2$	x_2	2	0	1	0.5	-0.125	0
$c_j - Z_j$			0	0	$-3/2-\Delta c_2/2$	$\Delta c_2/8-1/8$	0

从表 2-8 可见，要保证原线性规划问题最优解不变，必须满足

$$-3/2 - \Delta c_2/2 \leqslant 0 \quad 和 \quad \Delta c_2/8 - 1/8 \leqslant 0$$

由此可得 Δc_2 的变化范围为

$$-3 \leqslant \Delta c_2 \leqslant 1$$

即 x_2 的价值系数 c_2 可以在 [0, 4] 之间变化，而不影响原最优解。

2.5.3 技术系数发生变化的灵敏度分析

下面分两种情况来讨论技术系数发生变化。

1. 在最优生产方案的基础上分析是否增加一个新产品

【例 2.7】 以例 1.1 为例。设该厂除了生产Ⅰ、Ⅱ外，现有一种新产品Ⅲ。已知生产产品Ⅲ时，每件需消耗原材料 A、B 各为 6kg、3kg，使用设备 2 台时，每件可获利润 5 元。问该厂是否应生产该产品？若生产该产品，如何安排生产计划使所获利润最大？

解： 这类问题一般可分为 3 个步骤进行分析。

第一步，计算新产品在原线性规划问题最终单纯形表中的检验数。

设生产Ⅲ产品 x_3' 件，其技术系数向量 $\boldsymbol{P}_3' = (2, 6, 3)^{\mathrm{T}}$，则在原最终单纯形表中的检验数 σ_3' 为

$$\begin{aligned} \sigma_3' &= c_3' - \boldsymbol{C_B B^{-1} P_3'} \\ &= 5 - (1.5, 0.125, 0)(2, 6, 3)^{\mathrm{T}} \\ &= 1.25 > 0 \end{aligned}$$

说明安排生产产品Ⅲ是有利的。

第二步，计算产品Ⅲ在原最终单纯形表中的对应 x_3' 的列向量是

$$B^{-1}P_3'=\begin{bmatrix}0 & 0.25 & 0\\-2 & 0.5 & 1\\0.5 & -0.125 & 0\end{bmatrix}\begin{bmatrix}2\\6\\3\end{bmatrix}=\begin{bmatrix}1.5\\2\\0.25\end{bmatrix}$$

则增加新产品 x_3' 后的最终单纯形表见表 2-9。

表 2-9　增加新产品后的单纯形表

c_j			2	3	0	0	0	5
C_B	X_B	b	x_1	x_2	x_3	x_4	x_5	x_3'
2	x_1	4	1	0	0	0.25	0	1.5
0	x_5	4	0	0	−2	0.5	1	[2]
3	x_2	2	0	1	0.5	−0.125	0	0.25
c_j-Z_j			0	0	−1.5	−0.125	0	1.25

由于最终单纯形表中资源向量 b 没有变化，即原问题的解是可行解。但检验数 $\sigma_3'=1.25>0$，说明此时目标函数还没达最优解。

第三步，进行迭代，求出最优解。计算结果见表 2-10。

表 2-10　增加新产品后的最终单纯形表

c_j			2	3	0	0	0	5
C_B	X_B	b	x_1	x_2	x_3	x_4	x_5	x_3'
2	x_1	1	1	0	1.5	−0.125	−0.75	0
5	x_3'	2	0	0	−1	0.25	0.5	1
3	x_2	1.5	0	1	0.75	−0.1875	−0.125	0
c_j-Z_j			0	0	−0.25	−0.4375	−0.625	0

所有检验数都小于等于零，该线性规划问题达最优解，最优解为：$x_1=1$，$x_2=2$，$x_3'=1.5$。总的利润为 16.5 元，比原计划增加了 2.5 元。

2. 分析产品技术系数发生变化对原线性规划问题最优生产计划的影响

产品技术系数发生变化有两种情况：一是产品设计的改进引起技术系数变动，这种情况一般会引起某一列系数变动；二是工艺的改进引起技术系数变动，这种情况一般会引起某一行系数变动。

【例 2.8】 分析原计划生产产品的工艺结构发生变化，仍以例 1.1 为例。若原计划生产产品Ⅰ的工艺结构有了改进，它的技术系数变为 $P_1'=(2,\ 5,\ 2)^{\mathrm{T}}$，每件利润为 4 元。试分析对原线性规划问题最优计划的影响。

解：把改进工艺结构的产品Ⅰ看作产品Ⅰ′，设 x_1' 为其产量。于是计算在最终表中对应 x_1' 的列向量，并以 x_1' 代替 x_1。

$$B^{-1}P_1'=\begin{bmatrix}0 & 0.25 & 0\\-2 & 0.5 & 1\\0.5 & -0.125 & 0\end{bmatrix}\begin{bmatrix}2\\5\\2\end{bmatrix}=\begin{bmatrix}1.25\\0.5\\0.375\end{bmatrix}$$

同时计算最终表中对应 x_1' 的检验数为

$$\sigma_1'=c_1'-\boldsymbol{C_B B^{-1} P_1'}=4-(1.5,\ 0.125,\ 0)(2,\ 5,\ 2)^{\mathrm{T}}=0.375$$

将以上计算结果填入最终表 x_1' 的列向量位置，见表 2-11。

表 2-11　技术系数变化后的单纯形表

c_j			4	3	0	0	0
C_B	X_B	b	x_1'	x_2	x_3	x_4	x_5
4	x_1'	4	1.25	0	0	0.25	0
0	x_5	4	0.5	0	−2	0.5	1
3	x_2	2	0.375	1	0.5	−0.125	0
c_j-Z_j			0.375	0	−1.5	−0.125	0

由于 b 列的数字没有变化，原问题的解是可行解。但检验数行中还有正检验数，说明目标函数值还可以改善。

将 x_1' 作为换入变量，x_1 作为换出变量，进行迭代，求出最优解。计算结果见表 2-12。

表 2-12　技术系数变化后的最终单纯形表

c_j			4	3	0	0	0
C_B	X_B	b	x_1'	x_2	x_3	x_4	x_5
4	x_1'	3.2	1	0	0	0.2	0
0	x_5	2.4	0	0	−2	0.4	1
3	x_2	0.8	0	1	0.5	−0.2	0
c_j-Z_j			0	0	−1.5	−0.2	0

表 2-12 表明原问题和对偶问题的解都是可行解，所以表中的结果已是最优解。即应当生产Ⅰ′产品 3.2 单位，生产Ⅱ产品 0.8 单位；可获利润 15.2 元。

注意：若碰到原问题和对偶问题均为非可行解，就需要引进人工变量后重新求解。

除以上介绍的几项分析外，还可以作增减约束条件等分析。留给读者自己考虑。

2.6　应用案例

发电机组燃料优化管理模型[①]

在当前电煤供应不足的情况下，难以购买到完全符合锅炉燃烧特性的煤种，煤质的变化会改变电厂发电成本的变化，而其中大部分为燃料成本的变化。发电厂面临煤种的选择问题，选择哪种煤炭，其比例多少，才能最大限度地降低发电成本，提高经济效益？

每台发电机组都有它当初的设计煤种，它对燃料的硫份、水份、灰份、热值、挥发份和可磨系数都有一定的要求。在传统的锅炉燃烧中，经常用的是单煤燃烧，这在计划经济时代不存在大的问题；但随着改革的深入，煤炭价格的市场化，电煤价格持续上升，电煤成为稀缺资源，劣质煤炭充斥市场，要购买到完全符合锅炉燃烧条件的煤种已变得十分困难。利用多种煤混合出满足锅炉燃烧需要的煤种，是一种非常有效的方法。

以配煤最低成本为目标函数，以单煤的成本，煤质参数和锅炉的燃烧品质参数的临界值为约束条件，构造该问题的线性规划模型。

某电厂 200MW 机组燃煤煤质要求见表 2-13。

表 2-13　某电厂 200MW 机组燃煤煤质要求

机组	热值	水份	挥发份	灰份
200MW	=20423J/kg	<7.17%	>20%	<42%

该电厂可用的各种煤调研资料见表 2-14。

表 2-14　某电厂 200MW 机组优化配煤、选煤计算表

	煤(071)	煤(158)	煤(180)	煤(295)	煤(309)	指标要求
热值	16749	25648	22422	25340	22843	=20423
水份	5.5	7.9	6.8	6.8	7	<7.17
挥发份	35.47	32.42	33.81	17.91	30.16	>20
灰份	44.85	13.32	27.87	20.96	25.92	<42.6
价格	100.11	153.69	125.57	142.65	134.92	
运费	100.75	39.21	66.06	45.5	83.45	
总费用	213.87	212.88	207.95	206.69	235.91	费用最少

确定该电厂最佳的选用煤方案；当煤的种类或价格发生变化时，进行灵敏度分析。

① 深圳大学《运筹学》精品课工程案例。

习　　题

1. 简述线性规划的对偶问题与原问题数学模型的对应关系。
2. 写出对偶单纯形法的计算步骤，对比说明对偶单纯形法与单纯形法的区别。
3. 线性规划对偶问题最优解的经济意义是什么？
4. 写出下列线性规划问题的对偶问题。

(1) $\min Z=2x_1+2x_2+4x_3$

$$\begin{cases}2x_1+3x_2+5x_3\geqslant 2\\3x_1+x_2+7x_3\geqslant 3\\x_1+4x_2+6x_3\geqslant 5\\x_1,\ x_2,\ x_3\geqslant 0\end{cases}$$

(2) $\max Z=2x_1-4x_2+3x_3$

$$\begin{cases}x_1-3x_2+2x_3\leqslant 12\\2x_2+x_3\geqslant 10\\x_1-2x_3=15\\x_1\geqslant 0,\ x_2\leqslant 0,\ x_3\text{无约束}\end{cases}$$

5. 已知线性规划问题。

$\max Z=2x_1+x_2+5x_3+6x_4$　　对偶变量

$$\begin{cases}2x_1+x_3+x_4\leqslant 8 & y_1\\2x_1+2x_2+x_3+2x_4\leqslant 12 & y_2\\x_j\geqslant 0,\ j=1,\ \cdots,\ 4\end{cases}$$

其对偶问题的最优解为 $y_1^*=4$，$y_2^*=1$，试应用对偶问题的性质，求原问题的最优解。

6. 试用对偶单纯形法求解下列线性规划问题。

(1) $\min Z=x_1+x_2$

$$\begin{cases}2x_1+x_2\geqslant 4\\x_1+7x_2\geqslant 7\\x_1,\ x_2\geqslant 0\end{cases}$$

(2) $\min Z=3x_1+2x_2+x_3+4x_4$

$$\begin{cases}2x_1+4x_2+5x_3+x_4\geqslant 0\\3x_1-x_2+7x_3-2x_4\geqslant 2\\5x_1+2x_2+x_3+6x_4\geqslant 15\\x_i\geqslant 0,\ i=1,\ \cdots,\ 4\end{cases}$$

7. 某一极大化线性规划问题的最优单纯形表见表 2-15。

表 2-15 最优单纯形表

		x_1	x_2	x_3	x_4
$-Z$	$-10/3$	0	0	$-1/3$	$-1/3$
X_1	8/9	1	0	5/9	$-1/9$
X_2	11/9	0	1	$-1/9$	2/9

试分析：

(1) 目标函数的价值系数分别由过去的(1，2)变为(3，5)后发生的变化。

(2) 资源约束分别由过去的$(3,\ 7)^{\mathrm{T}}$ 变为$(8,\ 11)^{\mathrm{T}}$ 发生的变化。

(3) 某新产品的单价为 1，消耗系数为 $\boldsymbol{P}_j=(1,\ 3)^{\mathrm{T}}$，是否该生产该产品。

(4) 产品Ⅰ的消耗系数由原来的 $\boldsymbol{P}_1=(2,\ 1)^{\mathrm{T}}$ 变为$(1,\ 2)^{\mathrm{T}}$，产品结构发生何变化。

8. 某企业生产甲乙两种产品，需要 A、B 两种原料，生产消耗等有关参数见表 2-16，

表 2-16 产品消耗、成本信息

	甲	乙	可用量/kg	原材料成本/kg
原材料 A	2	4	160	1
原材料 B	3	2	180	2
单价/元	13	16		

试解答下列问题：

(1) 构造一个利润最大化模型，并求出最优方案。

(2) 原料 A，B 的影子价格各是多少？哪一种更珍贵？

(3) 假定市场上有 A 原料出售，企业是否应该购入以扩大生产？在保持原方案不变的前提下，最多应购入多少？可增加多少利润？

(4) 如果乙产品价格可达到 20 元/件，方案会发生什么变化？

(5) 现有新产品丙可投入开发，已知对两种原料的消耗系数分别为 3 和 4，问该产品的价格至少应为多少才值得生产？

关键词及其英文对照

对偶问题	dual problem	对偶单纯形法	dual simplex method
灵敏度分析	sensitivity analysis	影子价格	shadow price

第3章 运输问题

前两章讨论了一般线性规划问题的求解方法。在实际工作中，往往会碰到一些特殊的线性规划问题，它们的约束方程组的系数具有特殊的结构，这样就有可能找到比单纯形法更为简便的求解方法。本章讨论的运输问题就属于这一类问题。

3.1 运输问题模型及其特点

运输问题实质是一种应用广泛的网络最优化模型，其主要任务是为物资调运和车辆调度选择最经济的运输路线。有些问题如 m 台车床加工 n 种零件问题、工厂的合理布局问题等，虽然不属于运输问题，但经过适当的变化也可以使用运输问题的模型求得最优解。

3.1.1 运输问题的数学模型

运输问题的一般提法为：某种物资有 m 个产地 A_i，各产地的供应量分别是 $a_i(i=1, 2, \cdots, m)$，有 n 个销地 B_j，各销地的销售量分别为 $b_j(j=1, 2, \cdots, n)$。现在需要把这种物资从各个产地运到各个销地，且从 A_i 到 B_j 的单位物资的运价为 c_{ij}，具体相关数据见表 3-1，问应如何组织调运，才能使总运费最省？

表 3-1 运输问题的有关信息

单位运价 / 产地 \ 销地	B_1	B_2	…	B_n	产量
A_1	c_{11}	c_{12}	…	c_{1n}	a_1
A_2	c_{21}	c_{22}	…	c_{2n}	a_2
⋮	⋮	⋮		⋮	⋮
A_m	c_{m1}	c_{m2}	…	c_{mn}	a_m
销量	b_1	b_2	…	b_n	

表中单位根据具体问题选择确定。

若总产量等于总销量，即 $\sum_{i=1}^{m} a_i = \sum_{j=1}^{n} b_j$，则称为产销平衡的运输问题；反之，称为产销不平衡的运输问题。实际上许多问题都是产销不平衡的问题，既可以产大于销，也可以销大于产，但所有的不平衡问题都可以化为平衡问题来解决。

如果假设 x_{ij} 为从产地 A_i 运往销地 B_j 的物资数量$(i=1, 2, \cdots, m; j=1, 2, \cdots, n)$，则产销平衡的运输问题的数学模型为

$$\min Z = \sum_{i=1}^{m} \sum_{j=1}^{n} c_{ij} x_{ij}$$

$$
s.t.\begin{cases}\sum_{j=1}^{n}x_{ij}=a_i & i=1,\cdots,m\\ \sum_{i=1}^{m}x_{ij}=b_j & j=1,\cdots,n\\ x_{ij}\geqslant 0, & i=1,\cdots,m;\ j=1,\cdots,n\end{cases} \tag{3-1}
$$

$$
\left(\sum_{i=1}^{m}a_i=\sum_{j=1}^{n}b_j \quad \text{产销平衡条件}\right)
$$

其中，目标函数 Z 为总运费，前两个约束条件分别表示产量约束和销量约束。

这是一个有 $m\times n$ 个变量、$m+n$ 个等式约束条件的线性规划，可以用单纯形法求解，但求解比较烦琐。

3.1.2 运输问题的特点与性质

(1) 运输问题是一个有 $m\times n$ 个变量、$m+n$ 个等式约束条件的线性规划问题。

(2) 运输问题的约束方程组的系数矩阵具有特殊的结构。

写出式(3-1)的系数矩阵 $\mathbf{A}$，形式如下：

$$
\begin{array}{c}
x_{11},\ x_{12},\ \cdots,\ x_{1n};\ x_{21},\ x_{22},\ \cdots,\ x_{2n};\ \cdots;\ x_{m1},\ x_{m2},\ \cdots,\ x_{mn}\\
\mathbf{A}=\left[\begin{array}{cccc|cccc|c|cccc}
1 & 1 & \cdots & 1 & & & & & & & & & \\
 & & & & 1 & 1 & \cdots & 1 & & & & & \\
 & & & & & & & & \ddots & & & & \\
 & & & & & & & & & 1 & 1 & \cdots & 1\\
\hline
1 & & & & 1 & & & & & 1 & & & \\
 & 1 & & & & 1 & & & \cdots & & 1 & & \\
 & & \ddots & & & & \ddots & & \cdots & & & \ddots & \\
 & & & 1 & & & & 1 & \cdots & & & & 1
\end{array}\right]
\end{array} \tag{3-2}
$$

从式(3-2)的矩阵中可以看出：产销平衡运输问题的系数矩阵的所有元素均为1或0；每一列只有两个元素为1，其余元素均为0，且两个元素1分别处于第 i 行和第 $m+j$ 行；若将该矩阵分块，前 m 行构成 m 个 $m\times n$ 阶矩阵，而且第 k 个矩阵只有第 k 行元素全为1，其余元素全为0($k=1$，…，m)；后 n 行构成 m 个 n 阶单位阵。

(3) 运输问题的基变量总数是 $m+n-1$。

考虑式(3-2)的增广矩阵 $\overline{\mathbf{A}}$ 前 m 行相加之和减去后 n 行相加之和结果是零向量，说明 $m+n$ 个行向量线性相关，因此 $\overline{\mathbf{A}}$ 的秩小于 $m+n$。

$$
\overline{\mathbf{A}}=\left[\begin{array}{cccccccccccccc}
1 & 1 & \cdots & 1 & & & & & & & & & & a_1\\
 & & & & 1 & 1 & \cdots & 1 & & & & & & a_2\\
 & & & & & & & & \ddots & & & & & \vdots\\
 & & & & & & & & & 1 & 1 & \cdots & 1 & a_m\\
1 & & & & 1 & & & & & 1 & & & & b_1\\
 & 1 & & & & 1 & & & \cdots & & 1 & & & b_2\\
 & & \ddots & & & & \ddots & & \cdots & & & \ddots & & \vdots\\
 & & & 1 & & & & 1 & \cdots & & & & 1 & b_n
\end{array}\right]
$$

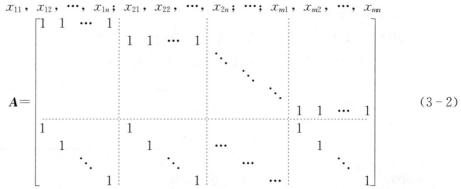

由 $\overline{\boldsymbol{A}}$ 的第二行至第 $m+n$ 行和前 n 列及 x_{21}，x_{31}，$x_{41}, \cdots$，x_{m1} 对应的列交叉处元素构成 $m+n-1$ 阶方阵 $\boldsymbol{D}$ 非奇异；因此 $\overline{\boldsymbol{A}}$ 的秩恰好等于 $m+n-1$，又 $\boldsymbol{D}$ 本身就含于 $\boldsymbol{A}$ 中，故 $\boldsymbol{A}$ 的秩也等于 $m+n-1$。由此可以证明系数矩阵 $\boldsymbol{A}$ 及其增广矩阵的秩都是 $m+n-1$。

$$|\boldsymbol{D}| = \begin{vmatrix} & & & & 1 & & & \\ & & & & & 1 & & \\ & & & & & & \ddots & \\ & & & & & & & 1 \\ 1 & & & & 1 & 1 & \cdots & 1 \\ & 1 & & & & & & \\ & & \ddots & & & & & \\ & & & 1 & & & & \end{vmatrix} \overset{\text{按第一列展开}}{=} (-1)^{m+1} \begin{vmatrix} & & & 1 & & \\ & & & & \ddots & \\ & & & & & 1 \\ 1 & & & & & \\ & \ddots & & & 0 & \\ & & 1 & & & \end{vmatrix} \neq 0$$

同时也可以证明：$m+n$ 个约束方程中的任意 $m+n-1$ 个方程都是线性无关的。

由于有以上特征，因此在求解运输问题时，可以用比较简单的算方法，称为表上作业法。

3.2 运输问题的表上作业法

表上作业法是单纯形法在求解运输问题时的一种简化方法，其实质仍是单纯形法。表上作业法求解的基本思想是：先设法给出一个初始方案，然后根据确定的判别准则，对初始方案进行检查、调整、改进，直至求出最优方案，具体过程如图 3.1 所示。

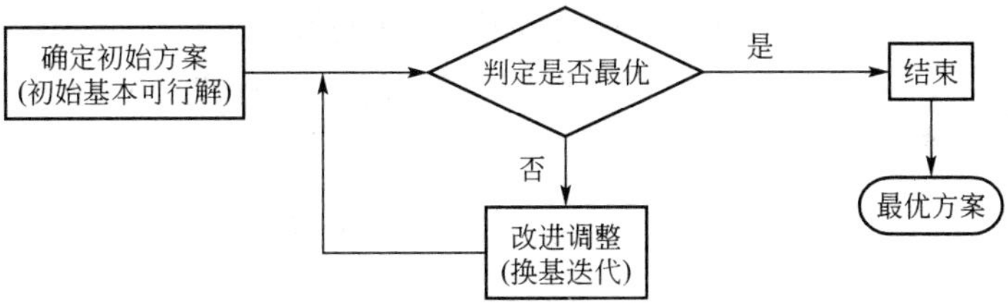

图 3.1 运输问题求解思路

运输问题的具体计算步骤如下。

(1) 找出初始基可行解。即在 $m\times n$ 产销平衡表上的 $m+n-1$ 个格中填入一定的数值。

(2) 求各非基变量(表上空格对应的变量)的检验数，判别是否达到最优解。如果是，则停止计算；否则转到下一步。

(3) 确定换入变量和换出变量，找出新的基本可行解。

(4) 重复(2)、(3)步骤，直到得到最优解为止。

以上步骤都可以在产销平衡表上完成。下面通过例子来介绍表上作业法求解运输问题的计算步骤。

【例 3.1】 甲、乙两个煤矿供应 A、B、C 这 3 个城市用煤，各煤矿产量及各城市需煤量、各煤矿到各城市的运输距离见表 3-2，求使总运输量最少的调运方案。

表 3-2　例 3.1 的有关信息

运输距离 城市 / 煤矿	A	B	C	日产量/吨
甲	90	70	100	200
乙	80	65	75	250
日销量/吨	100	150	200	

根据已知信息，可得该问题的数学模型为

$$\min Z=90x_{11}+70x_{12}+100x_{13}+80x_{21}+65x_{22}+75x_{23}\quad \text{总运输量}$$

$$s.t.\begin{cases} x_{11}+x_{12}+x_{13}=200 & \\ x_{21}+x_{22}+x_{23}=250 & \text{日产量约束} \\ x_{11}+x_{21}=100 & \\ x_{12}+x_{22}=150 & \text{需求约束} \\ x_{13}+x_{23}=200 & \\ x_{ij}\geqslant 0,\ i=1,\ 2;\ j=1,\ 2,\ 3; & \end{cases} \tag{3-3}$$

3.2.1 初始方案的确定

初始方案就是初始基本可行解。将运输问题的有关信息表和决策变量——调运量结合在一起，构成“作业表”，也称为“产销平衡表”。表 3-3 是两个产地、三个销地的运输问题的作业表。

表 3-3　两产地三销地的运输问题的作业表

运输距离 城市 / 煤矿	A	B	C	日产量/吨
甲	x_{11} $\boxed{c_{11}}$	x_{12} $\boxed{c_{12}}$	x_{13} $\boxed{c_{13}}$	a_1
乙	x_{21} $\boxed{c_{21}}$	x_{22} $\boxed{c_{21}}$	x_{23} $\boxed{c_{23}}$	a_2
日销量/吨	b_1	b_2	b_3	$\sum_{i=1}^{2}a_i=\sum_{j=1}^{3}b_j$

其中，x_{ij} 表示决策变量，表示待确定的从第 i 个产地到第 j 个销地的调运量；c_{ij} 表示第 i 个产地到第 j 个销地的运价或运距。

表 3-4 就是例 3.1 运输问题的作业表。

表 3-4 例 3.1 运输问题的作业表

运输距离 煤矿＼城市	A	B	C	日产量/吨
甲	x_{11} 90	x_{12} 70	x_{13} 100	200
乙	x_{21} 80	x_{22} 65	x_{23} 75	250
日销量/吨	100	150	200	450

初始方案的确定方法有很多，一般希望的方法是既简单又尽可能地接近最优解。这里介绍两种方法：最小元素法和伏格尔(Vogel)法。

1. 最小元素法

最小元素法的基本思想是就近供应，即从单位运价表或运距表中的最小元素开始确定供销关系，然后次小，一直到给出初始基可行解为止。下面以例 3.1 进行讨论。

第一步，在表 3-2 中先选择最小运距(c_{ij})65 所对应的 x_{22} 作为第一个基变量，这表示先将乙煤矿的生产量供应给 B 城市。因为 150<250，说明乙煤矿的产量除供应 B 城市外，还有 250－150＝100 吨的剩余。因此令 $x_{22}=150$，划去第二列，并将乙煤矿的存余量修改为 100(如阴影部分)，见表 3-5。

表 3-5 最小元素法步骤一

运输距离 煤矿＼城市	A	B	C	日产量/吨
甲	x_{11} 90	x_{12} 70	x_{13} 100	200
乙	x_{21} 80	150 65	x_{23} 75	250 100
日销量/吨	100	150	200	450

第二步，在余下的 4 个格子中选择最小运距 75 对应的 x_{23} 作为第二个基变量，由于 min(200，100)＝100，因此令 $x_{23}=100$，划去第二行。调整 C 城市的需求，见表 3-6。

表 3-6 最小元素法步骤二

运输距离 煤矿＼城市	A	B	C	日产量/吨
甲	x_{11} 90	x_{12} 70	x_{13} 100	200
乙	x_{21} 80	150 65	100 75	250 100
日销量/吨	100	150	200 100	450

第三步，在余下的两个格子中再选择最小运距 90 对应的 x_{11} 作为第三个基变量，min(100，200)=100，所以令 $x_{11}=100$，A 城市的全部需求满足，甲煤矿中尚有存余量，划去表中第一列，并修改甲煤矿存余量，见表 3-7。

表 3-7　最小元素法步骤三

运输距离 煤矿 \ 城市	A		B		C		日产量/吨	
甲	100	90	x_{12}	70	x_{13}	100	200	100
乙	x_{21}	80	150	65	100	75	250	100
日销量/吨	100		150		200	100	450	

第四步，现在只剩下 1 个格子，是运距 100 所对应的决策变量 x_{13}，甲煤矿的余存量 100 恰好满足 C 城市需求缺口 100，令 $x_{13}=100$。至此，需求全部满足，且供需平衡，故得到初始调运方案，见表 3-8，即 $x_{11}=100$，$x_{13}=100$，$x_{22}=150$，$x_{23}=100$，变量个数恰为 $m+n-1=2+3-1=4$ 个。

表 3-8　最小元素法步骤四

运输距离 煤矿 \ 城市	A		B		C		日产量/吨
甲	100	90	x_{12}	70	100	10	200
乙	x_{21}	80	150	65	100	75	250
日销量/吨	100		150		200		450

这时的目标函数值 $Z_{\min}=90\times100+100\times100+65\times150+75\times100=36250(\text{t}\cdot\text{km})$。

可以证明，用最小元素法正好可以确定 $m+n-1$ 个基变量，而且这 $m+n-1$ 个基变量对应的系数列向量是线性独立的。

2. 伏格尔法

最小元素法的缺点是：为了节省一处的费用，有时造成在其他处要多花几倍的运费(运距)。为此下面介绍另一种方法——伏格尔法，它的基本思想是：一产地的产品如果不能按最小运费(运距)就近供应，就考虑次小运费(运距)，这就有一个差额，差额越大，说明不按最小运费(运距)调运时，运费(运距)增加越多。因而对差额最大处，就应当采用最小运费(运距)调运。伏格尔法的步骤如下。

第一步，在表 3-3 中分别计算出各行和各列的最小运距和次小运距的差额，填入表的最右列和最下列，见表 3-9。

表 3-9 伏格尔法步骤一

运输距离 煤矿＼城市	A	B	C	日产量/吨	行差额
甲	x_{11} 90	x_{12} 70	x_{13} 100	200	20
乙	x_{21} 80	x_{22} 65	x_{23} 75	250	10
日销量/吨	100	150	200	450	
列差额	10	5	25		

第二步，从行差额或列差额中选出最大者，选择它所在行或列中的最小元素。在表 3-9 中第三列是最大差额所在列，列中的最小元素为 75，可确定乙煤矿的产量应优先供应 C 城市的需要，因此 $x_{23}=200$，将第三列划去，同时将乙煤矿的剩余产量调整为 50，见表 3-10。

表 3-10 伏格尔法步骤二

运输距离 煤矿＼城市	A	B	C	日产量/吨
甲	x_{11} 90	x_{12} 70	x_{13} 100	200
乙	x_{21} 80	x_{22} 65	200 75	250 50
日销量/吨	100	150	200	450

第三步，对表 3-10 中未划去的元素再分别计算出各行、各列的最小运费和次小运费的差额，并填入该表的最右列和最下行。重复第一、二步，直到给出初始解为止。用此方法得出例 3.1 的初始解，见表 3-11。

表 3-11 伏格尔法得到的初始解

运输距离 煤矿＼城市	A	B	C	日产量/吨
甲	50 90	150 70	x_{13} 100	200
乙	50 80	x_{22} 65	200 75	250
日销量/吨	100	150	200	450

这时的目标函数值 $Z_{\min}=50\times90+150\times70+50\times80+200\times75=34000(\mathrm{t\cdot km})$。

由上可见：伏格尔法和最小元素法的主要区别在于确定供求关系的原则上，其他步骤均相同。伏格尔法给出的初始解比最小元素法给出的初始解更接近最优解。在上例中用伏格尔法求出的初始解即为该运输问题的最优解。

3.2.2 最优性检验

检查初始调运方案是不是最优方案的过程就是最优性检验。检查的方法仍然是计算非基变量(在作业表中对应着未填上数值的空格)的检验数，若全部大于等于零，则该方案就是最优调运方案，否则就应进行调整，因此最优性检验最终归结为求非基变量的检验数的问题。这里给出两种常用的方法——闭回路法和位势法。

1. 闭回路法

在给出初始调运方案的计算表上，从每一空格出发找一条闭回路：它是以某空格为起点，用水平或垂直线向前划，每碰到一适当的数字格转 90°后继续前进，直到回到起始空格为止。闭回路的特点是：除了起始顶点为非基变量外，其他顶点均为基变量。如果对闭回路的方向不加区别，从每一空格出发，一定存在和可以找到唯一的闭回路。

如果约定起始顶点的非基变量为偶数次顶点，其他顶点从 1 开始顺序排列，那么该非基变量 x_{ij} 的检验数为

$$\sigma_{ij}=(\text{闭回路上偶数次顶点运距或运价之和})-(\text{闭回路上奇数次顶点运距或运价之和}) \tag{3-4}$$

在用最小元素法确定例 3.1 初始调运方案的基础上，计算非基变量 x_{12} 的检验数时，先在该作业表上做出闭回路，见表 3-12 中虚线连接的顶点变量。

表 3-12 闭回路法

运输距离 / 城市 / 煤矿	A	B	C	日产量/吨
甲	100 [90]	x_{12} [70]	100 [10]	200
乙	x_{21} [80]	150 [65]	100 [75]	250
日销量/吨	100	150	200	450

于是非基变量 x_{12} 的检验数 $\sigma_{12}=(70+75)-(100+65)=-20$。

闭回路法计算检验数的经济解释为：当非基变量 x_{12} 每增加 1 吨，为保证产销平衡，就要依次做出调整——x_{13} 要减小 1 吨，x_{23} 要增加 1 吨，x_{22} 要减小 1 吨。这样的调整使得总运费的增加量为 $1\times70+(-1)\times100+1\times75+(-1)\times65=-20$，说明这样调整运量将使运距减小。因此检验数的含义就是在保持产销平衡的条件下，该非基变量增加一个单位运量而成为基变量时目标函数的改变量。

同样的道理，非基变量 x_{21} 的检验数

$$\sigma_{21}=(80+100)-(90+75)=15$$

当检验数还存在负数时，说明原方案不是最优解，调整方法见 3.2.3 节。

2. 位势法

用闭回路法求检验数时，需要计算每一个空格的检验数，这就要给每一空格找一条闭回路。当产销点很多的时候，这种计算很繁杂。下面介绍一种比较简单的方法——位势法。

以例 3.1 初始调运方案为例来说明位势法的检验方法。先设置位势变量 u_i 和 v_j，在最小元素法确定的初始调运方案表的基础上增加一行和一列，见表 3-13。

表 3-13　位势法

运输距离 城市 / 煤矿	A	B	C	日产量/吨	位势变量 u_i
甲	100 [90]	x_{12} [70]	100 [10]	200	u_1
乙	x_{21} [80]	150 [65]	100 [75]	250	u_2
日销量/吨	100	150	200	450	
位势变量 v_j	ν_1	ν_2	ν_3		

然后构造方程组

$$\begin{cases} u_1+\nu_1=c_{11}=90 \\ u_1+\nu_3=c_{13}=100 \\ u_2+\nu_2=c_{22}=65 \\ u_2+\nu_3=c_{23}=75 \end{cases} \tag{3-5}$$

构造的方程组有以下几个特点。

(1) 方程个数是 $m+n-1=2+3-1=4$ 个，位势变量共有 $m+n=2+3=5$ 个，通常称 u_i 为第 i 行的位势，称 ν_j 为第 j 列的位势。

(2) 初始方案的每一个基变量 x_{ij} 对应一个方程——所在行和列对应的位势变量之和等于该基变量对应的运距(或运价)$u_i+\nu_j=c_{ij}$。

(3) 方程组恰有一个自由变量，可以证明方程组中任意一个变量均可取做自由变量。

给定自由变量的一个值，解式(3-5)，即可求得位势变量的一组值，根据式(3-4)结合方程组(3-5)，推出计算非基变量 x_{ij} 检验数的公式

$$\sigma_{ij}=c_{ij}-(u_i+\nu_j) \tag{3-6}$$

在式(3-6)中，令 $u_1=0$，则可解得 $\nu_1=90$，$\nu_3=100$，$u_2=-25$，$\nu_2=90$，于是

$$\sigma_{12}=c_{12}-(u_1+\nu_2)=70-(0+90)=-20$$

$$\sigma_{21}=c_{21}-(u_2+\nu_1)=80-(-25+90)=15$$

该解与前面用闭回路法求得的结果相同。

3.2.3 *方案调整*

当至少有一个非基变量的检验数是负值时，说明作业表上当前的调运方案不是最优的，应进行调整。若检验数 σ_{ij} 小于零，则首先在作业表上以 x_{ij} 为起始变量做出闭回路，并求出调整量 ε，有

$$\varepsilon=\min\{\text{该闭回路中奇数次顶点调运量 } x_{ij}\}$$

然后按照下面的方法调整调运量：在闭回路上，奇数次顶点的调运量减去 ε，偶数次顶点(包括起始顶点)的调运量加上 ε；闭回路之外的变量调运量不变。

继续上例，因 $\sigma_{12}=-20$，参照表 3-10 给出的闭回路，计算调整量，得

$$\varepsilon=\min(100,\ 150)=100$$

因此在表 3-11 的基础上按照上述方法进行调整，x_{12}变为基变量，x_{13}变为非基变量，就可以得到新的调运方案，见表 3-14。

表 3-14　方案调整表

运输距离 城市 / 煤矿	A	B	C	日产量/吨
甲	100　[90]	100　[70]	0　[10]	200
乙	x_{21}　[80]	50　[65]	200　[75]	250
日销量/吨	100	150	200	450

x_{13}的检验数 $\sigma_{13}=(100+65)-(70+75)=20$，重新计算非基变量 x_{21}的检验数，得 $\sigma_{21}=(80+70)-(90+65)=-5<0$，再进行调整，直到所有非基变量的检验数都大于或等于 0。

不断重复上面的步骤，最终求出最优调运方案(见表 3-15)，具体为

$$x_{11}=50,\quad x_{12}=150,\quad x_{21}=50,\quad x_{23}=200$$

相应的最小总运输量为

$$\begin{aligned}Z_{\min}&=90\times50+70\times150+80\times50+75\times200\\&=34000(\mathrm{t\cdot km})\end{aligned}$$

表 3-15　最优调运方案

运输距离 城市 / 煤矿	A	B	C	日产量/吨
甲	50　[90]	150　[70]	x_{13}　[100]	200
乙	50　[80]	x_{22}　[65]	200　[75]	250
日销量/吨	100	150	200	450

3.2.4　表上作业法计算中的问题

1. 无穷多最优解

在 3.1 节中提到产销平衡的运输问题必定存在最优解，那么是有唯一最优解还是无穷多最优解，它的判别方法与单纯形法的判别规则相同，即当某个非基变量(空格)的检验数为 0 时，该问题有无穷多最优解。

2. 退化解

当使用表上作业法求解运输问题的过程中出现退化解时，一定要在相应的格中填一个

0，以表示此格为数字格。通常有以下两种情况。

(1) 当确定初始解的供需关系时，若在$(i,\ j)$格填入数字后，出现a_i处的供应余量正好等于b_j处的需求量。这时在产销平衡表上填一个数，而在单位运价表上相应要划去一行和一列。为使产销平衡表上有$(m+n-1)$个数字格，需要添一个0。它的位置可在对应同时划去的行或列的任一空格处。

(2) 在用闭回路法调整时，在闭回路上奇数次顶点的调运量出现两个或两个以上相等的最小值。这时只能选择其中一个作为调入格，经调整后得到退化解。这时有一个数字格必须填入一个0，说明它是基变量。

3.3 运输问题的推广

3.1节和3.2节讨论了产销平衡的运输问题的求解方法。在实际应用中，常常会出现供大于求或供不应求的情况，相应的运输问题即是更一般的产销不平衡的运输问题。下面分两种情况来讨论产销不平衡的运输问题。

3.3.1 产销不平衡的运输问题

当产量大于销量时，即$\sum_{i=1}^{m}a_i > \sum_{j=1}^{n}b_j$时，运输问题的数学模型可写成

$$\min Z = \sum_{i=1}^{m}\sum_{j=1}^{n}c_{ij}x_{ij}$$

$$s.t.\begin{cases}\sum_{j=1}^{n}x_{ij} \leqslant a_i & i=1,\cdots,m\\ \sum_{i=1}^{m}x_{ij} = b_j & j=1,\cdots,n\\ x_{ij}\geqslant 0, & i=1,\cdots,m;\ j=1,\cdots,n\end{cases}$$

由于总的产量大于销量，就要考虑多余的物资在哪一个产地就地存储的问题。设$x_{i,n+1}$是产地A_i的存储量，于是有

$$\sum_{j=1}^{n}x_{ij}+x_{i,n+1}=\sum_{j=1}^{n+1}x_{ij}=a_i(i=1,\cdots,m)$$

$$\sum_{i=1}^{m}x_{ij}=b_j(j=1,\cdots,n)$$

$$\sum_{i=1}^{m}x_{i,n+1}=\sum_{i=1}^{m}a_i-\sum_{j=1}^{n}b_j=b_{n+1}$$

令$c'_{ij}=c_{ij}$，当$i=1,\ 2,\ \cdots,\ m$，$j=1,\ 2,\ \cdots,\ n$时；而$c'_{ij}=0$，当$i=1,\ 2,\ \cdots,\ m$；$j=n+1$时，将其分别代入，得到

$$\min Z'=\sum_{i=1}^{m}\sum_{j=1}^{n+1}c'_{ij}x_{ij}=\sum_{i=1}^{m}\sum_{j=1}^{n}c'_{ij}x_{ij}+\sum_{i=1}^{m}c'_{i,n+1}x_{ij}=\sum_{i=1}^{m}\sum_{j=1}^{n}c_{ij}x_{ij}$$

$$s.t.\begin{cases}\sum_{j=1}^{n+1} x_{ij} = a_i & i=1,\cdots,m\\ \sum_{i=1}^{m} x_{ij} = b_j & j=1,\cdots,n\\ x_{ij}\geqslant 0, & i=1,\cdots,m;\ j=1,\cdots,n\end{cases}$$

由于在这个模型中 $\sum_{i=1}^{m} a_i = \sum_{j=1}^{n} b_j + b_{n+1} = \sum_{j=1}^{n+1} b_j$，所以这是一个产销平衡的运输问题。因此在产量大于销量时，通过增加一个虚拟的销地(存储地)$j=n+1$，该销地总需求量为总产量和总销量之间的差额，而在单位运价表中从各地到假想销地的单位运价为 $c'_{i,n+1}=0$，通过上述方法，就可以将产量大于销量的运输问题转化为产销平衡的运输问题。

类似地，当销量大于产量时，可以在产销平衡表中增加一个假想的产地 $i=m+1$，该产地的产量为销售量和生产量之间的差额，在单位运价表上令从该产地到各销地的运价 $c'_{m+1,j}=0$，同样可以转化为一个产销平衡的运输问题。

需要注意的是，在使用最小元素法确定转化问题的初始方案时，应首先将运价表中增加的零运价撇开，因为它不需要运输，也无须在调运时予以考虑。这些具有零运价的行或列，只是在不包含零运价的其他运价确定了初始调运方案之后起平衡作用。

【例 3.2】 设有 3 个化肥厂供应 4 个地区的农用化肥。假定等量的化肥在这些地区的使用效果相同。各化肥厂年产量、各地区年需要量及从各化肥厂到各地区运送单位化肥的运价见表 3-16。试求出总的运费最节省的化肥调拨方案。

表 3-16 例 3.2 的有关信息 运价：万元/万吨

单位运价 需求地区 / 化肥厂	A	B	C	D	日产量/吨
甲	16	13	22	17	50
乙	14	13	19	15	60
丙	19	20	23	—	50
最低需求/万吨 最高需求/万吨	30 50	70 70	0 30	10 不限	

解：这是一个产销不平衡的运输问题，总产量为 160 万吨，4 个地区的最低需求为 110 万吨，最高需求为无限。根据现有产量，D 地区每年最多能分配到 60 万吨，这样最高需求为 210 万吨，大于产量。为了求得平衡，在产销平衡表中增加一个假想的化肥厂丁，其年产量为 50 万吨。由于各地区的需要量包含两部分：如地区 A，其中 30 万吨为最低需求，故不能由假想的化肥厂丁供给，令相应运价为 M(任意大的正数)；而另一部分 20 万吨满足或不满足均可以，因此可以由假想化肥厂丁供给，令相应的运价为 0。对凡是需求分两种情况的地区，实际上可以按照两个地区看待，这样这个问题的产销平衡表见表 3-17。

表 3-17 例 3.2 的产销平衡表

运输距离 销地 / 产地	A	A′	B	C	D	D′	日产量/吨
甲	x_{11} 16	x_{12} 16	x_{13} 13	x_{14} 22	x_{15} 17	x_{16} 17	50
乙	x_{21} 14	x_{22} 14	x_{23} 13	x_{24} 19	x_{25} 15	x_{26} 15	60
丙	x_{31} 19	x_{32} 19	x_{33} 20	x_{34} 23	x_{35} M	x_{36} M	50
丁	x_{41} M	x_{42} 0	x_{43} M	x_{44} 0	x_{45} M	x_{46} 0	50
日销量/吨	30	20	70	30	10	50	210

根据表上作业法计算，可以求得这个问题的最优方案见表 3-18。

表 3-18 例 3.2 的最优方案

运输距离 销地 / 产地	A	A′	B	C	D	D′	日产量/吨
甲	x_{11} 16	x_{12} 16	50 13	x_{14} 22	x_{15} 17	x_{16} 17	50
乙	x_{21} 14	x_{22} 14	20 13	x_{24} 19	10 15	30 15	60
丙	30 19	20 19	0 20	x_{34} 23	x_{35} M	x_{36} M	50
丁	x_{41} M	x_{42} 0	x_{43} M	30 0	x_{45} M	20 0	50
日销量/吨	30	20	70	30	10	50	210

3.3.2 转运问题

转运问题是一类更实际的运输问题，其特点是所调运的物资不是由产地直接运到销地，而是经过若干中转站后才到达。

转运问题的求解通常是设法将其转化为一个等价的产销平衡的运输问题，然后用表上作业法求出最优调运方案，问题的关键是如何实现转化的问题。一般可以分成以下步骤进行。

(1) 将产地、转运点、销地重新编排，转运点既作为产地又作为销地。

(2) 各地之间的运距(运价)在原问题运距(运价)表的基础上进行扩展：从一地运往自身的单位运距(运价)记为零，不存在运输线路的则记为 M(一个足够大的正数)。

(3) 由于经过转运点的物资量既是该点作为产地的需求量，又是该点作为产地时的供应量，但事先又无法获得该数量的确切值，因此通常将调运总量作为该数值的上界。对于产地和销地也做类似的处理。

通过上述过程，就可将转运问题转化为产销平衡的运输问题，进而可以采用表上作业法进行求解。

3.4 应用案例

案例 1

港口运输问题

某国际港口航运公司承担6个港口城市A，B，C，D，E，F之间的4条固定航线的货运任务。已知各条航线的起点、终点及每天航班数见表3-19。假设各航线使用相同型号的船只运输，各港口间航程天数见表3-20。又知每条船只在港口装卸货的时间各需1天，为维修等所需要备用船只数占总船只数的20%，问该航运公司至少应配多少条船，才能满足所有航线的货运要求？

表 3-19 起、终点的航班数

航线	起点城市	终点城市	每天的航班数
1	E	D	3
2	B	C	2
3	A	F	1
4	D	B	1

表 3-20 各港口间的航程天数

起点 \ 终点	B	C	D	E	F
A	1	2	14	7	7
B		3	13	8	8
C			15	5	5
D				17	20
E					3

案例 2

蔬菜市场的调运问题

H市是一个人口不到15万的小城市。根据该市的蔬菜种植情况，市政府分别在市区A、B、C处设立3个蔬菜收购点，每天清晨菜农将新鲜的蔬菜送至这3个收购点，再由各收购点分送到全市的8个农贸市场销售。该市的道路、各路段的距离(单位：100m)及各收购点、农贸市场①、②、…、⑧的具体位置如图3.2所示。按常年情况，A、B、C这3个收购点每天的收购量分别为200、170、160(单位：100kg)，各农贸市场每天的需求量及发生供应短缺时带来的损失(元/千克)，见表3-21。设从收购点支各农贸市场的蔬菜调运费为1元(单位：100kg·100m)。

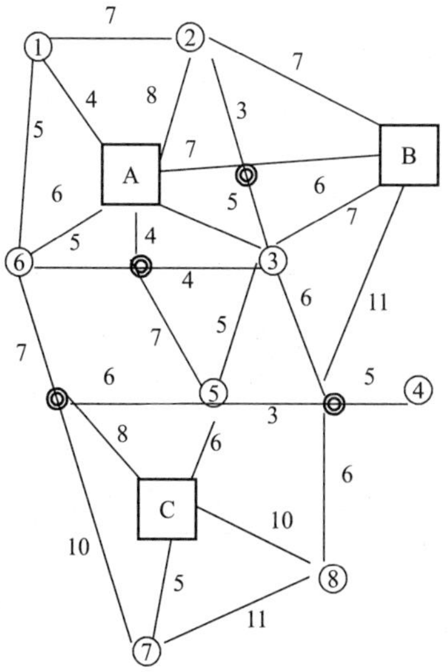

图 3.2　H 市道路及各站点位置示意图

表 3-21　各市场的需求和短缺损失

农贸市场	每天的需求量 /100kg	短缺的损失 /(元/100kg)
①	75	10
②	60	8
③	80	5
④	70	10
⑤	100	10
⑥	55	8
⑦	90	5
⑧	80	8

现在要解决的问题如下。

(1) 试为该市设计一个从各收购点至各农贸市场的定点供应方案，使用于蔬菜调运及预期的短缺损失最小。

(2) 若规定各农贸市场短缺量一律不超过需求量的 20%，重新设计定点供应方案。

(3) 为了更好地满足城市居民的蔬菜供应，该市政府规划增加蔬菜的种植面积，试问增产的蔬菜每天应分别向 A、B、C 这 3 个收购点各供应多少最经济合理。

习　　题

1. 运输问题的数学模型有什么特点？

2. 最大化的运输问题应如何求解？如何判断最优解？

3. 写出运输问题的对偶问题，讨论位势变量的含义。

4. 采用最小元素法或伏格尔法确定运输问题的初始方案时，为什么按照一定步骤产生的一组变量必不构成闭回路，其取值非负，且总数是 $m+n-1$ 个？

5. 用表上作业法求解运输问题时，是否会出现要同时划去一行和一列的情况？应如何处理？

6. 判别下面给出的各方案(见表 3-22)能否作为表上作业法求解运输问题的初始方案，并说明理由。

表 3-22　产销信息

(1)

产地 \ 销地	B_1	B_2	B_3	产量
A_1	10	20		30
A_2		30	20	50

（续）

产地＼销地	B_1	B_2	B_3	产量
A_3			15	15
销量	10	50	35	

（2）

产地＼销地	B_1	B_2	B_3	产量
A_1	10	20		30
A_2	25	10		35
A_3	15		20	35
销量	25	45	20	

（3）

产地＼销地	B_1	B_2	B_3	B_4	产量
A_1	0	15			15
A_2			15	10	25
A_3	5				5
销量	5	15	15	10	45

7. 已知运输问题的有关信息见表 3-23，试用表上作业法求使总运费最小的调运方案。

表 3-23　产销信息

（1）

产地＼销地	B_1	B_2	B_3	产量
A_1	5	8	7	30
A_2	4	6	9	45
销量	10	45	20	

（2）

产地＼销地	B_1	B_2	B_3	B_4	产量
A_1	4	1	4	6	8
A_2	1	2	5	0	8
A_3	3	7	5	1	4
销量	6	5	6	3	20

8. 某部门有 3 个生产同类产品的工厂，生产的产品由 4 个销售点出售，各工厂 A_1，A_2，A_3 的生产量分别为 16、10、22 吨；各销售点 B_1，B_2，B_3，B_4 的销售量分别为 8、14、12、14 吨，各工厂到各销售点的单位运价(元/吨)见表 3-24。试求产品如何调运才能使总运费最少。

表 3-24 单位运价表

元/吨

产地＼销地	B_1	B_2	B_3	B_4
A_1	4	12	4	11
A_2	2	10	3	9
A_3	8	5	11	6

9. 某公司设 3 个加工厂生产某产品。每日的产量分别为：A_1—7 吨，A_2—4 吨，A_3—9 吨。该公司把这些产品分别运往 4 个销售点。各销售点的每日销量为：B_1—3 吨，B_2—6 吨，B_3—5 吨，B_4—6 吨。已知从各工厂到各销售点的单位产品运价见表 3-25。问该公司如何调运产品，才能在满足各销点的需要量的前提下，使总运费最少？

表 3-25 单位运价表

元/吨

加工厂＼销地	B_1	B_2	B_3	B_4
A_1	3	11	3	10
A_2	1	9	2	8
A_3	7	4	10	5

关键词及其英文对照

运输问题	transportation problem
产销平衡运输问题	balanced transportation problem
产销不平衡运输问题	unbalanced transportation problem
产销平衡	balance between production and marketing
作业表	operation table
表上作业法	table dispatching method
最小元素法	minimum element method
伏格尔法	Vogel method
闭回路法	closed circuit method
位势法	method of potentials

第4章 整数规划

在前几章讨论的线性规划问题中，有些最优解可能是小数，但在实际问题中，常常要求解答必须是整数的情形。例如，若所求解的问题是机器的台数、完成工作的工人人数或者装车的车数时，就必须取整数值。在这种情况下，最优解只能取离散的整数值或二进制的 0 或 1，这类规划问题称为整数规划。本章主要讨论整数规划的求解方法。

4.1 整数规划问题的提出

所谓整数规划，就是指决策变量有整数要求的数学规划问题。整数规划是最近 20 年发展起来的规划论的一个分支。整数规划分为线性整数规划和非线性整数规划，本章只讨论线性整数规划。线性整数规划主要分为纯整数规划、混合整数规划和 0—1 整数规划 3 类。当所有决策变量均取整数时，称为纯线性整数规划；当只有部分决策变量取整数时，称为混合整数规划；当决策变量只取 0 和 1 时，称为 0—1 整数规划。

对于线性整数规划而言，如果放松整数约束，整数规划就变成线性规划。通常称放松整数约束得到的线性规划问题为该整数规划的线性规划松弛问题，简称松弛问题。任何一个整数规划都可以看成是一个线性规划松弛问题再加上整数约束构成的。这意味着整数规划是比线性规划约束得更紧的方法，它的可行域是其松弛问题的一个子集，即只是整数解部分。下面先通过几个实例来说明整数线性规划在实际中的应用。

1. 投资问题

【例 4.1】 某公司有 5 个投资项目被列入投资计划，各项目需要的投资额和期望的收益见表 4－1。已知该公司只有 600 万元资金可用于投资，由于技术上的原因，投资受到以下约束。

表 4－1 投资收益信息

项目	投资额/万元	期望收益/万元	项目	投资额/万元	期望收益/万元
1	210	150	4	130	80
2	300	210	5	260	180
3	100	60			

(1) 项目 1、项目 2 和项目 3 至少应有一项被选中。

(2) 项目 3 和项目 4 只能选一项。

(3) 项目 5 选中的前提是项目 1 必须被选中。

问如何选择一个最好的投资方案，才能使投资收益最大？

设 0—1 变量 x_i 为决策变量，即 $x_i=1$ 表示项目 i 被选中，$x_i=0$ 表示项目 i 被淘汰，则该问题的整数规划模型表示为

$$\max Z=150x_1+210x_2+60x_3+80x_4+180x_5$$

$$s.t.\begin{cases}210x_1+300x_2+100x_3+130x_4+260x_5\leqslant 600\\x_1+x_2+x_3\geqslant 1\\x_3+x_4=1\\x_5\leqslant x_1\\x_i\text{ 取 0 或 1}, i=1, \cdots, 5\end{cases}$$

2. 背包问题

背包问题由来已久，该问题提出的原因是一个旅行者需要携带的物品很多，但他能负担的重量一定，因此，为每一种物品规定一个重要性系数是十分必要的。这样旅行者的目标就变为在不超过一定重量的前提下，使所携带物品的重要性系数之和最大。下面是背包问题的实例。

【例 4.2】 一登山队员做登山准备，他需要携带的物品及每一件物品的重量和重要性系数见表 4-2。假定登山队员允许携带的最大重量为 25 千克，试确定一最优方案。

表 4-2 物品信息

数据 物品 项目	食品	氧气	冰镐	绳索	帐篷	照相器材	通信设备
重量/kg	5	5	2	6	12	2	4
重要系数	20	15	18	14	8	4	10

设 0—1 变量 $x_i=1$ 表示携带物品 i，$x_i=0$ 表示不携带物品 i，则该背包问题的数学模型为

$$\max Z=20x_1+15x_2+18x_3+14x_4+8x_5+4x_6+10x_7$$

$$s.t.\begin{cases}5x_1+5x_2+2x_3+6x_4+12x_5+2x_6+4x_7\leqslant 25\\x_i\text{ 取 0 或 1}, i=1, 2, \cdots, 7\end{cases}$$

这一问题无疑可以用一般的线性规划方法求解，但由于该问题的特殊结构，不难找到更简单有效且有启发性的算法。如可计算每一物品的重要性系数和重量的比值 c_i/a_i，比值大的首先选取，直到重量超过限制为止。经计算，本题中各种物品的比值为 4，3，9，2.33，0.67，2，2.5。按从大到小选取，只有帐篷落选，即除 $x_5=0$ 外，其余变量均取 1，这时携带的总重量为 24 千克，这就是最优解。只有一个约束的背包问题称为一维背包问题。一维背包问题的解法是富有启发性的，这种方法同样可以用于投资方案的选择问题。如对例 4.1 可以计算出各方案的投资回报率即 c_i/a_i 分别为 0.714，0.7，0.6，0.615，0.692。考虑到约束 2，可选 $x_1=1$；考虑到约束 3，可选 $x_4=1$；考虑到约束 4 和约束 1，可选 $x_5=1$，即 $x_1=x_4=x_5=1$，$x_2=x_3=0$，这时总投资额为 210+130+260=600，总收益 $Z=410$。

3. 布点问题

布点问题又称集合覆盖问题，是典型的整数规划问题，所解决的主要问题是一个给定集合(集合一)的每一个元素必须被另一个集合(集合二)所覆盖。例如，学校、医院、商业

区、消防队等公共设施的布点问题。布点问题的共同目标是：既满足公共要求，又使布的点最少，以节约投资费用。

【例 4.3】 某市共有 6 个区，每个区都可以设消防站。市政府希望设置消防站最少，以便节省费用，但必须保证在城区任何地方发生火警时，消防车能在 15 分钟之内赶到现场。据实地测定，各区之间消防车行驶的时间见表 4-3。

表 4-3 消防车行驶时间信息

地点	一区	二区	三区	四区	五区	六区
一区	0					
二区	10	0				
三区	16	24	0			
四区	28	32	12	0		
五区	27	17	27	15	0	
六区	20	10	21	25	14	0

对于本例，设 0—1 为决策变量，当 $x_i=1$ 表示 i 地区设站，当 $x_i=0$ 表示 i 地区不设站。这样根据消防车 15 分钟赶到现场的限制，可得到如下模型：

$$\min Z=x_1+x_2+x_3+x_4+x_5+x_6$$

$$s.t.\begin{cases} x_1+x_2 \geqslant 1 \\ x_1+x_2+x_6 \geqslant 1 \\ x_3+x_4 \geqslant 1 \\ x_3+x_4+x_5 \geqslant 1 \\ x_4+x_5+x_6 \geqslant 1 \\ x_2+x_5+x_6 \geqslant 1 \\ x_i\text{取 0 或 1，} i=1,\cdots,6 \end{cases}$$

本例的最优解为 $x_2=x_4=1$，其余变量为 0，$Z=2$。即只要在二区(管一、二和六区这 3 个区)和四区(管三、四和五区这 3 个区)设站即可。

4. 固定费用问题

在生产经营中，费用常常被按照是否与产量相关而分为固定费用和变动费用。在新产品开发决策中，经常用到固定费用和变动费用的概念。如在产品开发中，设备的租金和购入设备的折旧，都属于固定费用，而原材料和工时消耗则属于变动费用。这里经常遇到两类决策变量：一类是是否使用某设备的 0—1 变量 y_i，$y_i=1$ 表示使用 i 设备；$y_i=0$ 表示不使用该设备；另一类是反映某种产品生产量的变量 x_i。这两类变量间的关系是：若 $x_i>0$，则 $y_i=1$；若 $y_i=0$，则 x_i必为零。

【例 4.4】 有甲、乙、丙 3 种产品的有关资料见表 4-4。该企业每月可用的人工工时为 2000 个，求最大利润模型。

表 4-4 产品信息

产品	设备使用费	变动成本/(元/件)	售价/元	人工工时消耗/(工时/件)	设备工时消耗	设备可用工时
甲	5000	280	400	5	3	300
乙	2000	30	40	1	0.5	480
丙	3000	200	300	4	2	600

根据上述方法设置决策变量，根据约束条件可得该问题的优化模型为

$$\max Z=120x_1+10x_2+100x_3-5000y_1-2000y_2-3000y_3$$

$$s.t.\begin{cases}5x_1+x_2+4x_3\leqslant 2000\\3x_1\leqslant 300y_1\\0.5x_2\leqslant 480y_2\\2x_3\leqslant 600y_3\\x_i\geqslant 0\text{ 且为整数，}y_i\text{为 0 或 1}\end{cases}$$

4.2 整数规划问题的求解方法

既然整数规划是线性规划的一种特殊情况，那么在对整数规划问题求解时，能否通过求解其对应的松弛问题，并将其解舍入到最靠近的整数解？毫无疑问，在某些情况下，尤其是当 LP 的解是很大的数时，这时最优解对舍入误差并不敏感，这一策略是可行的。但在一般情况下，单纯形法求得的解并不能保证是整数最优解。下面举例说明。

【例 4.5】 求解整数规划

$$\max Z=20x_1+10x_2$$

$$\begin{cases}5x_1+4x_2\leqslant 24 & ①\\2x_1+5x_2\leqslant 13 & ②\\x_1,\ x_2\geqslant 0\text{ 且为整数} & ③\end{cases}$$

解：先不考虑整数约束，求解其松弛问题，很容易得出最优解为 $x_1=4.8$，$x_2=0$，$\max Z=96$。若采用四舍五入法凑整，即 $x_1=5$，$x_2=0$，这样约束条件②被破坏，因而它不是可行解；若将 $x_1=4.8$，$x_2=0$ 舍去尾数 0.8，这满足约束条件，是可行解，但不是最优解。因为当 $x_1=4$，$x_2=0$ 时，$Z=80$；但当 $x_1=4$，$x_2=1$(这也是可行解)时，$Z=90$。

由例子可以看出，将松弛问题的最优解化整来求解原整数规划，虽然是最常想到的，但往往得不到整数规划的最优解，甚至根本不是可行解。

另外，在求解整数规划时，如果可行域是有界的，由于解均为整数，容易想到的方法是穷举变量的所有可行的整数组合，然后比较它们的目标函数值以定出最优解。对于小型问题，变量数很少，可行的整数组合数也很少时，这个方法是可行的，也是有效的。在例 4.5 中，变量只有 x_1 和 x_2，由条件①，x_1 所能取的整数值为 0，1，2，3，4 共 5 个；由条件②，x_2 所能取得整数值为 0，1，2 共 3 个，它的组合(不都是可行解)数共 15 个，穷举法勉强可以使用，但对于大型问题可行的整数解的组合数是很大的。例如，将 n 项任务

指派给n个人去完成，不同的指派方案有$n!$种。当$n=10$，这个数就超过300万；当$n=20$，这个数就超过2×10^{18}。如果一一计算，即使用每秒百万次的计算机，也要几万年的时间。因此，很有必要对整数规划的解法进行专门研究。

整数规划是数学规划中的一个重要分支，同时又是最难求解的问题之一，至今尚未找到十分有效的算法，所以整数规划一直是比较活跃的研究领域。本节仅介绍几种常用且比较成熟的算法。

4.2.1 分支定界法

分支定界法可用于求解纯整数规划或混合整数规划问题，它是在20世纪60年代初由Land、Doig和Dakin等人提出的。由于该方法灵活且便于用计算机求解，所以现在已成为求解整数规划的重要方法。

分支定界法的基本思路为：设有最大化的整数规划问题A，与其对应的松弛问题为B，先求解问题B，若其最优解不符合A的整数条件，那么B的最优目标函数必是A的最优目标函数$Z^{□}$的上界，记为$\overline{Z}$，而A的任意可行解的目标函数值将是Z^*的一个下界$\underline{Z}$，分支定界法就是通过将B的可行域分成子区域即分支，逐步减小$\overline{Z}$和增大$\underline{Z}$，最终可求得Z^*。最小化问题的求解过程与最大化问题类似。如果用Z_0表示松弛问题的解值，用Z_i表示目前已经找到的整数解，Z^*表示最优整数解，$\underline{Z}$表示下界，$\overline{Z}$表示上界，则最优整数解一定满足以下关系

对于最大化问题　$\underline{Z}=Z_i\leqslant Z^*\leqslant Z_0=\overline{Z}$

对于最小化问题　$\underline{Z}=Z_0\leqslant Z^*\leqslant Z_i=\overline{Z}$

下面举例说明分支定界法的求解过程。

【例4.6】 求解整数规划A

$$\max Z=x_1+x_2 \quad ①$$

$$\begin{cases}6x_1+2x_2\leqslant17 & ②\\ 5x_1+9x_2\leqslant44 & ③\\ x_1,\ x_2\geqslant0 & ④\\ x_1,\ x_2\text{为整数} & ⑤\end{cases}$$

解： 先不考虑约束条件⑤，求解对应的线性规划B(A中①～④方程式)，得最优解为$x_1=1.477$，$x_2=4.068$，$Z_0=5.545$。可行域如图4.1所示。显然它不符合整数条件⑤。这时Z_0是问题A的最优目标函数值Z^*的上界，记为$Z_0=\overline{Z}$。而当$x_1=0$，$x_2=0$显然是问题A的一个整数可行解，这时$Z=0$，是Z^*的一个下界，记为$Z=0$，即$0\leqslant Z^*\leqslant5.545$。

对于分支定界法的解法，首先要注意其中一个非整数变量的解。如x_1，在问题B的解中$x_1=1.477$。于是对原问题增加两个约束条件$x_1\leqslant1$，$x_1\geqslant2$可将原问题分为两个子问题B_1和B_2，即两支。给每支增加一个约束条件，如图4.2所示。这并不影响问题A的可行域，不考虑整数条件求解子问题B_1和B_2，称此为第一次迭代。得到的最优解为

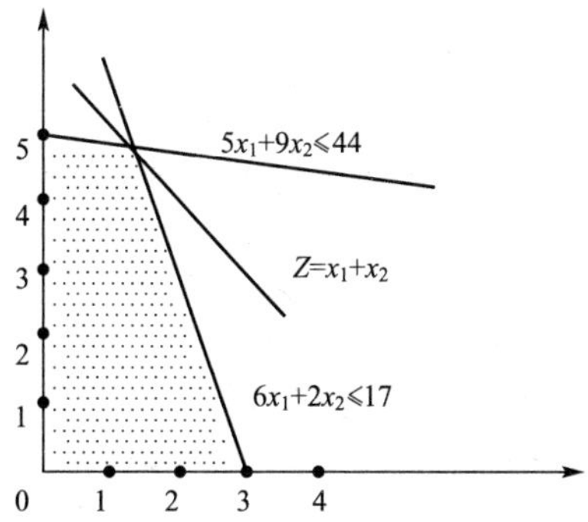

图 4.1 例 4.6 的可行域

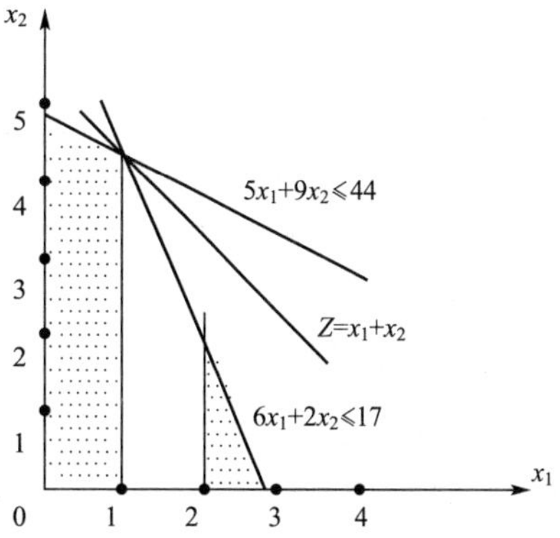

图 4.2 第一次分支后的可行域

子问题 B_1，$x_1=1$，$x_2=4.333$，$Z_1=5.333$；

子问题 B_2，$x_1=2$，$x_2=2.5$，$Z_2=4.5$。

因为 $Z_1>Z_2$，故将 $\overline{Z}$ 改为 5.333，那么必存在最优整数解，得到 Z^*，并且 $0\leqslant Z^*\leqslant 5.333$。

继续对子问题 B_1 和 B_2 进行分支。因为 $Z_1>Z_2$，因此先将 B_1 再分为两支。增加条件 $x_2\leqslant 4$，$x_2\geqslant 5$。前者称为子问题 B_3，后者称为子问题 B_4。在图 4.2 中再舍去 $x_2\leqslant 4$ 与 $x_2\geqslant 5$ 之间的可行域，再进行第二次迭代。得到的最优解为

子问题 B_3，$x_1=1$，$x_2=4$，$Z_3=5$；

子问题 B_4 无可行解。

因子问题 B_3 的解中所有变量均为整数，因此它的目标函数值 $Z_3=5$ 可取为$\underline{Z}$，由于它大于 $Z_2=4.5$，因此没有必要对子问题 B_2 进行分支。于是可以断定 $Z_3=\underline{Z}=Z^*=5$。子问题 B_3 的解 $x_1=1$，$x_2=4$ 为最优整数解。该问题整数解的分支树如图 4.3 所示。

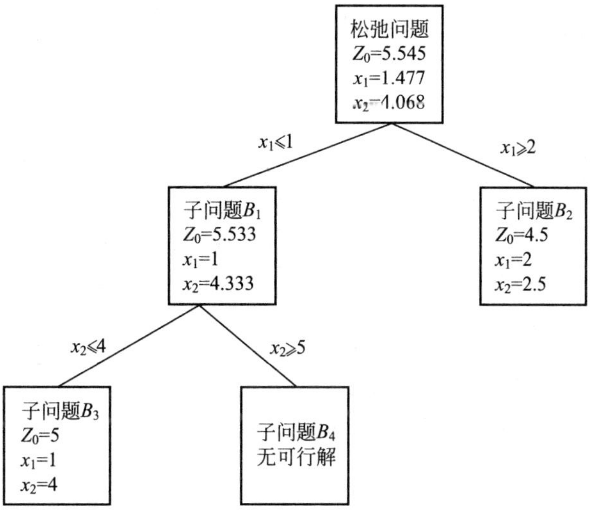

图 4.3 例 4.6 的分支树

从以上解题过程可知，用分支定界法求解整数规划(最大化)问题的步骤如下。

(1) 解线性规划松弛问题。

设原整数规划问题为 A，所对应的松弛问题为 B，求解问题 B。

① 若问题 B 没有可行解，这时问题 A 也没有可行解，终止。

② 问题 B 有最优解，并符合问题 A 的整数约束，则问题 B 的最优解即为问题 A 的最优解，则停止。

③ 问题 B 有最优解，但不符合问题 A 的整数条件，记它的目标函数值为 $\overline{Z}$。

(2) 分支与定界：用观察法找问题 A 的一个整数可行解，一般可取 $x_j=0$，$j=1$，…，n，试求其目标函数值，并记为$\underline{Z}$。以 Z^* 表示问题 A 的最优目标函数值；这时有$\underline{Z}\leqslant Z^*\leqslant \overline{Z}$ 进行迭代。

① 分支就是在问题 B 的最优解中任选一个不符合整数条件的变量 x_j，其值为 b_j，以 $[b_j]$ 表示小于 b_j 的最大整数。构造两个约束条件 $x_j\leqslant[b_j]$ 和 $x_j\geqslant[b_j]+1$，将这两个约束条件分别加入问题 B，求两个后继规划问题 B_1 和 B_2。不考虑整数条件求解这两个后继问题。

② 定界，以每个后继问题为一支标明求解的结果，与其他问题的解的结果中，找出最优目标函数值最大者作为新的上界 $\overline{Z}$。从已符合整数条件的各分支中，找出目标函数值最大者作为新的下界$\underline{Z}$，若无作用，$\underline{Z}=0$。

(3) 比较与剪支：各分支的最优目标函数中若有小于$\underline{Z}$ 者，则剪掉这支(用“×”表示)，即以后不再考虑了。若大于$\underline{Z}$，且不符合整数条件，则重复步骤(2)的小步骤①。一直到最后得到 $Z^*=\underline{Z}$ 为止。得最优整数解 x_j^*，$j=1$，…，n。

分支定界法比穷举法优越，因为它仅在一部分可行解的整数解中寻求最优解，计算量比穷举法小。若变量数目很大时，其计算工作量也是相当可观的。

4.2.2 割平面法

割平面法的基础仍然是用解线性规划的方法去求解整数规划问题。其基本思路是，先不考虑变量是整数的约束条件，但增加线性约束条件(其几何术语称为割平面)使得从原可行域中切割掉一部分，这部分只包含非整数解，但没有切割掉任何整数可行解。割平面法就是指出怎样找到适当的割平面(不见得一次就找到)，使切割后最终得到的可行域中的一个整数坐标的极点，它恰好是问题的最优解。这个方法是 R. E. Gomory 提出来的，因此又称为 Gomory 的割平面法。现举例说明割平面法求解纯整数规划问题的步骤。

【例 4.7】 用割平面法求解下列整数规划

$$\max Z=8x_1+5x_2$$

$$s.t.\begin{cases}2x_1+3x_2\leqslant 12\\2x_1-\ x_2\leqslant 6\\x_1，x_2\geqslant 0\text{ 且为整数}\end{cases}$$

解： 用割平面法求解整数规划问题主要分为三步。

第一步，先用单纯形法求解松弛问题得最优单纯形表，见表 4-5。

表 4-5 最优单纯形表

		x_1	x_2	x_3	x_4
Z	-37.5	0	0	-2.25	-1.75
x_2	1.5	0	1	0.25	-0.25
x_1	3.75	1	0	0.125	0.375

第二步，求割平面方程。

割平面的方程并不是唯一的。在通常情况下，选取基变量的小数部分具有最大绝对值的变量所在行的约束方程为导出方程，这样能够更快地得到最优整数解。在本例中选取第二个约束。该约束可表示为

$$x_1+0.125x_3+0.375x_4=3.75$$

将所有不是整数的参数和常数均写成一个整数与一个纯小数之和，则该约束可改写为

$$x_1+(0+0.125)x_3+(0+0.375)x_4=3+0.75$$

在对变量的系数进行分解时，需要分两种情况处理：对于变量的正系数，可直接进行分解；对于变量的负系数，则通常要用到其补数，如第一个约束可以分解为

$$x_2+(0+0.25)x_3-(1-0.75)x_4=1+0.5$$

然后，将所有的整数项移到等式的左边，小数项移到等式的右边，可得到

$$x_1-3=0.75-(0.125x_3+0.375x_4)$$

显然，在 x_1 取整数的条件下，等式左端应为整数，因此右端也应为整数。但根据约束条件，在变量非负的条件下，由于右端括号中为正数且必不在 0～0.75 之间(否则右端为小数，这是不可能的)，于是得到割平面方程或割约束为

$$0.75-(0.125x_3+0.375)x_4\leqslant 0\text{(该割约束实际等价于 }x-3\leqslant 0\text{)}$$

如果基变量的非整数部分的绝对值相等，可以同时得到两个割平面方程，或者将两个割平面方程一起使用，或者选择其中切割条件较强的一个。

第三步，将割平面方程加到第一步所得到的最优单纯形表中，得到另外一个新的松弛问题。用对偶单纯形法求解该问题，如获得最优解则计算终止，否则回到第二步继续进行。在这一步，为了将构成的割约束加到单纯形表中，通常要在割约束中引入松弛变量，使其由不等式约束变为等式约束。引入松弛变量 x_5，则割约束为

$$-0.125x_3-0.375x_4+x_5=-0.75$$

加入割约束以后的单纯形计算表见表 4-6。

表 4-6 加入割约束的单纯形表

		x_1	x_2	x_3	x_4	x_5
Z	-37.5	0	0	-2.25	-1.75	0
x_2	1.5	0	1	0.25	-0.25	0
x_1	3.75	1	0	0.125	0.375	0
x_5	-0.75	0	0	-0.125	(-0.375)	1
Z	-34	0	0	-5/3	0	-14/3
x_2	2	0	1	1/3	0	-2/3
x_1	3	1	0	0	0	1
x_4	2	0	0	1/3	1	-8/3

由于 $\min\left\{\frac{-2.25}{-0.125}, \frac{-1.75}{-0.375}\right\}=\min\left\{18, \frac{14}{3}\right\}=\frac{14}{3}$，所以选 x_4 入基，x_5 出基。给割约束行分别乘以 $+1$、$-\frac{2}{3}$ 和 $-\frac{14}{3}$ 后加到 x_1、x_2 和 Z 所在行即可。$x_1=3$ 和 $x_2=2$ 已为整数解，且检验数已无正分量，则已得到最优整数解。

本例是一个简单问题，只需要一次迭代和一个割约束就得到了整数最优解。

割平面法形成的割约束具有两个重要的特性。一是所加入的割约束不会割去任何整数解。以本例来说，由于新增加的割约束等价于 $x_1-3\leqslant 0$，满足新的割约束，而在松弛问题的最优解中 $x_1=3.75$，即不超过 4，所以它不会割去任何整数解。二是线性规划松弛问题的最优解不满足新的割约束。这是因为，在松弛问题的最优解中，非基变量都取零值，而由非基变量构成的割约束则不允许非基变量同时取零值，否则不等式就无法成立。因此当前的最优解不满足新加入的割约束，该解将从可行域中被割去。割平面法具有很重要的理论意义，但在实际应用中并不如分支定界法效率高，因此商用软件很少用该方法。

4.3 求解 0—1 整数规划的隐枚举法

0—1 规划是一种特殊的纯整数规划。求解 0—1 整数规划的隐枚举法不需要用单纯形方法求解线性规划问题。它的基本思路是从所有变量等于零出发，依次指定一些变量为 1，直至得到一个可行解，并将它作为目前最好的可行解。此后，依次检查变量等于 0 或 1 的某些组合，以便使目前最好的可行解不断加以改进，最终获得最优解。隐枚举法不同于穷举法，它不需要将所有可行的变量组合一一列表。它通过分析、判断，排除了许多变量组合作为最优解的可能性。

隐枚举法的实质也是分支定界法。下面举例说明隐枚举法的求解过程。

【例 4.8】 求解下列整数规划

$$\max Z=3x_1-2x_2+5x_3$$

$$s.t.\begin{cases}x_1+2x_2-x_3\leqslant 2\\ x_1+4x_2+x_3\leqslant 4\\ x_1+x_2\leqslant 3\\ x_j=0\text{ 或 }1(j=1,2,3)\end{cases}$$

解： 这是一个 0—1 规划，用隐枚举法。

第一步，先取一个可行解 $x^{(0)}=(1, 0, 0)$，有 $Z_0=3$。

第二步，引进过滤约束 $Z_1\geqslant Z_0$，在本例中即 $3x_1-2x_2+5x_3\geqslant 3$。这是因为，初始可行解的目标值已为 3，要继续寻找的可行解当然应该使目标函数值大于 3，所以原问题变为

$$\max Z=3x_1-2x_2+5x_3$$

$$s.t.\begin{cases}3x_1-2x_2+5x_3\geqslant 3\\ x_1+2x_2-x_3\leqslant 2\\ x_1+4x_2+x_3\leqslant 4\\ x_1+x_2\leqslant 3\\ x_j=0\text{ 或 }1(j=1,2,3)\end{cases}$$

第三步，求解新的规划问题。

按照穷举法的思路，应依次检查各种变量组合，每得到一个可行解，就求出它的目标函数 Z_2，看 $Z_2 \geqslant Z_1$ 是否成立，若成立则将原来的约束变为 $Z_2 \geqslant Z_1$。

按照隐枚举法，过滤约束是所有约束条件中最重要的一个，因此应先检查可行解是否满足它，如不满足，其他的约束就不必检查了。这也正是过滤约束的基本含义。

本例题的求解过程见表 4-7。

表 4-7　例 4.8 的求解过程

解组合	Z 值	过滤约束	约束条件	解组合	Z 值	过滤约束	约束条件
(0，0，0)	0	—	√	(1，1，0)		×	
(0，0，1)	5	√	√	(0，1，1)		×	
(0，1，0)		×		(1，0，1)	8	√	√
(1，0，0)		×		(1，1，1)		×	

其最优解为 $Z_1(1, 0, 1)=8$。

隐枚举法也可以用于求解最小化问题。如果问题的目标函数为最小化，可先让所有的 0—1 变量取 1，然后逐一检查每一个变量取 0 的情况，要求要能使目标函数进一步减小并使解仍为可行解。

4.4　指派问题的求解方法

4.4.1　指派问题的数学模型

在现实生活中，经常会遇到这样一类问题，某单位需要完成 n 项任务，恰好有 n 个人可承担这些任务。由于每人的专长不同，因而完成不同任务所费时间或效率也不同。于是指派哪个人去完成哪项任务，才能使完成 n 项任务的总效率最高(或所需总时间最小)。这类问题称为指派问题或分派问题(assignment problem)。

类似的问题有：有 n 项加工任务，怎样指派到 n 台机床上分别完成的问题；有 n 条航线，怎样指派 n 艘船去航行的问题等。对应每个指派问题，都需要有一个系数矩阵 $\boldsymbol{C}$，其元素 $c_{ij}>0(i, j=1, 2, \cdots, n)$表示指派第 i 个人去完成第 j 项任务时的效率(或时间、成本等)。设 0—1 变量 x_{ij} 表示分配第 i 个人去完成第 j 项任务。当问题要求是极小化时，一般的分配模型可表示为

$$\min Z = \sum_{i=1}^{n}\sum_{j=1}^{n} c_{ij}x_{ij}$$

$$s.t.\begin{cases}\sum_{i=1}^{n} x_{ij} = 1 & (j = 1, 2, \cdots, n)\\ \sum_{j=1}^{n} x_{ij} = 1 & (i = 1, 2, \cdots, n)\\ x_{ij}\text{ 取 0 或 1} & (i = 1, 2, \cdots n;\ j = 1, 2, \cdots, n)\end{cases}$$

这就是$n-n$分派问题。其中第一个约束条件说明每一项任务都只能由一个人去完成，第二个约束条件说明每人都只能完成一项任务。

4.4.2 指派问题的求解方法

指派问题是0—1规划的特例，也是运输问题的特例，即在运输问题中，$n=m$，$a_j=b_i=1$。当然可以用整数规划、0—1规划或运输问题的解法去求解。但同时它又属于一种特例，可以利用指派问题的特点寻求更简便的解法。

指派问题的最优解具有这样的性质，若从系数矩阵$\boldsymbol{C}$的一行(列)各元素中分别减去该行(列)的最小元素，得到新矩阵$\boldsymbol{B}$，那么以$\boldsymbol{B}$矩阵为系数矩阵求得的最优解和原系数矩阵求得的最优解相同。利用这一性质，数学家库恩(W. W. Kuhn)于1955年提出了指派问题的解法。他引用了匈牙利数学家康尼格的一个关于矩阵中0元素的定理：系数矩阵中0元素最多个数等于能覆盖所有0元素的最小直线数。这种解法称为匈牙利法。以后在方法上虽有不断改进，但仍使用这个名称。

采用匈牙利法的求解步骤如下。

第一步，使指派问题的系数矩阵经过变换，在各行各列中都出现0元素。

(1) 从系数矩阵的每行元素中减去该行的最小元素。

(2) 再从所得系数矩阵的每列元素中减去该列的最小元素。若每行(列)已有0元素，那就不必再减了。

第二步，进行试指派，以寻求最优解。为此，按以下步骤进行。

经第一步变换后，系数矩阵中每行每列都已经有了0元素；但须找出n个独立的0元素(即行或列中只有一个0的0元素)。若能找出，就以这些独立0元素对应的元素为1，其余为0，这就得到最优解。在n较小时，可用观察法、试探法去找出n个独立的0元素。若n较大时，就必须按照一定的步骤去找，常用的步骤如下。

(1) 从只有一个0元素的行(列)开始，给这个0元素做标记，如在下面画线，记为$\underline{0}$。表示对这行所代表的人，只有一种任务可指派。然后划去$\underline{0}$所在列(行)的其他0元素，记为ϕ，表示这列所代表的任务已指派完，不必再考虑别人了。

(2) 再从只有一个0元素的列(行)开始，给这个0元素加上标记，将其所在的行(列)划去的0元素划去，记为ϕ。

(3) 反复进行(1)、(2)两步骤，直到所有0元素都做标记和划掉为止。

(4) 若同行(列)的0元素至少有两个(表示对这人可以从两项任务中指派其一)。这可用不同的方案来试探。从剩有0元素最少的行(列)开始，比较这行各0元素所在列中0元素的数目，选择0元素少的那列(行)的这个0元素画线(表示选择性较多的要“礼让”选择性少的)，然后划掉该列(行)。可反复进行，直到所有列(行)划掉为止。

(5) 若标记0元素的数目m等于矩阵的阶数n，那么这个指派问题已得到最优解。过程结束后，被画线的0的位置(c_{ij})，对应x_{ij}取1，其余的x_{ij}取0。

现通过具体实例来说明匈牙利法在求解指派问题中的应用过程。

【例4.9】 有一份中文说明书，须译成英、日、德、俄4种文字，分别记为E、J、G、R。现有甲、乙、丙、丁4人，他们将中文说明书翻译成不同语种说明书所需时间见表4-8。问应指派何人去完成何工作，才能使所需总时间最少？

表 4-8　翻译所需时间信息

人员 \ 任务	E	J	G	R
甲	2	15	13	4
乙	10	4	14	15
丙	9	14	16	13
丁	7	8	11	9

解：第一步，使指派问题的系数矩阵经过变换，在各行各列中都出现 0 元素。

$$\boldsymbol{C}=\begin{bmatrix}2&15&13&4\\10&4&14&15\\9&14&16&13\\7&8&11&9\end{bmatrix}\begin{matrix}\text{min}\\2\\4\\9\\7\end{matrix}\rightarrow\begin{bmatrix}0&13&11&2\\6&0&10&11\\0&5&7&4\\0&1&4&2\end{bmatrix}\rightarrow\begin{bmatrix}0&13&7&0\\6&0&6&9\\0&5&3&2\\0&1&0&0\end{bmatrix}=\boldsymbol{B}$$

$$\begin{matrix}&&4&2&\text{min}\end{matrix}$$

第二步，若从行开始找独立的 0 元素，然后划掉该 0 元素所在的列。先按步骤(1)，找到第 2 行，在 b_{22}元素下划线；再找到第 3 行，在 b_{31}元素下划线，同时划去 b_{11}、b_{41}；按步骤(2)，在 b_{43}下划线，同时划去 b_{44}，最后给 b_{14}下划线，得到

$$\begin{bmatrix}\phi&13&7&\underline{0}\\6&\underline{0}&6&9\\\underline{0}&5&3&2\\\phi&1&\underline{0}&\phi\end{bmatrix}$$

此时 $\boldsymbol{X}$ 对应元素 b_{22}、b_{31}、b_{14}、b_{43}取 1，其余元素取 0，

$$\boldsymbol{X}=\begin{bmatrix}0&0&0&1\\0&1&0&0\\1&0&0&0\\0&0&1&0\end{bmatrix}$$

结果表示：指定甲译出俄文，乙译出日文，丙译出英文，丁译出德文。所需总时间最少为 $\min Z=\sum_{i=1}^{4}\sum_{j=1}^{4}c_{ij}x_{ij}=c_{31}+c_{22}+c_{43}+c_{14}=28$(小时)。

以上讨论限于极小化的指派问题。对极大化问题，即求 $\max Z=\sum_{i}\sum_{j}c_{ij}x_{ij}$ 时，可令 $b_{ij}=M-c_{ij}$，其中 M 是足够大的常数(如选 c_{ij} 中最大元素为 M 即可)，这时系数矩阵可变换为

$$\boldsymbol{B}=(b_{ij})$$

这时 $b_{ij}\geqslant0$，符合匈牙利法的条件。

目标函数经变换后，即解

$$\min Z' = \sum_i \sum_j b_{ij} x_{ij}$$

因为

$$\begin{aligned}\sum_i \sum_j b_{ij} x_{ij} &= \sum_i \sum_j (M - c_{ij}) x_{ij} \\ &= \sum_i \sum_j M x_{ij} - \sum_i \sum_j c_{ij} x_{ij} \\ &= nM - \sum_i \sum_j c_{ij} x_{ij}\end{aligned}$$

而 nM 为常数，所以当 $\sum_i \sum_j b_{ij} x_{ij}$ 取最小时，$\sum_i \sum_j c_{ij} x_{ij}$ 便为最大。因此解 $Z' = \sum_i \sum_j b_{ij} x_{ij}$ 的最小解就是原问题 $Z = \sum_i \sum_j c_{ij} x_{ij}$ 的最大解。

4.5 应用案例

案例 1

华安机械厂的车间搬迁方案

华安机械厂的潘厂长正考虑将该厂的一部分在市区的生产车间搬至该市的卫星城镇，这样做的好处是土地、房租费及排污处理费用等都比较便宜，但会增加车间之间的交通运输费用。

该厂原在市区车间有 A、B、C、D、E 这 5 个，计划搬迁去的卫星城镇有甲、乙两处。规定无论留在市区或甲、乙两卫星城镇均不得多于 3 个车间。

从市区搬至卫星城带来的年费用节约见表 4－9。

表 4－9　搬迁带来的费用节约　　单位：万元/年

	A	B	C	D	E
搬至甲	100	150	100	200	50
搬至乙	100	200	150	150	150

但搬迁后带来运输费用增加由 C_{ik} 和 D_{jl} 值确定。C_{ik} 为 i 和 k 车间之间的年运量，D_{jl} 为市区同卫星城镇间单位运量的运费，具体数据分别见表 4－10 和表 4－11。

表 4－10　C_{ik} 值　　单位：元/吨

	B	C	D	E
A	0	1000	1500	0
B		1400	1200	0
C			0	2000
D				700

表 4-11 D_{jl} 值 单位：元/吨

	甲	乙	市区
甲	50	140	130
乙		50	90
市区			50

试为该厂提供一个决策建议方案，哪几个车间搬至卫星城镇及搬至甲还是乙，能带来最大的经济效益？

案例 2

便民超市的网点布置

某市规划在其远郊建一个卫星城镇，下设 20 个街区，如图 4.4 所示。各街区居民数预期为 1、4、9、13、17、20 各 12000 人；2、3、5、8、11、14、19 各 14000 人；6、7、10、12、15、16、18 各 15000 人。便民超市准备在上述街区进行布点。根据方便就近的原则，在某一街区设点，该点将服务于该街区及相邻街区。例如，在编号为 3 的街区设一超市点，它服务的街区为 1，2，3，4，6。由于受经费限制，便民超市将在上述 20 个街区内先设两个点，请提供建议，在哪两个街区设点服务的居民人数最多？

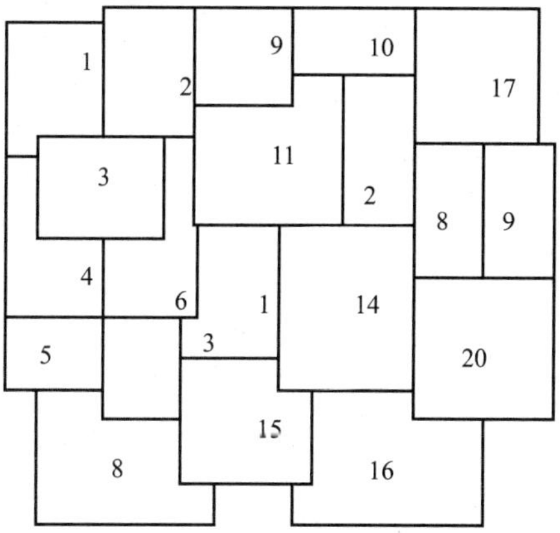

图 4.4 某卫星城镇的街区分布图

习 题

1. 整数规划为什么不能通过四舍五入方法对线性规划松弛问题的最优解取整得到？
2. 试分析割平面法与分支定界法有什么相类似或相联系的地方。
3. 既然指派问题是运输问题的特例，它的基变量为什么不是 $2n-1$ 个？
4. 用分支定界法求解下列各题。

(1) $\max Z=5x_1+2x_2$

$$s.t.\begin{cases}3x_1+x_2\leqslant 12\\ x_1+x_2\leqslant 5\\ x_1,\ x_2\geqslant 0 \text{ 且为整数}\end{cases}$$

(2) $\max Z=2x_1+3x_2$

$$s.t.\begin{cases}x_1+2x_2\leqslant 10\\ 3x_1+4x_2\leqslant 25\\ x_1,\ x_2\geqslant 0 \text{ 且为整数}\end{cases}$$

5. 用割平面法求解下列各题。

(1) $\min Z=6x_1+8x_2$

$$s.t.\begin{cases}3x_1+\ x_2\geqslant 4\\ x_1+2x_2\geqslant 4\\ x_1,\ x_2\geqslant 0 \text{ 且整数}\end{cases}$$

(2) $\max Z=3x_1+4x_2$

$$s.t.\begin{cases}3x_1+2x_2\leqslant 8\\ x_1+5x_2\leqslant 9\\ x_1,\ x_2\geqslant 0 \text{ 且为整数}\end{cases}$$

6. 解 0—1 整数规划。

(1) $\max Z=4x_1+3x_2+2x_3$

$$s.t.\begin{cases}2x_1-5x_2+3x_3\leqslant 4\\ 4x_1+\ x_2+3x_3\geqslant 3\\ x_2+\ x_3\geqslant 1\\ x_1,\ x_2,\ x_3=0 \text{ 或 } 1\end{cases}$$

(2) $\min Z=2x_1+5x_2+3x_3+4x_4$

$$\begin{cases}-4x_1+\ x_2+\ x_3+\ x_4\geqslant 0\\ -2x_1+4x_2+2x_3+4x_4\geqslant 4\\ x_1+\ x_2-\ x_3+\ x_4\geqslant 1\\ x_1,\ x_2,\ x_3,\ x_4=0 \text{ 或 } 1\end{cases}$$

7. 有 4 项工作 A、B、C、D 需要 4 个工人完成，每人完成每项工作所需时间见表 4-12，试确定总效率最好的指派方案。

表 4-12　完成工作所需时间信息

工人 \ 所需时间/小时 \ 工作	A	B	C	D
甲	2	10	9	7
乙	15	4	14	8
丙	13	14	16	11
丁	4	15	13	9

8. 有 5 项工作需要 5 个工人完成，每人完成每项工作所需时间见表 4-13，试确定总效率最好的指派方案。

表 4-13　完成工作所需时间信息

人员 \ 任务	A	B	C	D	E
甲	12	7	9	7	9
乙	8	9	6	6	6
丙	7	17	12	14	9
丁	15	14	6	6	10
戊	4	10	7	10	9

关键词及其英文对照

整数规划	integer programming
混合整数规划问题	mix integer programming question
松弛问题	relaxation
分支定界法	branch and bound method
隐枚举法	implicit enumeration method
割平面法	cutting-plane method
匈牙利法	hungarian method
背包问题	knapsack problem
指派问题	assignment problem

第5章 动态规划

在现实中，经常会碰到需要做前后相互关联的具有链状结构的多次决策才可以解决的问题，也经常会遇到一些经过巧妙设计后可以转化为具有上述多次决策特点而得以解决的问题，一般称这样的问题为多阶段决策问题。例如：许多工程项目都能根据工程进度或者空间位置等，被分解成相应于整个事件的多个阶段来进行计划；许多涉及要求回报最大的资金投入问题，都能通过将不同的投资方案表示成不同阶段的方式进行规划；也有一些静态规划(如线性规划、非线性规划等)在人为引入“时间”因素后，可以转化为多阶段决策的问题。而动态规划就是解决这些问题的最常用的方法之一。

动态规划是运筹学的另外一个分支，其核心在于将问题公式化。也可以说，动态规划是将多阶段决策问题进行公式化的一种技术。这种技术的名称是由 Richard Bellman (1957) 创造的，他发展了动态规划，也写出了这方面的第一本书。从那以后，Bellman、Dreyfus (1962)、Hadley (1964)、Lvemhauser (1966)和 White (1969)也相继出版了一些有关的书。虽然动态规划的历史并不长，但由于其强大的功能而使人们给予了很大的重视，也使得动态规划能够被成功地用来解决许多领域的问题，包括工程、军事和商业等领域。当然，大家也必须清楚，如同其他技术一样，动态规划也有其自身无法克服的弱点：一方面是大量的中间计算结果要求记录，造成对内存的较大需求；另一方面是由于没有统一的标准模型，使得动态规划的应用难度增加。由于动态规划问题的内容庞大、覆盖面大，靠一本书的单个章节无法展开，因此，这里也仅能尽力介绍动态规划的基本内容，希望读者能掌握其基本思想和入门知识，有兴趣的读者可以阅读动态规划的一些专著。

5.1 动态规划问题的基本概念和数学模型

5.1.1 动态规划问题的基本概念

先看下面的两道例题。

【例5.1】 如图5.1所示，在 A 处有一水库，现需从 A 点铺设一条管道到 E 点，弧上的数字表示与其相连的两个地点之间所需修建的渠道长度，找出一条由 A 到 E 的修建线路，使得所需修建的渠道长度最短。

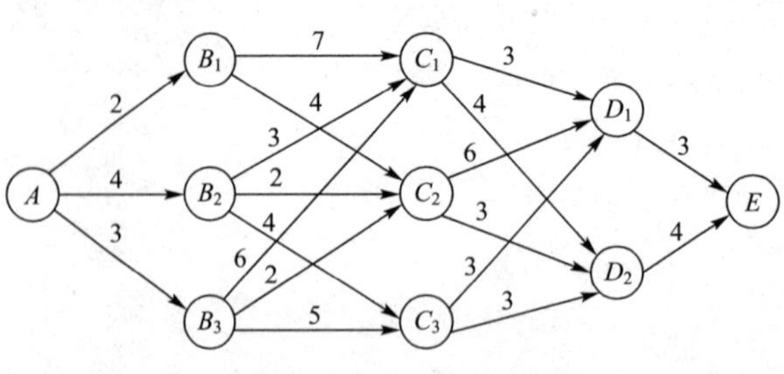

图5.1 例5.1示意图

【例 5.2】 未来 4 个月里，某公司利用一个仓库经销某种商品。该仓库最多可以容纳该商品 1000 吨，每月中旬定购商品，并于下月初取到订货。据估计今后 4 个月这种商品的购价 p_k 和售价 q_k 见表 5-1。假定商品在第一个月初开始经销时，仓库已经存有该种商品 500 吨，每月市场不限，问：应如何计划每个月的订购与销售数量，使这 4 个月的总利润最大(不考虑仓库的存储费用)？

表 5-1　4 个月中商品的购价 p_k 元/吨和售价 q_k 元/吨

月份 k	购价 p_k	售价 q_k	月份 k	购价 p_k	售价 q_k
1	10	12	3	11	13
2	8	9	4	15	17

下面结合以上两个实例来介绍动态规划问题的基本概念。

1. 阶段与阶段变量

阶段是针对所给的问题，依据其若干个相互联系的不同部分，给出的对整个过程的自然划分。通常根据时间顺序或空间特征来划分阶段，以便按阶段的次序解决优化问题。从数学角度看，我们引入了一个变量来表示阶段，通常称为阶段变量，记为 k。如果将整个问题分成了 n 个阶段，则 $k=1, 2, \cdots, n$。如例 5.1 中，在从 $A \sim E$ 的过程中，依据按位置所做决策的次数及所做决策的先后次序，将问题分为 4 个阶段，记为 $k=1, 2, 3, 4$；例 5.2 中，在从第一个月到第四个月的整个经销过程中，依据按月所做决策的次数及所做决策的先后次序，将问题分为 4 个阶段，记为 $k=1, 2, 3, 4$。

2. 状态与状态变量

状态就是决策者在做决策时所依据的某一阶段开始时或结束时所处的自然状况或客观条件，如资源量、地理位置等，它描述过程的特征并且具有无后效性，即当某阶段的状态给定时，这个阶段以后过程的演变与该阶段以前的状态无关，而只与当前的状态有关。描述第 k 阶段状态的变量就是状态变量，通常记为 s_k。在例 5.1 中，每一阶段的位置就是这一阶段做决策时的自然状态，如 $s_1=A$；在例 5.2 中，每一阶段的库存量就是这一阶段做决策时的自然状态，如 $s_1=500$ 等。通常，状态变量 s_k 的取值有一定的范围，称为第 k 阶段的状态可能集，记为 S_k。如例 5.1 中，$S_2=\{B_1, B_2, B_3\}$ 等；在例 5.2 中，$S_k=\{s_k \mid 0 \leqslant s_k \leqslant 1000\}$，$k=1, 2, 3, 4$。

3. 决策与决策变量

决策就是决策者在过程处于某一阶段的某个状态时，面对下一阶段的状态做出的选择或决定。在最优控制问题中，也称为控制。描述决策的变量称为决策变量。通常用 $d_k(s_k)$ 来表示第 k 阶段 s_k 状态下决策者所做的决策。在实际中，在 s_k 状态下，决策者可以选择的方案是在一个范围内，也就是 $d_k(s_k)$ 允许取值的范围，把这个范围称为 s_k 状态下的允许决策集，记为 $D_k(s_k)$。在例 5.1 中，做决策，就是在所处位置选择下一步应遵循的路线，如在状态 B_2 处做决策，就是从 $D_2(B_2)=\{B_2C_1, B_2C_2, B_2C_3\}$ 中选取一条路线，此时如果再假设选取了路线 B_2C_1，那么决策者在 B_2 处所做的决策就是 B_2C_1，即就是 $d_2(B_2)=B_2C_1$，而状态 B_2 处允许决策集就是 $D_2(B_2)=\{B_2C_1, B_2C_2, B_2C_3\}$，其结果是确定了下一阶

段的状态 C_1。在例 5.2 中，做决策就是在第 k 阶段当前库存量为 s_k 的情况下，决定当月的订购量和销售量，在依次引入决策变量 $d_{k1}(s_k)$，$d_{k2}(s_k)$ 和与其相应的允许决策集 $D_k(s_k)=\{(d_{k1}(s_k), d_{k2}(s_k))\mid 0\leqslant d_{k1}(s_k)\leqslant 1000-s_k+d_{k2}(s_k),\ 0\leqslant d_{k2}(s_k)\leqslant s_k\}$ 后，做决策就是在相应的允许决策集内确定一组 $d_{k1}(s_k)$，$d_{k2}(s_k)$ 值。当然这时也恰好确定了下一阶段的状态，即仓库的库存量 s_{k+1}。

4. 策略

策略就是决策者按照不同阶段依次做的决策序列。通常把从第 k 阶段 s_k 状态开始而到终止状态的决策序列，称为 k 后部子策略，简称为 k 子策略，记为 $p_{kn}(s_k)$，即

$$p_{kn}(s_k)=\{d_k(s_k),\ d_{k+1}(s_{k+1}),\ \cdots,\ d_n(s_n)\}。$$

把从第一阶段 s_1 状态开始的子策略称为全策略，简称策略，记为 $p_{1n}(s_1)$，有

$$p_{1n}(s_1)=\{d_1(s_1),\ d_2(s_2),\ \cdots,\ d_n(s_n)\}$$

如例 5.1 中，$A\to B_2\to C_3\to D_1\to E$ 就是从起始状态 A 开始的一个全策略，而 $C_2\to D_1\to E$ 为从第 3 阶段 C_2 状态开始的一个 3 子策略。如例 5.2 中，若每个阶段既不订购也不销售，即 $d_{k1}(s_k)=0$，$d_{k2}(s_k)=0$，$k=1, 2, 3, 4$，则 $p_{14}(s_1)=\{(0, 0), (0, 0), (0, 0), (0, 0)\}$ 为从起始状态 $s_1=500$ 开始的一个全策略，而 $p_{24}(s_2)=\{(0, 0), (0, 0), (0, 0)\}$ 为第 2 阶段 s_2 状态开始的一个 2 子策略。

在实际问题中，可供选择的策略有一定的范围，此范围称为允许策略集合，用 P_{kn} 表示。把允许策略集合中达到最优效果的策略称为最优策略。

类似的有前部 k 子策略和全策略，记为 $p_{1k}(s_{k+1})$ 和 $p_{1n}(s_{n+1})$，即 $p_{1k}(s_{k+1})=\{d_1(s_2),\ d_2(s_3),\ \cdots,\ d_k(s_{k+1})\}$ 和 $p_{1n}(s_{n+1})=\{d_1(s_2),\ d_2(s_3),\ \cdots,\ d_n(s_{n+1})\}$。

5. 状态转移方程

通常在第 k 阶段某个确定的状态 s_k 下，一旦决策变量 $d_k(s_k)$ 确定，则第 $k+1$ 阶段的状态 s_{k+1} 也就确定，将这一过程称为状态转移。如例 5.1 中，在第二阶段状态 $s_2=B_2$ 下做决策 $d_2(B_2)=C_3$ 后，则当转移到第三阶段时，状态便已确定为 $s_3=C_3$；例 5.2 中，在第二阶段状态 s_2 下做了决策 $d_{21}(s_2)$ 和 $d_{22}(s_2)$ 后，则当转移到第三阶段时，状态便已确定为 $s_3=s_2+d_{21}(s_2)-d_{22}(s_2)$。状态转移描述了相邻阶段的状态与状态之间的关联关系，称这一关联关系的数学描述为状态转移方程。通常把描述第 k 阶段 s_k 状态到第 $k+1$ 阶段 s_{k+1} 状态规律的函数记为：$s_{k+1}=T_k(s_k,\ d_k(s_k))$。

同时对第 $k+1$ 阶段的状态 s_{k+1}，一旦第 k 阶段达到 s_{k+1} 的决策变量取定，则第 k 阶段状态 s_k 也可以反推确定。这是状态转移的另外一种方式，把这一函数记为 $s_k=T_k(s_{k+1},\ d_k(s_{k+1}))$。它表示若在从第 k 阶段到达第 $k+1$ 阶段状态 s_{k+1} 的过程中，做出的决策是 $d_k(s_{k+1})$，则第 k 阶段起始状态为 s_k。

6. 指标函数和最优函数

把衡量某一阶段决策效果的数量指标，称为阶段指标，记为 $v_k(s_k,\ d_k(s_k))$。指标可以是距离、利润、成本、产量和资源消耗等。通俗地讲，就是某一阶段决策对目标的贡献。如例 5.1 中，$v_1(A,\ AB_2)$ 描述了第一阶段在位置状态为 A 的情况下，选择 AB_2 路线时，此项决策的优劣，具体地讲 $v_1(A,\ AB_2)=4$ 表示 AB_2 路线的距离为 4；如例 5.2 中，$v_1(s_1,\ d_{11}(s_1),\ d_{12}(s_1))$ 描述第一阶段，也就是第一个月，在库存状态 s_1 的情况下，决定

订购 $d_{11}(s_1)$、销售 $d_{12}(s_1)$时，此决策的优劣，具体地讲 $\nu_1(s_1, d_{11}(s_1), d_{12}(s_1))=q_1 d_{12}(s_1)-p_1 d_{11}(s_1)$表示第一个月所做决策 $d_{11}(s_1)$、$d_{12}(s_1)$给该企业带来的利润。

把衡量所采用的子策略优劣的数量指标称为指标函数，它是定义在全策略集和所有子策略上的数量函数，用 $V_{kn}(s_k, p_{kn}(s_k))$表示，即

$V_{kn}(s_k, p_{kn}(s_k))=\nu_{k+1}(s_k, d_k(s_k);\ s_{k+1}, d_{k+1}(s_{k+1});\ \cdots;\ s_n, d_n(s_n))$，$k=1, 2, 3, \cdots, n$

通俗地讲，就是 k 子策略对目标的贡献。通常指标函数与阶段指标应具有下述关系

$$V_{kn}(s_k, p_{kn}(s_k)) = \sum_{i=k}^{n} \oplus \nu_i(s_i, d_i(s_i))$$

其中，$\oplus$依具体情况而定，一般表示加法或乘法。指标函数的最优值，称为最优值函数，记为 $f_k(s_k)$，即

$$f_k(s_k)=\underset{p_{kn}(s_k)\in P_{1n}(s_k)}{\text{opt}} \nu_{kn}(s_k, p_{kn}(s_k)) \tag{5-1}$$

其中，opt 依具体情况取 max 或 min，它表示在从第 k 阶段的状态 s_k开始到第 n 阶段的终止状态 s_{n+1}的允许策略集中，采用最优 k 子策略所得到的指标函数值。如例 5.1 中，有 $f_3(C_2)$表示从第 3 阶段当前状态 C_2开始的后部自子策略中最优的指标，即 C_2至 E 的最短距离，具体有

$$f_3(C_2)=\min\{\nu_3(C_2, C_2D_1)+\nu_4(D_1, D_1E), \nu_3(C_2, C_2D_2)+\nu_4(D_2, D_2E)\}$$

在例 5.2 中，$f_2(s_2)$表示第 2 阶段还有库存 s_2的情况下，经营到合同期满时，企业所能获得的最大利润，具体有

$$f_2(s_2)=\max_{p_{24}(s_2)\in P_{24}(s_2)}\{\nu_2(s_2, d_{21}(s_2), d_{22}(s_2))+\nu_3(s_3, d_{31}(s_3), d_{32}(s_3))+\nu_4(s_4, d_{41}(s_4), d_{42}(s_4))\}$$

类似地有前部 k 子策略的指标函数和最优函数与全策略的指标函数和最优值函数，依次如下

$$V_{1k}(s_{k+1}, p_{1k}(s_{k+1})) = \sum_{i=1}^{k} \oplus \nu_i(s_{i+1}, d_i(s_{i+1}))$$

$$f_k(s_{k+1})=\underset{p_{1k}(s_{k+1})\in P_{1k}(s_{k+1})}{\text{opt}} \nu_{1k}(s_{k+1}, p_{1k}(s_{k+1}))$$

$$V_{1n}(s_{n+1}, p_{1n}(s_{n+1})) = \sum_{i-1}^{n} \oplus \nu_i(s_{i+1}, d_i(s_{i+1}))$$

$$f_n(s_{n+1})=\underset{p_{1n}(s_{n+1})\in P_{1n}(s_{n+1})}{\text{opt}} \nu_{1n}(s_{n+1}, p_{1n}(s_{n+1}))$$

5.1.2 动态规划问题的数学模型

一般来说，动态规划模型包括 5.1.1 节 1～6 中所提到的诸要素。很显然，要建立动态规划问题的模型，通常可按以下步骤来进行。

(1) 把问题的过程划分为恰当的 n 个阶段，引入阶段变量 k。

(2) 正确选择状态变量 s_k，使它既能描述过程的演变，又能满足无后效性，同时给出状态可能集 S_k。

(3) 确定决策变量 $d_k(s_k)$及每个阶段的允许决策集 $D_k(s_k)$。

(4) 写出状态转移方程。

(5) 指出阶段指标及指标函数。

(6) 写出最优函数。

5.2 动态规划问题的最优化原理与求解

5.2.1 动态规划问题的最优化原理

下面先研究例 5.1 这个特殊问题的求解。

最短路线问题有一个重要特性：如图 5.1 所示，如果决策者处于状态 A，其面临 3 种选择，即 $D_1(A)=\{AB_1, AB_2, AB_3\}$。那么决策者在选择路线时自然会考虑下一阶段选择 $D_1(A)$ 中哪一条路线，或者经 $\{B_1, B_2, B_3\}$ 中哪个节点到 E 的距离最短。但经其中每个节点到 E 又有多条路线，为了比较，在考虑经 B_1 的路线时，决策者定取经过 B_1 到达 E 的路线中路程最短的，其距离为 $\nu_1(A, AB_1)+f_2(B_1)$，其中，$f_2(B_1)$ 表示从第二阶段当前状态 B_1 开始的后部自子策略中最优的指标，即 B_1 至 E 的最短距离(本例中，以下最优函数意义类似)；考虑经 B_2 的路线时，决策者定取经过 B_2 到达 E 的路线中路程最短的，其距离为 $\nu_1(A, AB_2)+f_2(B_2)$；考虑经 B_3 的路线时，决策者定取经过 B_3 到达 E 的路线中路程最短的，其距离为 $\nu_1(A, AB_3)+f_2(B_3)$；然后从这 3 条路线中找出最短路线，其路程为

$$f_1(A)=\min\begin{Bmatrix}AB_1+f_2(B_1)\\AB_2+f_2(B_2)\\AB_3+f_2(B_3)\end{Bmatrix}=\min_{d_1(A)\in D_1(A)}\{\nu_1(A, d_1(A))+f_2(s_2)\}$$

注意：为表述简单，这里用 AB_1，AB_2，AB_3 表示其对应的路线的距离，以下类似。其中，$s_2=T_1(A, d_1(A))$；同样决策者位于状态 B_1 时，仍面临两种选择，即 $D_2(B_1)=\{B_1C_1, B_1C_2\}$，其中从 B_1 开始经 C_1 的路线中，最短路程为 $\nu_2(B_1, B_1C_1)+f_3(C_1)$，从 B_1 开始经 C_2 的路线中，最短路程为 $\nu_2(B_1, B_1C_2)+f_3(C_2)$，从而

$$f_2(B_1)=\min\begin{Bmatrix}B_1C_1+f_3(C_1)\\B_1C_2+f_3(C_2)\end{Bmatrix}=\min_{d_2(B_1)\in D_2(B_1)}\{\nu_2(B_1, d_2(B_1))+f_3(s_2)\}$$

其中，$s_3=T_2(B_1, d_2(B_1))$，$D_2(B_1)=\{B_1C_1, B_1C_2\}$。

类似地有

$$f_2(B_2)=\min\begin{Bmatrix}B_2C_1+f_3(C_1)\\B_2C_2+f_3(C_2)\\B_2C_3+f_3(C_3)\end{Bmatrix}=\min_{d_2(B_2)\in D_2(B_2)}\{\nu_2(B_2, d_2(B_2))+f_3(s_2)\}$$

其中，$s_3=T_2(B_2, d_2(B_2))$，$D_2(B_2)=\{B_2C_1, B_2C_2, B_2C_3\}$。

$$f_2(B_3)=\min\begin{Bmatrix}B_3C_1+f_3(C_1)\\B_3C_2+f_3(C_2)\\B_3C_3+f_3(C_3)\end{Bmatrix}=\min_{d_2(B_3)\in D_2(B_3)}\{\nu_2(B_3, d_2(B_3))+f_3(s_2)\}$$

其中，$s_3=T_2(B_3, d_2(B_3))$，$D_2(B_3)=\{B_3C_1, B_3C_2, B_3C_3\}$。

$$f_3(C_1)=\min\begin{Bmatrix}C_1D_1+f_4(D_1)\\C_1D_2+f_4(D_2)\end{Bmatrix}=\min_{d_3(C_1)\in D_3(C_1)}\{\nu_3(C_1, d_3(C_1))+f_4(s_4)\}$$

其中，$s_4=T_3(C_1, d_3(C_1))$，$D_3(C_1)=\{C_1D_1, C_1D_2\}$。

$$f_3(C_2)=\min\begin{Bmatrix}C_2D_1+f_4(D_1)\\C_2D_2+f_4(D_2)\end{Bmatrix}=\min_{d_3(C_2)\in D_3(C_2)}\{\nu_3(C_2,\ d_3(C_2))+f_4(s_4)\}$$

其中，$s_4=T_3(C_2,\ d_3(C_2))$，$D_3(C_2)=\{C_2D_1,\ C_2D_2\}$。

$$f_3(C_3)=\min\begin{Bmatrix}C_3D_1+f_4(D_1)\\C_3D_2+f_4(D_2)\end{Bmatrix}=\min_{d_3(C_3)\in D_3(C_3)}\{\nu_3(C_3,\ d_3(C_3))+f_4(s_4)\}$$

其中，$s_4=T_3(C_2,\ d_3(C_2))$，$D_3(C_2)=\{C_2D_1,\ C_2D_2\}$。

$$f_4(D_1)=\min\{D_1E\}=\min_{d_4(D_1)\in D_4(D_1)}\{\nu_4(D_1,\ d_4(D_1))\}=\nu_4(D_1,\ D_1E)$$

其中，$D_4(D_1)=\{D_1E\}$。

$$f_4(D_2)=\min\{D_2E\}=\min_{d_4(D_2)\in D_4(D_2)}\{\nu_4(D_2,\ d_4(D_2))\}=\nu_4(D_2,\ D_2E)$$

其中，$D_4(D_2)=\{D_2E\}$。

不难看出，当 $k=3，2，1$ 时，上述过程具有递推的规律

$$f_k(s_k)=\min_{d_k(s_k)\in D_k(s_k)}\{\nu_k(s_k,\ d_k(s_k))+f_{k+1}(s_{k+1})\}$$

在引入一个虚拟的第五阶段后，可将第五阶段初到第五阶段末的指标记为 $f_5(s_5)=0$，上述过程则可以用一个带有初始条件 $f_5(s_5)=0$ 的递推公式来完全描述

$$\begin{cases}f_k(s_k)=\min\limits_{d_k(s_k)\in D_k(s_k)}\{\nu_k(s_k,\ d_k(s_k))+f_{k+1}(s_{k+1})\}\\ f_5(s_5)=0,\quad k=4,\ 3,\ 2,\ 1\end{cases}\tag{5-2}$$

显然从 $f_5(s_5)=0$ 开始：

当 $k=4$ 时，$f_4(D_1)=3$，$d_4(D_1)=D_1E$；$f_4(D_2)=4$，$d_4(D_2)=D_2E$。

当 $k=3$ 时，$f_3(C_1)=6$，$d_3(C_1)=C_1D_1$；$f_3(C_2)=7$，$d_3(C_2)=C_2D_2$；$f_3(C_3)=6$，$d_3(C_3)=C_3D_1$。

当 $k=2$ 时，$f_2(B_1)=11$，$d_2(B_1)=B_1C_2$；$f_2(B_2)=9$，$d_2(B_2)=B_2C_1$ 或 $d_2(B_2)=B_2C_2$；

$f_2(B_3)=9$，$d_2(B_3)=B_3C_2$。

当 $k=1$ 时，$f_1(A)=12$，$d_1(A)=AB_3$。

可以求得 $A\to E$ 的最短距离为 12，然后根据计算过程中的记录，反向追踪可求得最短路线，最短路线为 $A\to B_3\to C_2\to D_2\to E$。而事实上，从各点到 E 的最短路线和最短路线距离都求出来了。

上面所用到最短路线重要特性正是 20 世纪 50 年代由贝尔曼等人提出的动态规划最优性原理：作为整个过程的最优策略应具有这样的性质，即无论过去的状态和决策如何，对前面的决策所形成的状态而言，余下的诸决策必然构成最优策略。

注意：此原理表明，对于不同类型问题所建立的严格定义的动态规划模型，必须对相应的最优性原理给予必要的验证。也就是说，最优化原理不是对任何决策过程都普遍成立的。

而动态规划最优化原理的数学表达形式即类似式(5-2)而一般化了的递推公式

$$\begin{cases}f_k(s_k)=\min\limits_{d_k(s_k)\in D_k(s_k)}\{\nu_k(s_k,\ d_k(s_k))+f_{k+1}(s_{k+1})\}\\ f_{n+1}(s_{n+1})=0,\quad k=n,\ \cdots,\ 2,\ 1\end{cases}\tag{5-3}$$

从本质上讲，式(5-3)将整体问题转化成众多局部问题，将复杂问题转化为相对简单的问

题，从而使问题得以解决。它不光给出了求解动态规划最优值函数的方法，更重要的是它给出了思考问题的新方法，因此，它在动态规划模型中地位的重要性不言而喻。鉴于其重要性及它将最优函数及其求解方法融为了一体的特点，所以称此递推公式为动态规划基本方程。

一般地，在5.1.2节所给动态规划模型的诸要素中，也用动态规划基本方程替换掉要素5、6中的指标函数和最优值函数。

5.2.2 动态规划问题的逆序解法

事实上，5.2.1节中已经给出了动态规划模型的求解方法，由于在这种方法中递推公式的递推顺序是从后向前的，因此通常就称这种方法为逆序解法。下面以例5.2的求解为例，加深大家对这种方法的理解。

解：由5.1.1节中所述，例5.2中问题的模型如下。

(1) 按月份分段：$k=4,3,2,1$。

(2) 状态变量：s_k表示第k个月月初的库存量。

(3) 决策变量：$d_{k1}(s_k)$表示第k个月已有库存s_k的情况下，要定购的商品量，$d_{k2}(s_k)$表示第k个月已有库存s_k的情况下，要销售的商品量(为了方便，后面将分别用x_k，y_k来代替$d_{k1}(s_k)$，$d_{k2}(s_k)$)。

(4) 允许决策集：$D_k(s_k)=\{(x_k,y_k)|0\leqslant y_k\leqslant s_k;\ 0\leqslant x_k\leqslant 1000-(s_k-y_k)\}$

状态转移方程：$s_{k+1}=s_k+x_k-y_k$，$s_1=500$，$k=1,2,3,4$，其中s_5表示第四阶段末的状态。

(5) 阶段指标：$\nu_k(s_k,x_k,y_k)$表示第k阶段，也就是第k个月，在库存状态s_k的情况下，订购x_k，销售y_k时，该决策为企业带来的利润。具体地有$\nu_k(s_k,x_k,y_k)=q_ky_k-p_kx_k$，$k=1,2,3,4$。

(6) 动态规划基本方程

$$\begin{cases} f_k(s_k)=\max\limits_{(x_k,y_k)\in D_k(s_k)}\{\nu_k(s_k,x_k,y_k)+f_{k+1}(s_{k+1})\} \\ f_5(s_5)=0 \quad k=4,3,2,1 \end{cases}$$

其中，$f_k(s_k)$表示第k阶段还有库存s_k情况下，经营到合同期满时，企业所能获得的最大利润。

对基本方程求解：

当$k=4$

$$\begin{aligned} f_4(s_4)&=\max_{(x_4,y_4)\in D_4(s_4)}\{17y_4-15x_4+f_5(s_5)\} \\ &=\max_{(x_4,y_4)\in D_4(s_4)}\{17y_4-15x_4\} \end{aligned}$$

这是一个线性规划问题。显然$x_4^*=0$，$y_4^*=s_4$，$f_4(s_4)=17s_4$。

当$k=3$时

$$\begin{aligned} f_3(s_3)&=\max_{(x_3,y_3)\in D_3(s_3)}\{13y_3-11x_3+f_4(s_4)\} \\ &=\max_{(x_3,y_3)\in D_3(s_3)}\{13y_3-11x_3+17s_4\} \\ &=\max_{(x_3,y_3)\in D_3(s_3)}\{13y_3-11x_3+17(s_3+x_3-y_3)\} \\ &=\max_{(x_3,y_3)\in D_3(s_3)}\{-4y_3+6x_3+17s_3\} \end{aligned}$$

这仍是一个线性规划问题，用图解法(如图 5.2 所示)可得

$$x_3^*=1000,\ y_3^*=s_3;\ f_3(s_3)=13s_3+6000$$

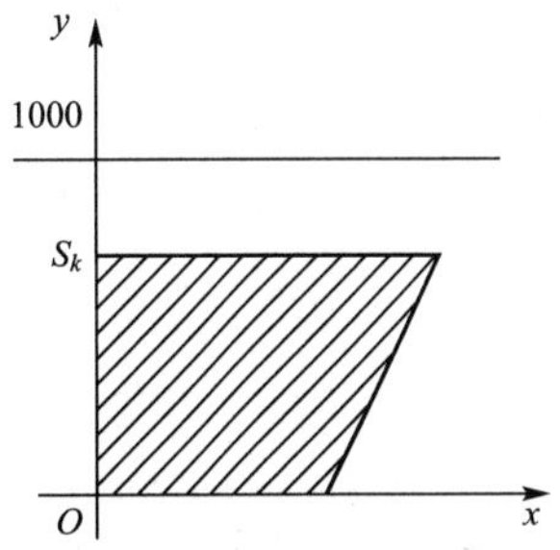

图 5.2 图解法辅图

当 $k=2$ 时

$$f_2(s_2)=\max_{(x_2,y_2)\in D_2(s_2)}\{9y_2-8x_2+f_3(s_3)\}$$
$$=\max_{(x_2,y_2)\in D_2(s_2)}\{9y_2-8x_2+13s_2+6000\}$$
$$=\max_{(x_2,y_2)\in D_2(s_2)}\{9y_2-8x_2+13(s_2+x_2-y_2)+6000\}$$
$$=\max_{(x_2,y_2)\in D_2(S_2)}\{-4y_2+5x_2+13s_2+6000\}$$

类似上面，用图解法(如图 5.2 所示)可求得：$x_2^*=1000$，$y_2^*=s_2$，$f_2(s_2)=9s_2+11000$。

当 $k=1$ 时

$$f_1(s_1)=\max_{(x_1,y_1)\in D_1(s_1)}\{12y_1-10x_1+f_2(s_2)\}$$
$$=\max_{(x_1,y_1)\in D_1(s_1)}\{3y_1+9s_1-x_1+11000\}$$

可得 $x_1^*=0$，$y_1^*=s_1$，$f_1(s_1)=12s_1+11000$。

将 $s_1=500$ 代入上式并按顺序反推，可得每个月的最优订货量和销售量如下(单位：吨)：

$x_1^*=0$，$y_1^*=500$　　$x_2^*=1000$，$y_2^*=s_2=s_1+x_1^*-y_1^*=0$

$x_3^*=1000$，$y_3^*=s_3=s_2+x_2^*-y_2^*=1000$　　$x_4^*=0$，$y_4^*=s_4=s_3+x_3^*-y_3^*=1000$

最终获得最大利润 $f_1(500)=17000$ 元/吨。

5.2.3 动态规划问题的顺序解法

有些动态规划问题，按 5.2.2 节所述的方法求解时较复杂，甚至无法建模求解。

【例 5.3】 图 5.3 所示为一水利网络，A 为水库，B_1，B_2，B_3；C_1，C_2，C_3；D_1，D_2分别为不同的供水目的地，试找出给各供水目的地供水的最短路线。

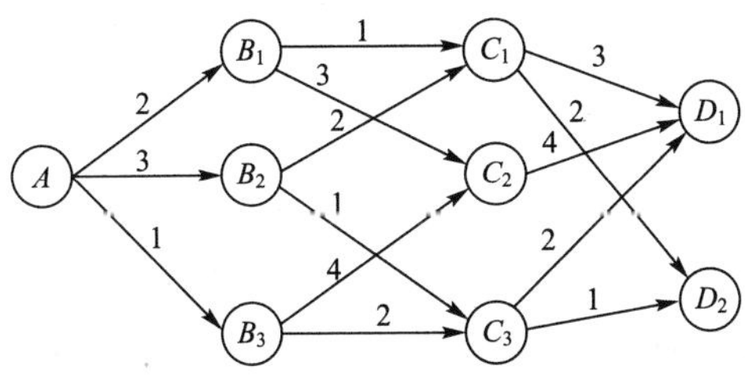

图 5.3 某水利网络

此时，可以用和逆序法相反的方式进行思考：当决策者在第 $k+1$ 阶段位于某个位置时，他考虑从始点到达当前位置的最短距离，而在第 k 阶段他决策的标准是：到达第 $k+1$ 阶段当前位置的路线中，哪一条是最短路线。在同样原理的基础上，可得出其模型为如下形式。

(1) 阶段变量：$k=1$，2，3。

(2) 状态变量：s_k表示第 k 阶段初或第 $k-1$ 阶段末决策者所处的决策位置。

(3) 决策变量：$d_k(s_{k+1})$表示第 k 阶段，使得下一阶段状态为 s_{k+1}的决策。允许决策集可为 $d_1(B_1)=\{AB_1\}$，$d_2(C_1)=\{B_1C_1,\ B_2C_1\}$等(这里仅举两例加以说明)。

(4) 状态转移方程：$s_k=T_k(s_{k+1},\ d_k(s_{k+1}))$，表示到达第 k 阶段末或者第 $k+1$ 阶段初状态 s_{k+1}时，做了决策 $d_k(s_{k+1})$，结果反推可以确定第 k 阶段初的状态。例如：如果 $s_3=C_1$，$d_2(C_1)=B_2C_1$，那么 $s_2=T_2(C_1,\ d_2(C_1))=B_2$。

(5) 阶段指标：$v_k(s_{k+1},\ d_k(s_{k+1}))$描述了按顺序达到第 $k+1$ 阶段状态 s_{k+1}的情况下，

做了决策 $d_k(s_{k+1})$时的优劣，具体讲如 $\nu_2(C_1, B_2C_1)=2$，就是按顺序达到第 3 阶段状态 C_1时，选择了路线 B_2C_1，该路线也就是 B_2到 C_1的距离为 2。

（6）动态规划基本方程

$$\begin{cases} f_k(s_{k+1})=\min\limits_{d_k(s_{k+1})\in D_k(s_{k+1})}\{\nu_k(s_{k+1}, d_k(s_{k+1}))+f_{k-1}(s_k)\} \\ f_0(s_1)=0 \quad k=1,2,3,4 \end{cases}$$

其中，$f_k(s_{k+1})$表示从第一阶段位置状态 A 开始到第 k 阶段末位置状态 s_{k+1}的最短距离。

注意：要求解这个模型，必须按图中从左到右的顺序进行递推，所以这种方法称为顺序法。可以类似获得一般问题的顺序形式建模，而其求解也与逆序法的求解类似。

本问题求解的具体做法如下。

当 $k=0$ 时

$$f_0(A)=0$$

当 $k=1$ 时

$$f_1(B_1)=\min\{AB_1+f_0(A)\}=2, \quad d_1(B_1)=A$$

$$f_1(B_2)=\min\{AB_2+f_0(A)\}=3, \quad d_1(B_2)=A$$

$$f_1(B_3)=\min\{AB_3+f_0(A)\}=1, \quad d_1(B_3)=A$$

当 $k=2$ 时

$$f_2(C_1)=\min\begin{Bmatrix} B_1C_1+f_1(B_1) \\ B_2C_1+f_1(B_2) \end{Bmatrix}=\min\begin{Bmatrix} 1+2 \\ 2+3 \end{Bmatrix}=3, \quad d_2(C_1)=B_1$$

$$f_2(C_2)=\min\begin{Bmatrix} B_1C_2+f_1(B_1) \\ B_2C_2+f_1(B_3) \end{Bmatrix}=\min\begin{Bmatrix} 3+2 \\ 4+1 \end{Bmatrix}=5, \quad d_2(C_2)=B_1\text{或} d_2(C_2)=B_3$$

$$f_2(C_3)=\min\begin{Bmatrix} B_2C_3+f_1(B_2) \\ B_3C_3+f_1(B_3) \end{Bmatrix}=\min\begin{Bmatrix} 1+3 \\ 2+1 \end{Bmatrix}=3, \quad d_2(C_3)=B_3$$

当 $k=3$ 时

$$f_3(D_1)=\min\begin{Bmatrix} C_1D_1+f_2(C_1) \\ C_2D_1+f_2(C_2) \end{Bmatrix}=\min\begin{Bmatrix} 3+3 \\ 4+5 \end{Bmatrix}=6, \quad d_3(D_1)=C_1$$

$$f_3(D_2)=\min\begin{Bmatrix} C_1D_2+f_2(C_1) \\ C_2D_2+f_2(C_3) \end{Bmatrix}=\min\begin{Bmatrix} 3+3 \\ 1+3 \end{Bmatrix}=4, \quad d_3(D_2)=C_3$$

所以，从 A 到各供水目标地的最短路径和最短距离分别为

$A\to B_1$，(2)；$A\to B_2$，(3)；$A\to B_3$，(1)；$A\to B_1\to C_1$，(3)；

$A\to B_1\to C_2$，(5) 或 $A\to B_3\to C_2$，(5)；$A\to B_3\to C_3$，(3)；

$A\to B_1\to C_1\to D_1$，(6)；$A\to B_3\to C_3\to D_2$，(4)。

5.2.4 逆序解法与顺序解法的关系

从本质上说，两种方法原理(除去其方向因素外)是相同的，在具体的求解过程中，也都是将原问题转化为一系列单个问题的求解。但是，两种方法各有优势，如用前向法求解例 5.3 时，有明显的优势。一般地，用逆序法时，需要第一阶段初始状态已知；用顺推法时，需要末阶段末状态已知。再以例 5.2、例 5.3 的结果为例来看，后向法求出了各点到目标地的最短路线；而前向法求出了起点到各目的地的最短路线。

5.2.5 动态规划和静态规划

线性规划和非线性规划所研究的问题，通常都是与时间无关的，故又可以称为静态规划；而动态规划所研究的问题是多阶段决策问题，往往与时间相关。但是动态规划、线性规划和非线性规划都属于数学规划的范围，所研究的对象本质上都是在若干约束条件下的函数极值问题，两类规划在很多情况下原则上是可以相互转换的。

动态规划可以看成是求决策 d_1，d_2，…，d_n，使得指标函数 $\nu_{1n}(d_1, d_2, \cdots, d_n)$ 达到最优的极值问题。状态转移方程、起始条件、允许状态集及允许决策集等是约束条件，原则上它可以用线性规划或非线性规划方法求解。反过来，一些静态规划只要适当引入阶段变量、状态、决策变量等要素就可以用动态规划方法来求解。

【例 5.4】 用顺序法和逆序法求解下列静态规划。

$$\max f=4x_1+8x_2+2x_3^2+12$$

$$\begin{cases}x_1+x_2+x_3=10\\x_i\geqslant 0, \quad i=1, 2, 3\end{cases}$$

解： 1. 逆序法

(1) 阶段变量：把依次给变量 x_1，x_2，x_3 赋值各看成是一个阶段，将问题划分为 3 个阶段，$k=3, 2, 1$。

(2) 状态变量：s_k 表示第 k 阶段初约束右端的最大值，$s_1=10$。

(3) 决策变量：x_k，$k=1, 2, 3$。允许决策集为 $D_1(s_1)=\{0\leqslant x_1\leqslant s_1\}$，$D_2(s_2)=\{0\leqslant x_2\leqslant s_2\}$，$D_3(s_3)=\{0\leqslant x_3\leqslant s_3\}$。

(4) 状态转移方程：$s_1=10$，$s_2=s_1-x_1$，$s_3=s_2-x_2$，$s_4=s_3-x_3$。

(5) 指标函数：$\nu(s_1, x_1)=4x_1$，$\nu(s_2, x_2)=8x_2$，$\nu(s_3, x_3)=2x_3^2$。

(6) 动态规划基本方程

$$\begin{cases}f_k(s_k)=\max\limits_{x_k\in D_k(s_k)}\{\nu_k(s_k, x_k)+f_{k+1}(s_{k+1})\}\\f_4(s_4)=12, \quad k=3, 2, 1\end{cases}$$

对基本方程求解

当 $k=3$ 时

$$f_3(s_3)=\max_{0\leqslant x_3\leqslant s_3}\{2x_3^2+f_4(s_4)\}=2s_3^2+12, \quad x_3^*=s_3$$

当 $k=2$ 时

$$\begin{aligned}f_2(s_2)&=\max_{0\leqslant x_2\leqslant s_2}\{8x_2+2s_3^2+12\}\\&=\max_{0\leqslant x_2\leqslant s_2}\{8x_2+2(s_2-x_2)^2+12\}\end{aligned}$$

令 $h(x_2)=8x_2+2(s_2-x_2)^2+12$，$h'(x_2)=8-4(s_2-x_2)$。由 $h''(x_2)=4>0$ 知 $h(x_2)$ 为凸函数，故最大值在端点处，而

$$h(0)=2{s_2}^2+12, \quad h(s_2)=8s_2+12$$

当 $2{s_2}^2+12\geqslant 8s_2+12$ 即 $s_2\geqslant 4$ 时，$f_2(s_2)=2{s_2}^2+12$，$x_2^*=0$

当 $2{s_2}^2+12\leqslant 8s_2+12$ 即 $s_2\leqslant 4$ 时，$f_2(s_2)=8s_2+12$，$x_2^*=s_2$

当 $k=1$ 时

若 $s_2\geqslant 4$，则有

$$f_1(s_1) = \max_{0 \leqslant x_1 \leqslant s_1} \{4x_1 + 2s_2^2 + 12\}$$
$$= \max_{0 \leqslant x_1 \leqslant s_1} \{4x_1 + 2(s_1 - x_1)^2 + 12\}$$

令 $h(x_1) = 4x_1 + 2(s_1 - x_1)^2 + 12$，$h'(x_1) = 4 - 4(s_1 - x_1)$。由 $h''(x_1) = 4 > 0$ 知 $h(x_1)$ 为凸函数，故最大值在端点处，而

$$h(0) = 2s_1{}^2 + 12, \quad h(s_1) = 4s_1 + 12$$

而 $s_1 = 10$，显然 $f_1(s_1) = 2 \times 10^2 + 12 = 212$，$x_1^* = 0$。
若 $s_2 \leqslant 4$ 时，则有

$$f_1(s_1) = \max_{0 \leqslant x_1 \leqslant s_1} \{4x_1 + 8s_2 + 12\}$$
$$= \max_{0 \leqslant x_1 \leqslant s_1} \{4x_1 + 8(s_1 - x_1) + 12\}$$
$$= \max_{0 \leqslant x_1 \leqslant s_1} \{-4x_1 + 8s_1 + 12\}$$
$$= 8s_1 + 12$$

而 $s_1 = 10$，显然 $f_1(s_1) = 8 \times 10 + 12 = 92$，$x_1^* = 0$。

综上可知，$f_1(10) = 2 \times 10^2 + 12 = 212$，$x_1^* = 0$。

又由于 $s_1 = 10$，故可顺向推得，$s_2 = 10$；$s_3 = 10$，$x_3^* = 10$；$f_1(10) = 212$。
所以，最优方案为 $x_1^* = 0$，$x_2^* = 0$，$x_3^* = 10$，最优值为 $f^* = f_1(10) = 212$。

2. 顺序法

(1) 阶段变量：把依次给变量 x_1，x_2，x_3 赋值看成是一个阶段，将问题划分为 3 个阶段：$k = 1, 2, 3$。

(2) 状态变量：s_{k+1} 表示第 k 阶段末约束右端的最大值，且 $s_4 = 10$。

(3) 决策变量：x_k，$k = 1, 2, 3$。

允许决策集：$D_1(s_2) = \{0 \leqslant x_1 \leqslant s_2\}$，$D_2(s_3) = \{0 \leqslant x_2 \leqslant s_3\}$，$D_3(s_4) = \{0 \leqslant x_3 \leqslant s_4\}$。

(4) 状态转移方程：$s_4 = 10$，$s_3 = s_4 - x_3$，$s_2 = s_3 - x_2$，$s_1 = s_2 - x_1$。

(5) 指标函数：$\nu(s_2, x_1) = 4x_1$，$\nu(s_3, x_2) = 8x_2$，$\nu(s_4, x_3) = 2x_3^2$。

(6) 动态规划基本方程

$$\begin{cases} f_k(s_{k+1}) = \max\limits_{x_k \in D_k(s_{k+1})} \{\nu_k(s_{k+1}, x_k) + f_{k-1}(s_k)\} \\ f_0(s_1) = 12, \quad k = 1, 2, 3 \end{cases}$$

对基本方程求解

当 $k = 1$ 时

$$f_1(s_2) = \max_{0 \leqslant x_1 \leqslant s_2} \{4x_1 + f_0(s_1)\}$$
$$= \max_{0 \leqslant x_1 \leqslant s_2} \{4x_1 + 12\}$$
$$= 4s_2 + 12$$
$$x_1^* = s_2$$

当 $k = 2$ 时

$$f_2(s_3) = \max_{0 \leqslant x_2 \leqslant s_3} \{8x_2 + 4s_2 + 12\}$$
$$= \max_{0 \leqslant x_2 \leqslant s_3} \{8x_2 + 4(s_3 - x_2) + 12\}$$
$$= \max_{0 \leqslant x_2 \leqslant s_3} \{4x_2 + 4s_3 + 12\}$$

$$=8s_3+12$$

$$x_2^*=s_3$$

当 $k=3$ 时

$$f_3(s_4)=\max_{0\leqslant x_3\leqslant s_4}\{2x_3^2+f_2(s_3)\}$$

$$=\max_{0\leqslant x_3\leqslant s_4}\{2x_3^2+8(s_4-x_3)+12\}$$

令 $h(x_3)=2x_3^2+8(s_4-x_3)+12$，由 $h'(x_3)=4x_3-8$ 得 $x_3=2$，$h''(x_3)=4>0$ 故可知最大值在端点处，经比较可得：$f_3(s_4)=f_3(10)=212$，$x_3^*=s_4=10$。

又 $s_4=10$，故可顺向推得：$s_3=0$，$x_2^*=0$；$s_2=0$，$x_1^*=0$；$f^*=f_3(10)=212$。

5.3　动态规划应用举例

5.3.1　资源分配问题

所谓资源分配问题就是将数量一定的一种或若干种资源(资金、原材料、机器设备、劳动力等)恰当地分配给若干个使用者，从而使得总的经济效益最大。资源分配问题一般包括一维资源和多维资源的分配问题。限于篇幅和读者对象，这里仅介绍一维资源分配问题。一般而言，一维资源分配问题可叙述如下：设有数量为 a 的某种资源，用于生产 n 种产品，若以数量为 x_i 的资源投入第 i 种产品的生产，其收益相应地为 $g_i(x_i)$，问如何分配这种资源，才能使得生产 n 种产品的总收入最大?

其静态规划的数学模型的形式一般为

$$\max f=\sum_{i=1}^{n}g_i(x_i)$$

$$\begin{cases}\sum_{i=1}^{n}x_i=a\\x_i\geqslant 0,\quad i=1,2,\cdots,n\end{cases}$$

由于这种静态规划的特殊结构，因此，可以通过巧妙的构造和假设将其转化为动态规划模型，其模型如下。

(1) 阶段变量：$k=n$，$n-1$，…，1，这里把资源分配给一个或者几个使用者的过程作为一个阶段。

(2) 状态变量：s_k表示分配用于生产第 k 种产品至第 n 种产品的原料数量。

(3) 决策变量：x_k表示分配给生产第 k 种产品的原料数，即 $d_k(s_k)=x_k$，允许决策集为 $D_k(s_k)=\{x_k\mid 0\leqslant x_k\leqslant s_k\}$。

(4) 状态转移方程：$s_{k+1}=s_k-x_k$。

(5) 阶段指标：$v_k(s_k,d_k(s_k))=v_k(s_k,x_k)=g_k(x_k)$。

(6) 动态规划基本方程

$$\begin{cases}f_k(s_k)=\max_{x_k\in D_k(S_k)}\{g_k(x_k)+f_{k+1}(s_{k+1})\}\\f_{n+1}(s_{n+1})=0,\quad k=n,n-1,\cdots,1\end{cases}$$

其中，$f_k(s_k)$表示在第 k 阶段当前还有原料数量状态 s_k 情况下，分配完所有原料时，企业所能获得的最大收益。

利用动态规划基本方程进行逐段计算，最后求得 $f_1(a)$即为所求问题的最大总收入。

【例 5.5】 某公司拥有甲、乙、丙 3 家连锁商店，拟将新招聘的 5 名员工分配给甲、乙、丙 3 个商店，各商店得到新员工后，每年赢利情况见表 5-2。问分配给各商店各多少员工，才能使得公司的总赢利最大(单位：千元)?

表 5-2 分配新员工后，甲、乙、丙 3 个商店每年赢利情况 单位：千元

赢利数 \ 工人数 \ 商店	0	1	2	3	4	5
甲	0	3	7	9	12	13
乙	0	5	10	11	11	11
丙	0	4	6	11	12	12

解:

(1) 阶段变量：$k=3, 2, 1$，按商店甲、乙、丙将整个过程分为 3 个阶段。

(2) 状态变量：s_k表示分配给第 k 个商店到第 3 个商店的员工人数。

(3) 决策变量：$d_k(s_k)$表示在状态 s_k 下分配给第 k 个商店的员工人数，允许决策集为

$$D_k(s_k)=\{x_k \mid 0\leqslant d_k(s_k)\leqslant s_k,\ d_k(s_k)\in Z^+\},\quad k=3,\ 2,\ 1$$

(4) 状态转移方程：$s_{k+1}=s_k-d_k(s_k)$，$s_1=5$，$k=3, 2, 1$。

(5) 阶段指标：$g_k(d_k(s_k))$表示给第 k 个商店分配 $d_k(s_k)$人后所得的赢利值。

(6) 动态规划基本方程

$$\begin{cases} f_k(s_k)=\max\limits_{d_k(s_k)\in D_k(s_k)}\{g_k(d_k(s_k))+f_{k+1}(s_{k+1})\} \\ f_4(s_4)=0,\quad k=3,\ 2,\ 1 \end{cases}$$

其中，$f_k(s_k)$表示在分配到第 k 个商店还有未分配人员人 s_k 的情况下，分配完所有人员时，公司所能获得的最大赢利。

对基本方程求解：

当 $k=3$ 时

设将 s_3 人($s_3=0, 1, \cdots, 5$)全部分配给第 3 个商店丙，则所得的最大赢利值为 $f_3(s_3)=\max\limits_{d_3(s_3)\in D_3(s_3)}\{g_3(d_3(s_3))\}$。由于此时只有一个商店丙，所以有多少员工就全部分配给丙商店，故它的赢利值就是该公司的最大赢利值。

由表 5-2 得

当 $s_3=0$ 时，$f_3(s_3)=f_3(0)=0$，$d_3(s_3)=d_3(0)=0$；

当 $s_3=1$ 时，$f_3(s_3)=f_3(1)=4$，$d_3(s_3)=d_3(1)=1$；

当 $s_3=2$ 时，$f_3(s_3)=f_3(2)=6$，$d_3(s_3)=d_3(2)=2$；

当 $s_3=3$ 时，$f_3(s_3)=f_3(3)=11$，$d_3(s_3)=d_3(3)=3$；

当 $s_3=4$ 时，$f_3(s_3)=f_3(4)=12$，$d_3(s_3)=d_3(4)=4$；

当 $s_3=5$ 时，$f_3(s_3)=f_3(5)=12$，$d_3(s_3)=d_3(5)=5$。

当 $k=2$ 时，$f_2(s_2)=\max\limits_{d_2(s_2)\in D_2(s_2)}\{g_2(d_2(s_2))+f_3(s_2-d_2(s_2))\}$。

当 $s_2=0$ 时，$f_2(0)=\max\limits_{d_2(s_2)\in D_2(0)}\{g_2(0)+f_3(0)\}=0$，$d_2(s_2)=d_2(0)=0$；

当 $s_2=1$ 时，$f_2(1)=\max\limits_{d_2(1)\in D_2(1)}\{g_2(d_2(1))+f_3(1-d_2(1))\}$

$=\max\{g_2(0)+f_3(1),\ g_2(1)+f_3(1-1)\}=5$，$d_2(s_2)=d_2(1)=1$

当 $s_2=2$ 时，

$$\begin{aligned}f_2(2)&=\max_{d_2(2)\in D_2(2)}\{g_2(d_2(2))+f_3(2-d_2(2))\}\\&=\max\{g_2(0)+f_3(2),\ g_2(1)+f_3(2-1),\ g_2(2)+f_3(0)\}\\&=10\end{aligned}$$

$$d_2(s_2)=d_2(2)=2。$$

同理可求得

当 $s_2=3$ 时，$f_2(s_2)=f_2(3)=14$，$d_2(s_2)=d_2(3)=2$；

当 $s_2=4$ 时，$f_2(s_2)=f_2(4)=16$，$d_2(s_2)=d_2(4)=1$ 或者 $d_2(s_2)=d_2(4)=2$；

当 $s_2=5$ 时，$f_2(s_2)=f_2(5)=21$，$d_2(s_2)=d_2(5)=2$；

当 $k=1$ 时，$f_1(s_1)=\max\limits_{d_1(s_1)\in D_1(s_1)}\{g_1(d_1(s_1))+f_1(s_1-d_1(s_1))\}$。

由 $s_1=5$ 得

$$\begin{aligned}f_1(5)&=\max_{d_1(5)\in D_1(5)}\{g_1(d_1(5))+f_2(5-d_1(5))\}\\&=\max\{g_1(0)+f_2(5),\ g_1(1)+f_2(4),\ g_1(2)+f_2(3),\\&\quad g_1(3)+f_2(2),\ g_1(4)+f_2(1),\ g_1(5)+f_2(0)\}\\&=\max\{21,\ 9,\ 21,\ 19,\ 27,\ 13\}=21\end{aligned}$$

$d_1(5)=0$ 或者 $d_1(5)=2$。

按上面的顺序反推算，可以得到

① $s_1=5$，$s_2=5$，$s_3=3$。

② $s_1=5$，$s_2=3$，$s_3=1$。

两个最优分配方案为

① $d_1(5)=0$，$d_2(s_2)=d_2(5)=2$，$d_3(s_3)=d_3(3)=3$。

② $d_1(5)=2$，$d_2(s_2)=d_2(2)=2$，$d_3(s_3)=d_3(1)=1$。

且两个分配方案所得到的总赢利均为 2.1 万元。

注意： *求解过程还可以用表格形式来描述。*

例 5.5 是决策变量取离散值的一类分配问题，在实际中，如销售后分配问题、机器设备分配问题、货物分配问题、投资分配问题等均属于这类资源分配问题。这种只将资源合理分配而不考虑回收的问题，又称为资源平行分配问题。

在资源分配问题中，还有一种要考虑资源回收利用的问题，这里决策变量为连续值，故又可以称为资源连续分配问题，这类分配问题的一般叙述如下。

设某工厂有数量为 s_1 的某种资源，可投入 A 和 B 两种生产。第一年若以数量 x_1 投入生产 A 后，剩下的量 s_1-x_1 就投入生产 B，则可以得到收入 $g(x_1)+h(s_1-x_1)$，其中 $g(x_1)$ 和 $h(x_1)$ 为已知函数，且 $g(0)=h(0)=0$。这种资源在投入到 A、B 生产后，年终还可以回收再投入生产。设年回收率分别为 $0<a<1$ 和 $0<b<1$，则在第一年生产后，回收的资源量合计为 $s_2=ax_1+b(s_1-x_1)$。第二年再将资源数量 s_2 中的 x_2 和 s_2-x_2 分别投入到

A、B 两种生产，则第二年又可以得到收入为 $g(x_2)+h(s_2-x_2)$，如此继续进行 n 年，试问：应该如何决定每年投入 A 生产的资源量 x_1，x_2，…，x_n，才能使得总的收入最大？

此问题的静态规划模型为

$$\max Z=\sum_{i=1}^{n}[g(x_i)+h(s_i-x_i)]$$

$$\begin{cases}s_{k+1}=ax_k+b(s_k-x_k)\\0\leqslant x_k\leqslant s_k,\quad k=1,2,\cdots,n\end{cases}$$

此问题的动态规划模型如下。

(1) 阶段变量：$k=n$，…，1，按年份将整个过程分为 n 个阶段。

(2) 状态变量：s_k表示在第 k 阶段可投入 A 和 B 两种生产的资源量。

(3) 决策变量：x_k表示第 k 阶段用于 A 生产的资源量，s_k-x_k表示用于 B 生产的资源量，允许决策集为 $D_k(s_k)=\{x_k\mid 0\leqslant x_k\leqslant s_k\}$。

(4) 状态转移方程：$s_{k+1}=ax_k+b(s_k-x_k)$。

(5) 阶段指标：$g(x_k)+h(s_k-x_k)$。

(6) 动态规划基本方程

$$\begin{cases}f_k(s_k)=\max\limits_{x_k\in D_k(s_k)}\{g_k(x_k)+h(s_k-x_k)+f_{k+1}(s_{k+1})\}\\f_{n+1}(s_{n+1})=0\quad k=n,\cdots,2,1\end{cases}$$

其中，$f_k(s_k)$表示在生产到第 k 年初还有可支配资源量状态 s_k的情况下，生产到第 n 年末时，工厂所能获得的最大收入。

【例 5.6】(机器负荷分配问题) 某工厂有某种机器，可以在两种不同的负荷下进行生产，设机器在高负荷下生产的产量函数为 $g=8x$。其中 x 为投入生产的机器数量，年完好率为 $\alpha=0.7$；在低负荷下生产的产量函数为 $h=5y$，其中 y 为投入生产的机器数量，年完好率为 $\beta=0.9$。假设开始生产时完好的机器数量 $s_1=1000$ 台，试问该工厂每年应如何安排机器在高、低两种负荷下的生产，才能使得 5 年内的产品总产量最高？

这个问题的静态规划模型和动态规划模型分别如下。

1. 静态规划模型

$$\max Z=\sum_{i=1}^{5}[8x_i+5(s_i-x_i)]$$

$$\begin{cases}s_{k+1}=0.7x_k+0.9(s_k-x_k)\\0\leqslant x_k\leqslant s_k,\quad k=1,2,\cdots,5\end{cases}$$

2. 动态规划模型

(1) 阶段变量：$k=5$，…，1，按年份将整个过程分为 5 个阶段。

(2) 状态变量：s_k表示在第 k 年初拥有的完好的机器数量。

(3) 决策变量：$d_k(s_k)=x_k$表示第 k 年度分配给高负荷下生产的机器数量，允许决策集为 $D_k(s_k)=\{x_k\mid 0\leqslant x_k\leqslant s_k,\ x_k\in Z\}$。

(4) 状态转移方程：$s_{k+1}=0.7x_k+0.9(s_k-x_k)$。

(5) 阶段指标：$\nu_k(s_k,x_k)=8x_k+5(s_k-x_k)$。

(6) 动态规划基本方程

$$\begin{cases} f_k(s_k)=\max\limits_{x_k\in D_k(s_k)}\{8x_k+5(s_k-x_k)+f_{k+1}(s_{k+1})\} \\ f_6(s_6)=0 \end{cases}$$

其中，$f_k(s_k)$表示在生产到第 k 年还有可支配机器数量状态 s_k 的情况下，生产到第 5 年末时，该工厂所能获得的最大产量。

这一问题模型的求解将作为课后练习，见本章的习题 9。

5.3.2 旅行推销员问题

旅行推销商问题，或者货郎担问题，是组合优化中的一个著名问题。其问题一般描述如下。

设有 n 个城市，用 1，2，…，n 来表示，城市 i，j 之间的距离为 d_{ij}。一个推销员从城市 1 出发到其他每个城市去一次且只去一次，最后回到城市 1，问怎样选择行走路线，才能使得行走总路程最短？

其动态规划模型如下。

(1) 阶段变量：按经过城市的个数来分段，将整个过程分为 $n-1$ 个阶段，$k=1$，…，$n-1$。

(2) 状态变量：规定推销员是从城市 1 开始的，设推销员走到 i 城，将从城市 1 出发到城市 i 的可能中间城市集合用 $N_i=\{2，3，\cdots，i-1，i+1，\cdots，n\}$ 表示，s_k表示第 k 阶段到达城市 i 之前中途所经过的城市的集合，则有 $s_k\subseteq N_i$，其中 $|s_k|=k$，因此，可选取$(i，s_k)$作为描述过程的状态变量。

注意：这里的状态其实为每一个阶段的末状态。

(3) 决策变量：u_k表示推销员从城市 1 经过 k 个城市 s_k 到达城市 i 的最短路线上与 i 相邻的那个城市；允许决策集为经过 $k-1$ 个城市可以达到，而且与第 i 个城市相邻的城市。

(4) 状态转移方程：$(j，s_{k-1})=T_k(i，s_k；u_k)$，如当 $u_k=l$ 时，$(j，s_{k-1})=(l，s_k\setminus\{l\})$。

(5) 阶段指标：d_{ij} 表示从城市 i 到城市 j 的距离。

(6) 最优函数：$f_k(i，s_k)$表示从城市 1 经过 k 个城市 s_k 到达城市 i 的最短路线的距离。

(7) 动态规划基本方程

$$\begin{cases} f_k(i，s_k)=\min\limits_{j\in s_k}\{f_{k-1}(j，s_k\setminus\{j\})+d_{ji}\} \\ f_0(i，\phi)=d_{1i}，\quad k=1，2，\cdots，n-1；i=2，3\cdots，n；s_k\subseteq N_i \end{cases}$$

【例 5.7】 某推销员在 4 个城市旅行推销，其旅行距离见表 5－3。当推销员从城市 1 出发，经过每个城市一次且仅一次，最后回到 1 城市。问：应该按照怎样的路线走，才能使得总的行程最短？

表 5－3　例 5.7 中 4 个城市的旅行距离

距离 城市（行）\ 城市（列）	1	2	3	4
1	0	8	5	6
2	6	0	8	5
3	8	9	0	5
4	7	7	8	0

解：利用上面的分析很容易写出其模型，下面直接对其求解。

边界条件为 $f_0(2, \phi)=d_{12}=8$，$f_0(3, \phi)=d_{13}=5$，$f_0(4, \phi)=d_{14}=6$

当 $k=1$ 时，即从城市 1 开始，中间经过一个城到 i 城的最短距离为

$$f_1(2, \{3\})=f_0(3, \phi)+d_{32}=5+9=14, \quad u_1(2, \{3\})=3$$

$$f_1(2, \{4\})=f_0(4, \phi)+d_{42}=6+7=13, \quad u_1(2, \{4\})=4$$

$$f_1(3, \{2\})=8+8=16, \quad u_1(3, \{2\})=2$$

$$f_1(3, \{4\})=6+8=14, \quad u_1(3, \{4\})=4$$

$$f_1(4, \{2\})=8+5=13, \quad u_1(4, \{2\})=2$$

$$f_1(4, \{3\})=5+5=10, \quad u_1(4, \{3\})=3$$

当 $k=2$ 时，即从城市 1 开始，中间经过两个城市到 i 城的最短距离为

$$\begin{aligned} f_2(2, \{3, 4\}) &= \min[f_1(3, \{4\})+d_{32}, f_1(4, \{3\})+d_{42}] \\ &= \min[14+9, 10+7] \\ &= 17 \end{aligned}$$

$$u_2(2, \{3, 4\})=4$$

$$\begin{aligned} f_2(3, \{2, 4\}) &= \min[13+8, 13+8] \\ &= 21 \end{aligned}$$

$$u_2(3, \{2, 4\})=2 \text{ 或 } 4$$

$$\begin{aligned} f_2(4, \{2, 3\}) &= \min[14+5, 16+5] \\ &= 19 \end{aligned}$$

$$u_2(4, \{2, 3\})=2$$

当 $k=3$ 时，即从城市 1 开始，中间经过 3 个城市到 i 城的最短距离为

$$\begin{aligned} f_3(1, \{2, 3, 4\}) &= \min[f_2(2, \{3, 4\})+d_{21}, f_2(3, \{2, 4\})+d_{31}, f_2(4, \{2, 3\})+d_{41}] \\ &= \min[17+6, 21+8, 19+7] \\ &= 23 \end{aligned}$$

$$u_3(1, \{2, 3, 4\})=2$$

所以，推销员的最短旅行路线是 1—3—4—2—1，最短路程为 23。

在实际生活中，很多问题都可以归纳为旅行推销员这类问题。如工厂里在钢板上要挖一些小圆孔，自动焊机的割嘴应走怎样的路线能使得总路线最短，物资运送路线中汽车应走怎样的路线使得总路程最短；等等。

5.4 应用案例

案例 1

多级火箭的最优设计问题

人造地球卫星或宇宙飞船的运载火箭，在克服地球引力的运动过程中，要使它的速度从起飞时的速度(等于 0)逐步达到第一宇宙速度或第二宇宙速度，由于火箭在飞行过程中燃料不断燃烧而减少，因而

为了在消耗同样燃料下尽量提高有效运载质量，应该不断地将燃烧完了的燃料容器扔掉。因为燃料是连续消耗掉的，所以理论上应该是连续地扔掉燃料容器的多余部分而制成无限级火箭，这种情况实际上是不可能的。实际上，通常选定了有限的级数，让每一级燃烧完一定燃料才扔掉已烧完的燃料容器，相应地，在烧完燃料后的这一级火箭速度有一定的增长，因此，假设从起飞速度到预定速度的速度增额是一定时，总的速度增额可按照不同方案分配给火箭各级去承担，方案不同，火箭各级应装的燃料的质量与该级火箭的毛重也就不同，这样，最优设计要求是：如何分配各级增长的速度而使火箭的总重量最小？

案例 2

武器指挥决策系统的火力分配问题

设有 n 个目标，目标的价值(重要性或危害性)各不相同，用数值 $A_k(k=1,2,\cdots,n)$来表示，计划用 m 枚同型导弹突击这 n 个目标，导弹击毁目标 k 的概率 P_k 可用下式计算

$$P_k=1-e^{-a_kx_k}$$

式中，a_k 为常数，取决于导弹的精度、威力和目标的性质；x_k 是向目标 k 发射的导弹数。

要求：

(1) 做出导弹分配方案 x_k，$k=1,2,\cdots,n$，使预期突击效果最大。

(可以考虑求解当 $m=5$，$n=4$，A_k，a_k 具体数值见表 5-4。)

表 5-4　目标价值与参数

目标 k	1	2	3	4
A_k	8	7	6	3
a_k	0.2	0.3	0.5	0.9

(2) 设有两种兵器 X，Y，数量各为 a 和 b，需要分配它们去打击 n 个目标，若兵器以数量 x_k，y_k 用于打击第 k 个目标，其作战效果为 $\nu(x_k,y_k)$，问如何分配此两种兵器于 n 个目标，可使得总的打击效果最大？

习　　题

1. 某厂从国外引进一台设备，由港口 A 至工厂 G 有多条道路可供选择，其线路及费用如图 5.4 所示，试确定一条从 A 到 G 的，使总运费最小的路线。

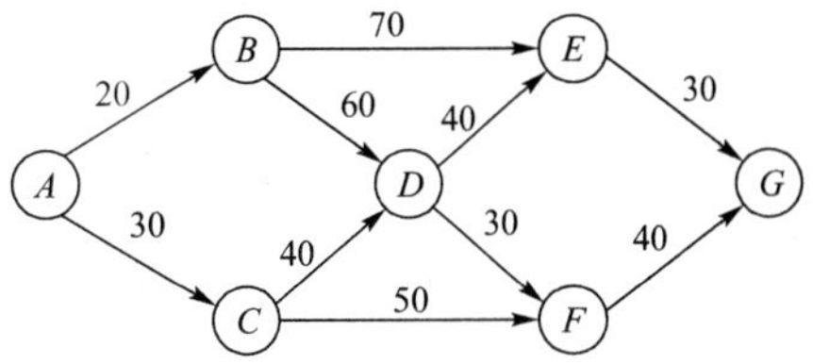

图 5.4　习题 1 示意图

2. 某科学实验室可以用 3 套不同的仪器(A，B，C)去做实验，每次做完实验后，如果下次实验仍使用原仪器就必须进行检修，中间要耽搁一段时间；如果下次使用另外一套仪器，则卸旧装新也要耽搁一段时间，耽搁时间 t_{ij} 见表 5-5，假定一次实验的时间大于任意的 t_{ij}，因而某套工具卸下后耽搁一次再用时，不再另有耽搁。现在要做 4 次实验，首次实验指定用仪器 A，其余各次实验可用任一套仪器，

问应如何安排使用仪器的顺序，才能使得总的耽搁时间最短？

表 5-5 检修或卸装所耽搁的时间

本次用仪器 i \ 下次用仪器 j	1	2	3
1(*A*)	10	9	14
2(*B*)	9	12	10
3(*C*)	6	5	8

3. 某公司准备经销某种货物，货物入库后才能销售，仓库容量为 900 件，公司每月月初订购货物，月底才能到货，每月的销售量由公司自己确定(销售月初库存货物)，现在 1～4 月各月的货物的购货成本及销售价格见表 5-6，又知 1 月初库存货物 200 件，问：如何安排每月的货物购进量与销售量，使 4 个月的利润最大？

表 5-6 货物的购货成本及销售价格

月份	购货成本/千元	销售价格/千元	月份	购货成本/千元	销售价格/千元
1	40	45	3	40	40
2	38	42	4	42	44

4. 某工厂有 100 台机器，拟分成 4 批使用，在每一期都有两种生产任务。根据经验，若把 x_i 台机器投入第一种生产任务，则在本期结束后，将有 $1/3x_i$ 台机器损坏报废。剩下的机器全部投入第二批生产任务，将有 1/10 的机器在期末损坏报废。如果完成第一种生产任务时每台机器可获利 10，完成第二种任务时每台机器可获利 7，问应怎样分配使用机器以使得 4 期的总利润最大(期末剩下的完好机器数量不限)？

5. 某公司拟将 0.3 亿元资金用于改造扩建所属的 3 个工厂，每个工厂的利润增长额与所分配到的投资额有关，各工厂在获得不同的投资额时所能增加的利润见表 5-7，问：应该如何分配这些资金，可使得总的利润增长额最大？

表 5-7 工厂在获得不同的投资额时所能增加的利润　　单位：百万元

工厂 \ 投资	0	10	20	30
1	0	2.5	4	10
2	0	3	5	8.5
3	0	2	6	9

6. 用动态规划法求解下列数学模型的解。

(1) $\max Z=4x_1+7x_2+8x_3+10$

$$\begin{cases}2x_1+3x_2+4x_3\leqslant 8\\ x_i\geqslant 0 \text{ 且为整数}, i=1,2,3\end{cases}$$

(2) $\max Z=4x_1+8x_2+2x_3^2$

$$\begin{cases}x_1+x_2+x_3=10\\ x_1, x_2, x_3\geqslant 0\end{cases}$$

(3) $\max Z = x_1 x_2^2 x_3$

$$\begin{cases} 2x_1 + x_2 + x_3 = 4 \\ x_i \geqslant 0,\ i = 1,\ 2,\ 3 \end{cases}$$

7. 某工厂调查市场情况后，估计到今后的 4 个时期市场对产品的需求量变化情况，见表 5-8。

表 5-8 市场对产品的需求量

时期	1	2	3	4
需求量	2	3	2	4

假定不论在任何时期，生产每批产品的固定成本费为 3(单位：千元)，若不生产则为 0。每个单位生产成本为 1(单位：千元)，同时任何一个时期生产能力所允许的最大生产批量为不超过 6 个单位；又设每时期的每个单位产品库存费为 0.5，同时规定在第一期期初及第四期期末均无产品库存。问该厂如何安排各个时期的生产与库存，使得所花的总成本费用最低？

8. 有一部货车每天沿着公路的 4 个零售点卸下 6 箱货物，如果各个零售店出售该货物所得的利润见表 5-9，试求在各零售店各卸下几箱货物，能使得获得的总利润最大？

表 5-9 零售店出售货物所得的利润

利润/百元 箱数/个 商店	0	1	2	3	4	5	6
1	0	4	6	7	7	7	7
2	0	2	4	6	8	9	10
3	0	3	5	7	8	8	8
4	0	4	5	6	6	6	6

9. 完成例 5.6 的求解。

10. 某车间需要按月初供应一定数量的某种部件给总装车间，由于生产条件的变化，该车间在各个月份生产每单位这种部件所需消耗的工时不同，各个月份的生产，除供应下月份的需求外，其余部分可存入仓库供以后月份的需求，但因仓库容量限制，库存部件的数量不能超过某一给定的数值 $H=9$，而开始库存量为 2，期末库存量要求为 0，已知半年期间的各个月份的需求量及在这些月份中生产该部件每单位数量所需工时数见表 5-10。现在要求制订一个半年逐月产量的生产计划，使得既满足供应需求和库容的限制，又使得在这半年中生产这种部件的总耗费工时数最少？

表 5-10 各月份的需求量和生产该部件所需工时数/每单位

月份/k	0	1	2	3	4	5	6
需求量/d_k	0	8	5	3	2	7	4
单位工时/a_k	11	18	13	17	20	10	

关键词及其英文对照

动态规划	dynamic programming
阶段	stage
状态变量	state variable
决策	decision
允许决策集	decision space
最优策略	optimal policy
状态转移	transformation function/state transformation equation
阶段指标	reward function/decision-cost functions
初始状态	source state
最优函数	optimal objective function
动态规划基本方程	Dynamic Programming Functional Equation (DPFE)
静态规划	static problem
顺序解法	forward solution procedure
资源分配问题	the resource allocation problem
旅行推销员问题	the traveling salesperson problem
多阶段决策问题	multi-stage decision making
状态	state
状态可能集合	state space
决策变量	decision variable
策略	policy
指标函数	objective function
最优性原理	principle of optimality
逆序解法	backward solution procedure
最短路问题	shortest path problems

第 6 章　图与网络分析

网络分析(图论)是应用十分广泛的运筹学分支。同其他分支相比，它具有对实际问题描述更直观、将复杂问题分解或转化成为更有效的方法进行求解等特点。其理论和方法广泛应用在物理、化学、控制论、信息论、管理科学、电子计算机等各个领域。本章网络分析将介绍最短路问题、最大流问题、最小费用最大流问题，读者通过学习有关图与网络的基本概念，应了解几种标准的网络模型。

6.1　图与网络的基本概念

6.1.1　图与网络

关于图的第一篇论文是瑞士数学家欧拉在 1736 年发表的，他由于解决了“哥尼斯堡七桥难题”而被公认为图论的创始人。普瑞格尔(Pergel)河从古城哥尼斯堡市中心流过，在河两岸与河心两个小岛之间架设有 7 座桥，如图 6.1(a)所示，问题是一个旅人能否通过每座桥一次且仅一次？欧拉将这个问题归结为如图 6.1(b)所示的问题，他从 A，B，C，D 任一点出发，能否通过每条边一次且仅一次再回到原点。欧拉证明了这样的走法是不存在的，并给出了这类问题的一般结论。

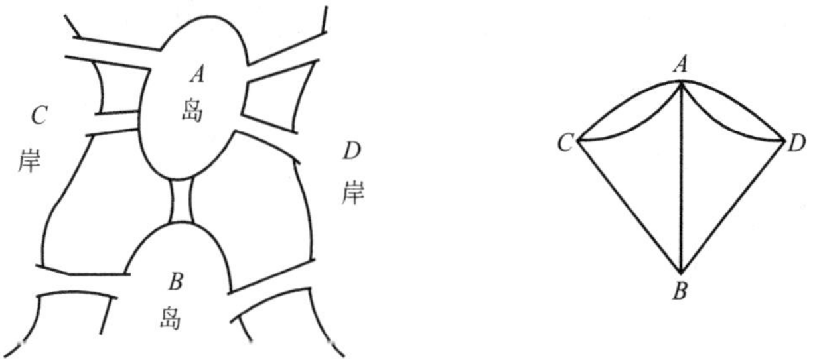

(a)　　(b)

图 6.1　七桥问题

在人类社会的活动中，大量的事物及事物间的关系都可以用图论来描述和解决。例如，我国各省会城市间的航空交通图，反映了各城市间的航班分布，在图论中通常用点表示城市，点与点之间的连线表示城市之间的航线。又如，某饮食店在城市中开设了 6 家连锁店，分布在城市的不同地点，配送中心负责送货，如图 6.2 所示，其中用点表示连锁店，用一条连接点与点的无向线段表示店与店之间的连接路线，并给出它们的相对位置(千米)，现需要给出一条最短的送货路线。再如，在球类比赛中，可以用点代表参赛的运动队。如果某两个队比赛过一次，就在这两个队之间连一条线，并且可以用箭头表示胜负，如图 6.3 所示。从该图可以看出，任一球队已赛过的次数及各队比赛的胜负情况。如甲队参赛三场，战绩是三战三胜；乙队参赛三场，战绩是一胜二负。

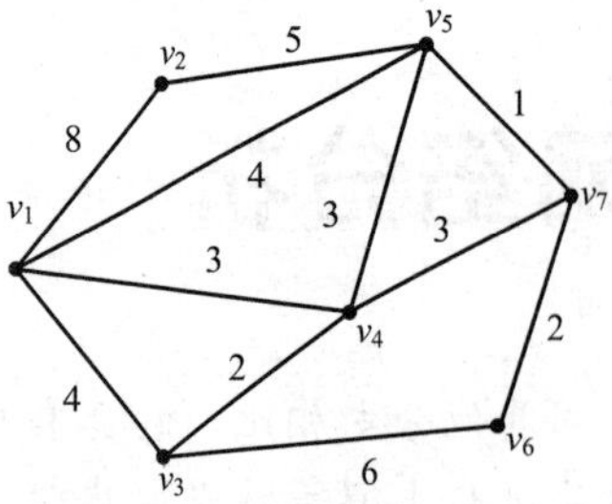

图 6.2 连锁店分布

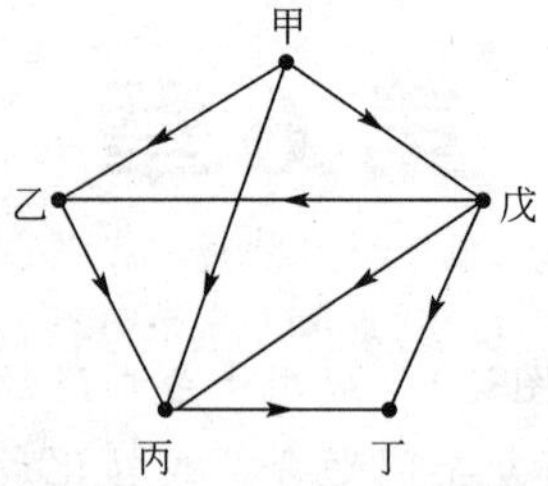

图 6.3 5个球队的赛事结果

一般来说，图论中的图是由点及点与点之间的连线组成的示意图，通常用点代表所研究的对象，用线代表两个对象之间的特定关系。至于图中点的相对位置如何，点与点之间连线的长短曲直，对于反映对象之间的关系，并不重要。

图论中涉及了许多基本概念和表示方法，下面做一些介绍。

1. 无向图和有向图

如果图中点与点间的连线是没有方向性的，则这种连线称为边或无向边。由点和边构成的图称为无向图，记为 $G=(V, E)$。其中 V 是无向图 G 的点集合，E 是无向图 G 的边集合。V 中的元素 ν_i 称为顶点，E 中的元素 e_i 称为边。连接 V 中的两点 ν_i 和 ν_j 的边记为 $[\nu_i, \nu_j]$ 或 $[\nu_j, \nu_i]$。图 6.1 就是一个无向图。

如果图中点与点之间的连线是有方向性的(用箭头表示)，则这种连线称为弧或有向边，可记为 a 或(ν_i, ν_j)。(ν_i, ν_j)中 ν_i 是弧的始点，ν_j 是弧的终点，即弧是由 ν_i 指向 ν_j 的。由点和弧构成的图称为有向图，记为 $D=(\nu, A)$。其中，V 是有向图 D 的点集合，A 是有向图 D 的弧集合。图 6.2 就是一个有向图。有些书上也称有向边为单向边，无向边为双向边。

2. 端点、关联边和相邻

如果边 $e=(\nu_i, \nu_j)$，则称 ν_i 和 ν_j 是 e 的两个端点，称 e 是 ν_i 和 ν_j 的关联边；若 ν_i 和 ν_j 被同一关联边相连，则称点 ν_i 和 ν_j 相邻；若边 e_i 和 e_j 有共同的端点，则称边 e_i 和 e_j 相邻。

3. 环、多重边、简单图和多重图

如果一条边 e 的两个端点相重叠，则称该边为环，如图 6.4 所示的 e_6；如果两点之间有多于一条的关联边，则称该两点具有多重边，如图 6.4 中的 e_2 和 e_3。

含有多重边的图称为多重图，不含环和多重边的图称为简单图，如图 6.5(a)是多重图，图 6.5(b)是简单图。对于有向图，多重弧是指始点和终点相同的弧，即两点之间多条弧的方向是一致的。

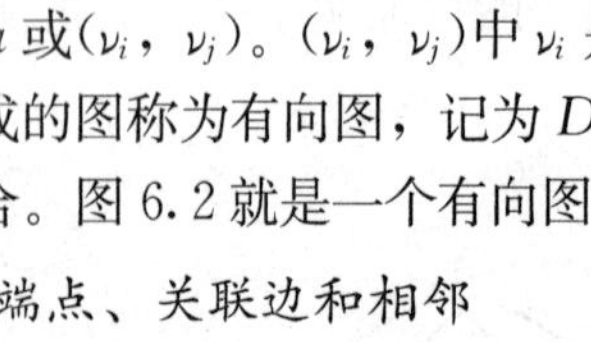

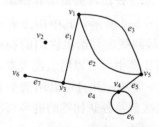

图 6.4 环和多重边示意图

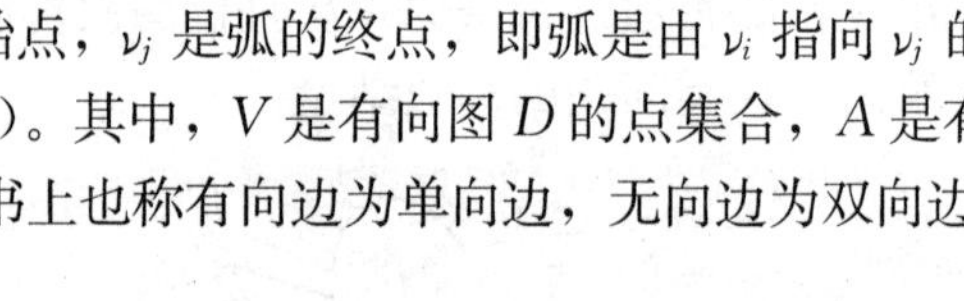

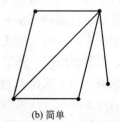

(a) 多重 (b) 简单

图 6.5 简单图和多重图

4. 次、奇点、偶点和孤立点

与某个端点 ν 关联的边的个数，叫做点 ν 的次(也叫做度)，用 $deg(\nu)$表示，简记为 $d(\nu)$。如在图 6.4 中，$d(\nu_4)=4$，这是因为环 e_6 要计算两次。

次为奇数的点称为奇点，次为偶数的点称为偶点。次为 1 的点称为悬挂点，如图 6.4 中的 ν_6。悬挂点的关联边称为悬挂边，如图 6.4 中的 e_7。次为 0 的点称为孤立点，如图 6.4 中的 ν_2。

定理 6-1 任何图中，顶点的次数总和必等于边数的 2 倍。

定理 6-2 任何图中，如果有奇点，那么奇点总和必为偶数。

由于每条边必与两个点相关联，因此在计算点的次数时，每条边均被计算了两次，因此顶点次数的总和必等于边数的 2 倍。同样在任一图中，假设 V_1、V_2 分别为图 G 中奇点与偶点的集合，即 $V_1 \cup V_2=V$ 且 $V_1 \neq \varnothing$，于是由定理 6-1 可知，必有

$\sum\limits_{\nu_i \in \nu_1} d(\nu_i)+\sum\limits_{\nu_j \in \nu_2} d(\nu_j)=2m$，因为式中 $2m$ 是偶数，$\sum\limits_{\nu_j \in \nu_2} d(\nu_j)$ 也是偶数，所以 $\sum\limits_{\nu_i \in \nu_1} d(\nu_i)$ 也必为偶数。

5. 路、连通图和圈

在图 G 中，存在一个以点 ν_1 开始、以点 ν_n 结束的点边交替出现的序列，则称点 ν_1 到 ν_n 的一条链，如图 6.4(ν_1，e_2，ν_5，e_5，ν_4，e_6，ν_4，e_5，ν_5)所示，链中允许有重复的点和边。如果链中存在边不重复的点和边，则称该序列为从 ν_1 到 ν_n 的一条路，如图 6.4(ν_1，e_2，ν_5，e_5，ν_4，e_4，ν_3)所示。如果一条路的起点与终点重合，则称这条路为圈或回路，如图 6.4 所示，(ν_1，e_2，ν_5，e_3，ν_1)就是一个回路。

若在路中，所含的点互不相同，则称这条路为初等路，如图 6.4 中(ν_1，e_3，ν_5，e_5，ν_4)即初等路。

若在路中，所含的边互不相同，则为简单路。如图 6.4 所示，(ν_3，e_4，ν_4，e_6，ν_4，e_5，ν_5)是简单路。既是简单路又是回路的路称为简单回路。

图 G 中，若任何两个不同的点之间，至少存在一条路，则称图 G 为连通图。图 6.4 中，去掉 ν_2 就是连通图；否则，为非连通图。

6. 子图、支撑图和导出子图

若图 $G_1=(V_1, E_1)$和图 $G_2=(V_2, E_2)$，有 $V_1 \subseteq V_2$，且 $E_1 \subseteq E_2$，则称 G_1 是 G_2 的一个子图。若有 $V_1=V_2$ 和 $E_1 \subseteq E_2$，则称 G_1 是 G_2 的支撑图。显然支撑图也是子图，但子图不一定是支撑图。

若图 $G=(V, E)$中去掉点 v_i 及 v_i 的关联边后得到的一个图 G'，称图 G' 为图 G 的导出子图。

图 6.6(b)和图 6.6(c)都是图 6.6(a)的子图，其中图 6.6(b)是图 6.6(a)的支撑图，图 6.6(c)是图 6.6(a)的导出子图。

7. 权、赋权图和网络

边或弧的有关数量指标称为权，如距离、费用、流量等。图 G 中点、边以及边或弧上的权的总体称为赋权图。网络是指定了起点、终点和中间点的连通的赋权图，它包括有向网络、无向网络和混合网络，例如：图 6.2 为无向网络，图 6.3 为有向网络。

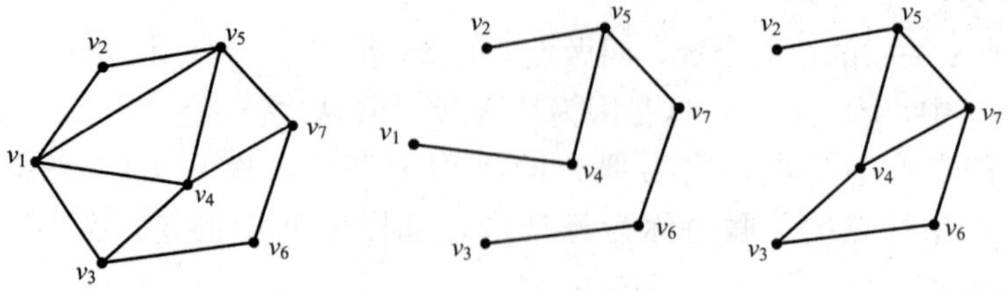

(a) 子图　　(b) 支撑图　　(c) 导出子图

图 6.6　子图、支撑图和导出子图

8. 权矩阵

如果简单图 $G=(V, E)$ 的每条边都有权 w_{ij}，构造 $|\boldsymbol{V}|\times|\boldsymbol{V}|$ 阶矩阵 $\boldsymbol{A}=[a_{ij}]$，其中

$$a_{ij}=\begin{cases} w_{ij} & (\nu_i, \nu_j)\in E \\ 0 & \begin{cases} i=j \\ \nu_i \text{和} \nu_j \text{不相邻} \end{cases} \end{cases} \tag{6-1}$$

称 $\boldsymbol{A}$ 为网络的权矩阵。如图 6.2 的权矩阵为

$$\boldsymbol{A}=\begin{array}{c} \\ \nu_1 \\ \nu_2 \\ \nu_3 \\ \nu_4 \\ \nu_5 \\ \nu_6 \\ \nu_7 \end{array}\begin{array}{c} \begin{array}{ccccccc} \nu_1 & \nu_2 & \nu_3 & \nu_4 & \nu_5 & \nu_6 & \nu_7 \end{array} \\ \begin{bmatrix} 0 & 8 & 3 & 4 & 4 & 0 & 0 \\ 8 & 0 & 0 & 0 & 5 & 0 & 0 \\ 4 & 0 & 0 & 2 & 0 & 6 & 0 \\ 3 & 0 & 2 & 0 & 3 & 0 & 3 \\ 4 & 5 & 0 & 3 & 0 & 0 & 1 \\ 0 & 0 & 6 & 0 & 0 & 0 & 2 \\ 0 & 0 & 0 & 3 & 1 & 2 & 0 \end{bmatrix} \end{array}$$

9. 关联矩阵

若对简单无向图 $G=(V, E)$ 构造 $|\boldsymbol{V}|\times|\boldsymbol{E}|$ 阶矩阵 $\boldsymbol{B}=[b_{ij}]$，其中

$$b_{ij}=\begin{cases} 1 & \nu_i \text{ 和 } e_j \text{ 并联} \\ 0 & \nu_i \text{ 和 } e_j \text{ 不关联} \end{cases} \tag{6-2}$$

称 $\boldsymbol{B}$ 为图 $\boldsymbol{G}$ 的关联矩阵。如图 6.2 的关联矩阵为

$$\boldsymbol{B}=\begin{array}{c} \\ \nu_1 \\ \nu_2 \\ \nu_3 \\ \nu_4 \\ \nu_5 \\ \nu_6 \\ \nu_7 \end{array}\begin{array}{c} \begin{array}{ccccccccccc} e_{12} & e_{13} & e_{14} & e_{15} & e_{25} & e_{34} & e_{36} & e_{45} & e_{47} & e_{57} & e_{67} \end{array} \\ \begin{bmatrix} 1 & 1 & 1 & 1 & 0 & 0 & 0 & 0 & 0 & 0 & 0 \\ 1 & 0 & 0 & 0 & 1 & 0 & 0 & 0 & 0 & 0 & 0 \\ 0 & 1 & 0 & 0 & 0 & 1 & 1 & 0 & 0 & 0 & 0 \\ 0 & 0 & 1 & 0 & 0 & 1 & 0 & 1 & 1 & 0 & 0 \\ 0 & 0 & 0 & 1 & 1 & 0 & 0 & 1 & 0 & 1 & 0 \\ 0 & 0 & 0 & 0 & 0 & 0 & 1 & 0 & 0 & 0 & 1 \\ 0 & 0 & 0 & 0 & 0 & 0 & 0 & 0 & 1 & 1 & 1 \end{bmatrix} \end{array}$$

若对简单有向图 $G=(D, A)$ 构造 $|\boldsymbol{V}|\times|\boldsymbol{A}|$ 阶矩阵 $\boldsymbol{B}=[b_{ij}]$，其中

$$b_{ij}=\begin{cases}1 & \nu_i\text{和}a_{ij}\text{关联，以点}\nu_i\text{结尾}\\-1 & \nu_i\text{和}a_{ij}\text{关联，以点}\nu_i\text{开始}\\0 & \nu_i\text{和}a_{ij}\text{不关联}\end{cases}\tag{6-3}$$

10. 邻接矩阵

若对简单图 $G=(V, E)$ 构造 $|\boldsymbol{V}|\times|\boldsymbol{V}|$ 阶矩阵 $\boldsymbol{C}=(c_{ij})$，其中

$$c_{ij}=\begin{cases}1 & (\nu_i,\ \nu_j)\in E\\0 & \begin{cases}i=j\\\nu_i\text{和}\nu_j\text{不相邻}\end{cases}\end{cases}\tag{6-4}$$

称 $\boldsymbol{C}$ 为图 G 的相邻矩阵。如图 6.2 的相邻矩阵为

$$\boldsymbol{C}=\begin{array}{c}\\\nu_1\\\nu_2\\\nu_3\\\nu_4\\\nu_5\\\nu_6\\\nu_7\end{array}\begin{array}{c}\begin{array}{ccccccc}\nu_1&\nu_2&\nu_3&\nu_4&\nu_5&\nu_6&\nu_7\end{array}\\\begin{bmatrix}0&1&1&1&1&0&0\\1&0&0&0&1&0&0\\1&0&0&1&0&1&0\\1&0&1&0&1&0&1\\1&1&0&1&0&0&1\\0&0&1&0&0&0&1\\0&0&0&1&1&1&0\end{bmatrix}\end{array}$$

6.1.2 树、支撑树和最小树

树图是一种重要的简单图，一个没有回路的连通图称为树，它是连通且不含圈的无向图。树中次大于 1 的点称为分支点，次为 1 的点称为树梢，如图 6.7 所示的都是树。

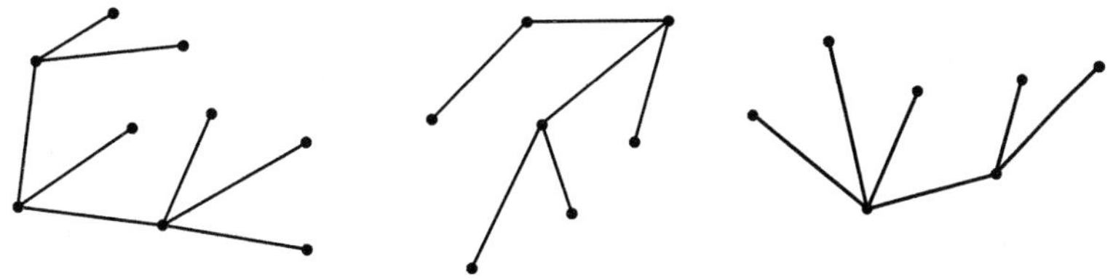

图 6.7 树图示例

图 $T=(V, E)$，其中点有 p 个、边有 q 条，即 $|\boldsymbol{V}|=p$，$|\boldsymbol{E}|=q$，则树的性质有以下 6 种等价的描述。

(1) T 是一个树，其必为无圈的连通图。

(2) T 无圈，且 $p=q-1$。

(3) T 连通，且 $p=q-1$。

(4) T 无圈，但任意两点增加一条边，可得到一个且仅一个圈。

(5) T 连通，但舍去任一条边，图就不连通。

(6) T 中任意两点之间有一条且仅有一条路相连。

这些性质结合具体的树图很容易理解，故证明从略。

设图 $T=(V, E_1)$ 是图 $G=(V, E)$ 的支撑图，如果 T 是一个树，树 T 称为图 G 的支撑树，如图 6.6(b)就是图 6.6(a)的支撑树。

对没有赋权的图来说，要形成支撑树，只要在原图中设法消除圈，使形成的树与原图具有相同的点数即可，因此一个图的支撑树并不唯一。在存在支撑树的赋权图中，必然存在着权最小的支撑树。求权最小的支撑树的问题称为最小树问题。

对于给定网络 $G=(V, E, W)$，设 $T=(V, E_1)$ 为 G 的一个支撑树，令 $W(T)=\sum_{e\in E_1}W(e)$，则称 $W(T)$ 为 T 的权，图 G 中权最小的支撑树就称为 G 的最小树。

最小树在交通网、电力网、电话网和管道网等设计中有着广泛的应用，如设计长度最小的公路网，把若干个城市联系起来；设计线路最短的电话线网，把有关的单位联系起来等。寻找最小树的方法主要有两种：避圈法和破圈法。

1. 避圈法

避圈法(添边法)的基本步骤如下。

(1) 先将图中各边按权的大小顺序由小到大进行排序。

(2) 取原图的全部顶点。

(3) 按照排定的顺序逐步选取边，并使得后续边与已选边不构成圈，同时使所取边为未选边中的最小权边，直到选够 $q=p-1$ 条边为止。

在寻找最小树的过程中，每次所取得的边都是剩余边中最小的，由于图 G 中的总权一定，因此最终找到的树一定是所有支撑树中的最小树。

以图 6.2 为例。设已知各道路长度如图 6.8(a)所示，各边上的数字表示距离，问如何设计线路才能用电缆线最短？这就是一个如何形成最小树的问题。

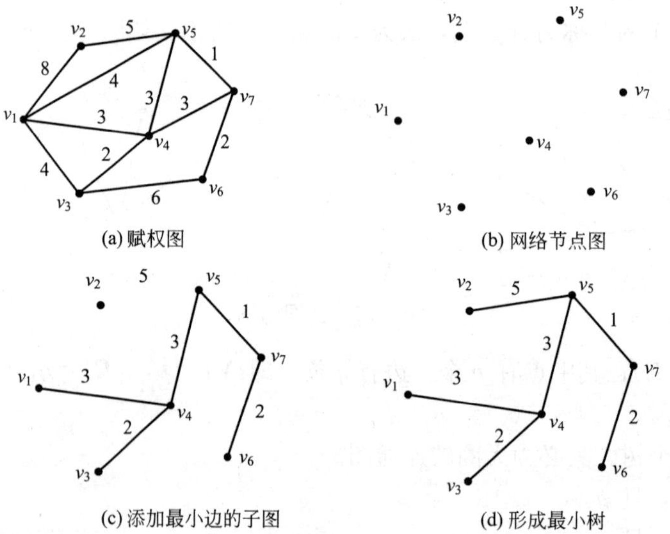

图 6.8 避圈法形成最小树

用避圈法求解，先将图 6.8(a)中的边按权的大小顺序由小到大排列，得到

$(v_5, v_7)=1$，$(v_3, v_4)=2$，$(v_6, v_7)=2$，$(v_1, v_4)=3$，$(v_4, v_5)=3$，$(v_4, v_7)=3$，

$(v_1, v_5)=4$，$(v_1, v_3)=4$，$(v_2, v_5)=5$，$(v_3, v_6)=6$，$(v_1, v_2)=8$；

然后对照原图，取出所有的点，按照边的排列顺序取树枝边。依次取定 $e_{57}=(v_5, v_7)$，$e_{34}=(v_3, v_4)$，$e_{67}=(v_6, v_7)$，$e_{14}=(v_1, v_4)$，$e_{45}=(v_4, v_5)$，由于边 $e_{47}=(v_4, v_7)$、

$e_{15}=(v_1, v_5)$、$e_{13}=(v_1, v_3)$与图 6.8(c)构成圈，故舍去，选下一条边 $e_{25}=(v_2, v_5)$，这时，已有 6 条边将所有的 7 个点连接起来，故得到了最小树，如图 6.8(d)所示。其权和为 $W(T)=\sum W(e)=16$。

2. 破圈法

破圈法与避圈法的思路相反，其基本步骤是：先从图中任选一圈，去掉权最大的边，再找一个圈，去掉权最大的边……，直到形成连通但无圈的树图为止。

在图 6.9(a)中找出一个圈 $\{v_1, v_2, v_5\}$，去掉圈中一条最大的边$(v_1, v_2)=8$，再找第二个圈 $\{v_1, v_4, v_5\}$，去掉圈中一条最大的边(v_1, v_5)，…，在圈 $\{v_4, v_5, v_7\}$ 中一条最大的边有两条，即$(v_4, v_5)=3$，$(v_4, v_7)=3$，可以任意去掉其中的一条，其最小树均为 16。

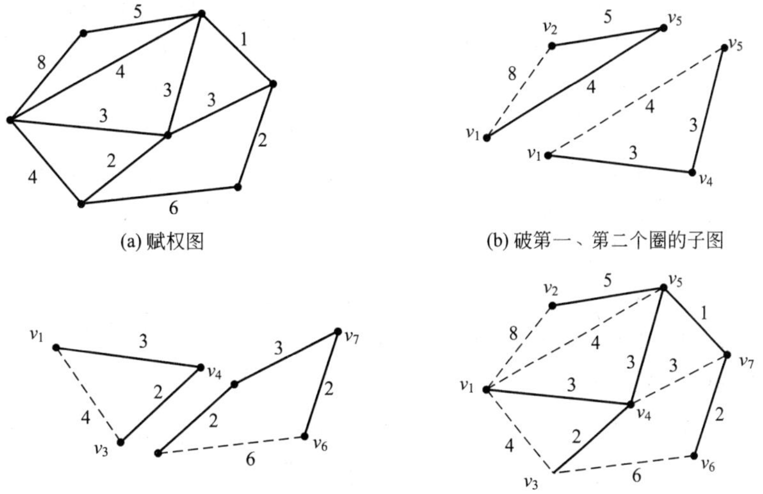

(a) 赋权图　　(b) 破第一、第二个圈的子图

(c) 破第三、第四个圈的子图　　(d) 形成最小树

图 6.9　用破圈法寻找最小树

6.2　最短路问题

6.2.1　最短路问题的一般提法

【例 6.1】 已知如图 6.10 所示的交通网络图，每条边上的数字表示通过这条路所需的千米数，某工厂设在 v_1处，需要将货物送到销售部 v_6处。从图中可知，箭头表示单行道，从 v_1到 v_6有多条线路，实际中为减少成本，需要求使交通里程最短的运货路线。

称求最短路线的问题为最短路问题。图论中最短路问题的一般提法是：给定一个赋权图 $G=(V, E)$，图中 $V=\{v_s, v_1, \cdots, v_{n-1}, v_t\}$，对每一条边 e 有权 w_{ij}（v_i 到 v_j 无关联边时记为 ∞），v_s和 v_t为图中两点，求一条路 P，使得其

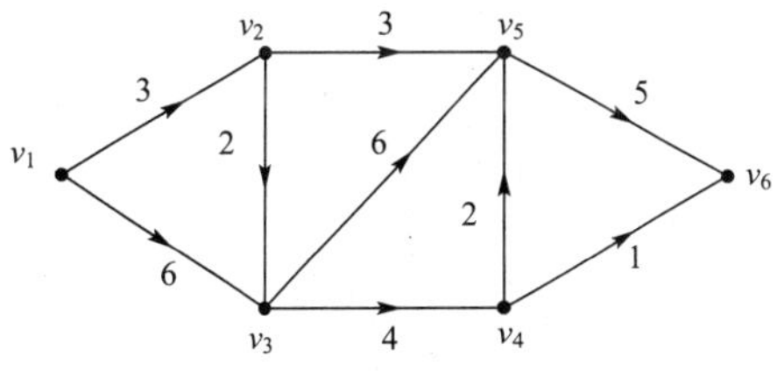

图 6.10　交通网络图

总权 $W(P)$ 从 ν_s 到 ν_t 的所有路中最小，即 $W(P)=\min\limits_{\nu_s\to\nu_t}(\sum w_{ij})$。

在最短路问题中，可以假定相应的图是简单图，如果图中有环则可以删掉；如果图中有多重边，可以根据具体含义删除多余的边，或者将多重边合并为一条边。这样做不会影响最短路问题的实质。

最短路问题大量出现于实际问题中，应用领域主要有管道铺设(输油管道、天然气管道等)、运输线路安排、厂区布局、设备更新，以及计算机网络、电路板布线的选择等。求网络中任意两点间的最短路可以用 D(Dijkstra)算法、B(Bellman)算法、F(Floyd)算法来解决，其中 D 算法用于解决无负权网络的最短路问题，B 算法用于解决有负权网络的最短路问题，F 算法是通过矩阵运算求解网络的最短路问题的方法。本节重点介绍 D 算法。

6.2.2 求最短路问题的 D 算法

本算法是由 E. W. Dijkstra 于 1959 年提出的，可用于求解指定两点 ν_s 和 ν_t 间的最短路和指定点 ν_s 到其余各点的最短路。对于所有的 $w_{ij}\geqslant 0$，由动态规划的最优化原理可以得到最优方程，即 $d(\nu_s,\nu_j)=\min\{d(\nu_s,\nu_i)+w_{ij}\}$，对于 $i\in V$，记为 $w_{ii}=0$；对于 $i\neq j$，若 $\nu_{ij}\notin E$，记为 $w_{ij}=+\infty$。由于 Dijkstra 提出了在所有算出的最短路的权值中，挑选最短的一个作为从 ν_s 到该点的最小权值，这就使得本算法的运算量比动态规划算法有所减少，Dijkstra 算法被公认为是目前求无负权网络最短路问题的最好方法。

Dijkstra 算法的基本思路是：若序列 $(\nu_s,\nu_1,\nu_2,\cdots,\nu_{t-1},\nu_t)$ 是从 ν_s 到 ν_t 的最短路，则序列 $(\nu_s,\nu_1,\nu_2,\cdots,\nu_{t-1})$ 必为从 ν_s 到 ν_{t-1} 的最短路。

具体做法是：对所有的点采用两种标号，即 T 标号和 P 标号，T 标号即临时性标号(Temporary Label)，P 标号为永久性标号(Permanent Label)。给 ν_i 一个 P 标号，用 $P(\nu_i)$ 表示，是指从 ν_s 到 ν_i 的最短路权，ν_i 的标号即不再改变。给 ν_i 一个 T 标号，用 $T(\nu_i)$ 表示，是指从 ν_s 到 ν_i 点估计的最短路权的一个上界，是一种临时性标号。凡是没有得到 P 标号的点都是 T 标号。算法的每一步都把某一点的 T 标号改为 P 标号，当终点 ν_t 得到 P 标号时，全部计算结束。对于有 p 个顶点的图，最多经过 $p-1$ 步计算，就可以得到从始点到各点的最短路。

计算步骤如下。

(1) 给始点 ν_s 一P 标号，$P(\nu_s)=0$，其余各点给 T 标号，$T(\nu_i)=\infty$，$i\neq s$。

(2) 从上次 P 标号的点 ν_i 出发，考虑与之相邻的所有 T 标号点 ν_j，$(\nu_i,\nu_j)\in A$，对 ν_j 的 T 标号做以下修改

$$T(\nu_j)=\min[T(\nu_j),P(\nu_i)+w_{ij}]\quad(j\text{ 为与 }i\text{ 相邻且为 T 标点的点})$$

如果 $T(\nu_j)>P(\nu_i)+w_{ij}$，则把 $T(\nu_j)$ 的值修改为 $P(\nu_i)+w_{ij}$。

(3) 比较以前过程中剩余的所有具有 T 标号的点，把最小的 T 标号括号中对应点 ν_j 的标号改为 P 标号：$P(\nu_j)=\min[T(\nu_j)]$。

(4) 若全部的点均已为 P 标号，则计算停止，否则转回到步骤(2)。

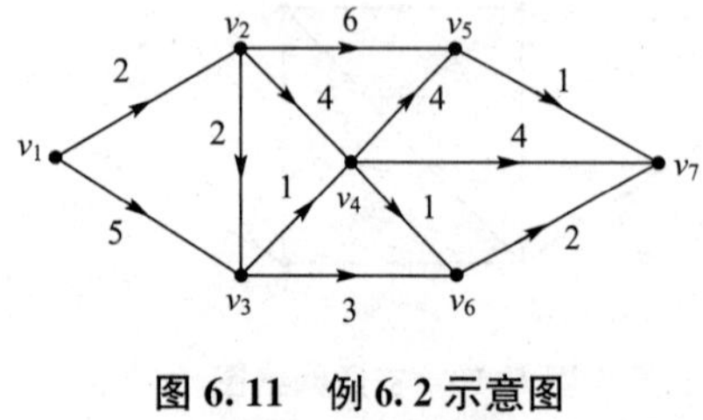

图 6.11 例 6.2 示意图

【例 6.2】 用 D 算法求解图 6.11 中从 ν_1 到 ν_7 的最短路。

解： (1) 首先给 ν_1 一P 标号，$P(\nu_1)=0$，其余各

点给 T 标号，$T(\nu_i)=\infty$，（$i=2$，3，…，7）。

已知 ν_2、ν_3 与 ν_1 相邻，且方向从 ν_1 出发，记为 T 标号，于是有

$$T(\nu_2)=\min[T(\nu_2),\ P(\nu_1)+w_{12}]=\min[\infty,\ 0+2]=2$$

$$T(\nu_3)=\min[T(\nu_3),\ P(\nu_1)+w_{13}]=\min[\infty,\ 0+5]=5$$

$$P(\nu_i)=\min[T(\nu_2),\ T(\nu_3)]=2=P(\nu_2)$$

（2）考虑 ν_2 点，有 ν_3、ν_4、ν_5 与 ν_2 相邻

$$T(\nu_3)=\min[T(\nu_3),\ P(\nu_2)+w_{23}]=\min[\infty,\ 2+2]=4$$

$$T(\nu_4)=\min[T(\nu_4),\ P(\nu_2)+w_{24}]=\min[\infty,\ 2+4]=6$$

$$T(\nu_5)=\min[T(\nu_5),\ P(\nu_2)+w_{25}]=\min[\infty,\ 2+6]=8$$

$$P(\nu_i)=\min[T(\nu_3),\ T(\nu_4),\ T(\nu_5)]=4=P(\nu_3)$$

（3）考虑 ν_3 点，有 ν_4、ν_6 与 ν_3 相邻，前面剩余的 T 标号点 $T(\nu_5)$

$$T(\nu_4)=\min[T(\nu_4),\ P(\nu_3)+w_{34}]=\min[6,\ 4+1]=5$$

$$T(\nu_6)=\min[T(\nu_6),\ P(\nu_3)+w_{36}]=\min[\infty,\ 4+3]=7$$

$$P(\nu_i)=\min[T(\nu_4),\ T(\nu_5),\ T(\nu_6)]=\min(5,\ 8,\ 7)=5=P(\nu_4)$$

（4）考虑 ν_4 点，有 ν_5，ν_6，ν_7 与 ν_4 相邻

$$T(\nu_5)=\min[T(\nu_5),\ P(\nu_4)+w_{45}]=\min[8,\ 5+4]=8$$

$$T(\nu_6)=\min[T(\nu_6),\ P(\nu_4)+w_{46}]=\min[7,\ 5+1]=6$$

$$T(\nu_7)=\min[T(\nu_7),\ P(\nu_4)+w_{47}]=\min[\infty,\ 5+4]=9$$

$$P(\nu_i)=\min[T(\nu_4),\ T(\nu_5),\ T(\nu_6)]=\min(8,\ 6,\ 9)=6=P(\nu_6)$$

（5）考虑 ν_6 点，有 ν_7 与 ν_6 相邻，前面剩余的 T 标号点 $T(\nu_5)$

$$T(\nu_7)=\min[T(\nu_7),\ P(\nu_6)+w_{67}]=\min[9,\ 6+2]=8$$

$$P(\nu_i)=\min[T(\nu_5),\ T(\nu_7)]=\min(8,\ 8)=8=P(\nu_5)=P(\nu_7)$$

由点 ν_1 到点 ν_7 的最短距离为 8。这时由终点向前反推，可找到 ν_1 到网络中各个点的最短路线为：$\nu_1\to\nu_2\to\nu_3\to\nu_4\to\nu_6\to\nu_7$ 和 $\nu_1\to\nu_2\to\nu_5$。

对于有向图，a_{ij} 表示弧的方向 $\nu_i\to\nu_j$，可以认为 a_{ji} 的路不通，即 $T(a_{ji})=\infty$。Dijkstra 的算法依然有效。

用 Dijkstra 算法也可以通过列表方法求解最短路。

【例 6.3】 下面通过列表方法给出求解的过程，求解示意图如图 6.12 所示。

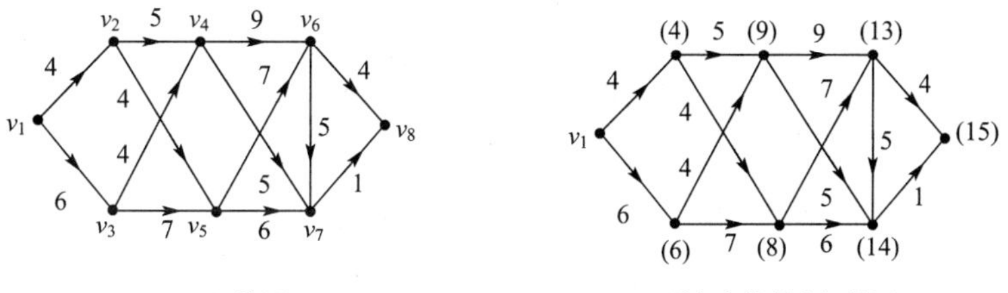

(a) 网络图　　(b) v_s到各点的最小权值图

图 6.12　例 6.3 示意图

根据表 6－1 来分析运用 Dijkstra 算法的过程。

（1）步骤 1 到步骤 7，ν_1～ν_8 对应的单元格中，第一行为各点对应的 T 标号取值，第二行为上一步 P 标号的取值加上考察点到其相邻点的权值，即 $p(\nu_i)+w_{ij}$。

表 6-1 Dijkstra 算法求解过程

步骤	考察点	T 标号点集	$T(v_i)$ P 标号 [ ]							
			v_1	v_2	v_3	v_4	v_5	v_6	v_7	v_8
0	v_1	$v_2 \sim v_8$	[0]	∞	∞	∞	∞	∞	∞	∞
1	v_1	$v_2 \sim v_8$		∞ [0+4]	∞ 0+6	∞	∞	∞	∞	∞
2	v_2	$v_3 \sim v_8$			[6] ∞	∞ 4+5	∞ 4+4	∞	∞	∞
3	v_3	$v_4 \sim v_8$				9 6+4	[8] 6+7	∞	∞	∞
4	v_5	v_4，$v_6 \sim v_8$				[9]		∞ 8+5	∞ 8+6	∞
5	v_4	$v_6 \sim v_8$						[13] 9+9	14 9+7	∞
6	v_6	$v_7 \sim v_8$							[14] 13+5	∞ 13+4
7	v_7	v_8								17 [14+1]

(2) 在每一步中找最小值，用“[ ]”标注，即 $p(v_i)=\min[T(相邻的T标号点集)]$，其对应的列点 v_j 从 T 标号点集中去掉，作为新的 P 标号考察点，直到 T 标号点集为空为止。

(3) 运用公式：$P(v_j)=\min[T(v_j)]$，按有下划线的 $p(v_j)$ 由终点向前反推，找出上一级的 $p(v_i)$点，即 [ ] 标志对应列方向的点 v_i，可得到 v_1 到网络中各个点的最短路线为：$v_1 \to v_2 \to v_5 \to v_7 \to v_8$，$v_1 \to v_2 \to v_5 \to v_6$，$v_1 \to v_3$ 和 $v_1 \to v_2 \to v_4$。

6.3 最大流问题

6.3.1 模型及基本理论

现实生活中存在许多流量问题，如交通运输网络中的人流、车流、物流，供水网络中的水流，金融系统中的现金流，通信系统中的信息流等流量，如何使网络输送(或传输)能力达到最大，就属于最大流问题。

【例 6.4】 如图 6.13(a)所示，假定为一个电力输送网，每条弧上的数字表示其最大容量(单位为兆瓦)，现在的目的是要把电力由发电厂 v_s输送到地区 v_t处，问：如何安排输送，才能使得由 v_s到 v_t输送的电力最大？

在网络 $D=(V, A, C)$中，设 v_s为发点，v_t为收点，其余各点为中间点；以 f_{ij} 表示弧 (v_i, v_j)上的流量，总流量设为 F，c_{ij} 为每一条弧上的容量。一个网络 G 的流量值定义为从起点流出的总流量 $V(f)$，应满足容量限制条件和流量平衡条件：每一条弧上的流量应小

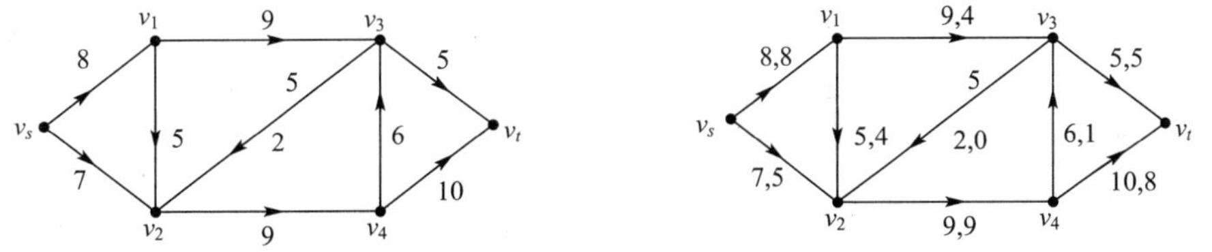

(a) 电力输送网络图　　(b) 容量和运量的一个方案

图 6.13　例 6.4 示意图

于等于容量，中间点的流入量总和等于其流出量总和，对于始点和终点，总输出量等于总输入量，则网络 D 上的最大流问题的线性规划模型为

$$\max F = V(f)$$

$$s.t.\begin{cases} 0 \leqslant f_{ij} \leqslant c_{ij} \\ \sum f_{ij} - \sum f_{ji} = \begin{cases} \nu(f) & \text{发点} \\ 0 & \text{中间点} \\ -\nu(f) & \text{收点} \end{cases} \quad (i=1,\ 2,\ \cdots,\ n-1;\ j=2,\ 3,\ \cdots,\ n) \end{cases} \tag{6-5}$$

其中，$V(f) = \sum_{j \in V} f_{sj}$

图 6.13(b)给出了例 6.4 的一个方案，每条弧上的数字表示该方案中的容量和运输量(c_{ij}，f_{ij})。这一方案使得 13 个单位的电力由 ν_s 送到 ν_t，这一方案是不是最优方案呢？换一种说法，这一网络中的总输出量还能否再增加呢？为此需要先了解一些最大流问题的基本概念。

1. 可行流与最大流

满足式(6－5)约束条件的流 f 称为可行流，可行流总是存在的。如果所有的弧的流量均取 0，即对于所有的 i、j，$f_{ij}=0$，称此可行流为零流。如果某一个弧的流量 $f_{ij}=c_{ij}$，则称流 f_{ij} 为饱和流，否则为非饱和流。$f_{ij}>0$ 的弧称为非零流弧。定义在边集合 E 上的任意一个函数 $f=\{f_{ij}\}$ 为网络 G 上的一个流。最大流问题就是求一个可行流 $f=\{f_{ij}\}$，使其总流量 F 达到最大。

2. 割集与割量

给定网络 $D=(V,\ A,\ C)$，设 S、T 为 V 中的两个非空的真子集，$\nu_s \in S$，$\nu_t \in T$，且有 $S \cup T = V$，$S \cap T = \varnothing$，则把弧集(S，T)称为分离 ν_s 和 ν_t 的割集。每一割集中的所有弧的容量之和，称为该割集的割量。

例如，在图 6.13 中加两道虚线，如图 6.14 所示，得到点集 $S_1=\{\nu_s\}$ 和 $T_1=\{\nu_1,\ \nu_2,\ \nu_3,\ \nu_4,\ \nu_t\}$，以及 $S_2=\{\nu_s,\ \nu_1,\ \nu_2\}$ 和 $T_2=\{\nu_3,\ \nu_4,\ \nu_t\}$。相应的割集分别为($S_1$，$T_1$)$=\{(\nu_s,\ \nu_1),\ (\nu_s,\ \nu_2)\}$ 和(S_2，T_2)$=\{(\nu_1,\ \nu_3),\ (\nu_2,\ \nu_3),\ (\nu_2,\ \nu_4)\}$。其割集容量分别为 15 和 20。

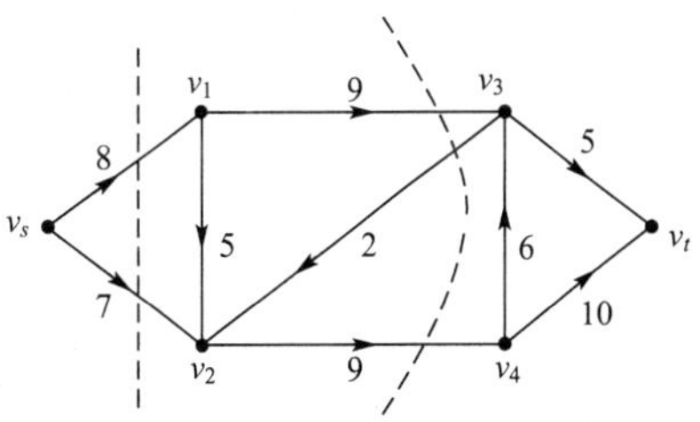

图 6.14　割集示意图

网络中的割集并不唯一。虽然割集有多个，但割集数量有限。在网络中，割量最小的割集称为最小割集，其割量为网络的最小割量，简称为最小割。由于任一割集均为网络中由v_s到v_t的必经之路，所以，网络中的任一可行流都将不会超过相应每个割集的割量，而最大流必为网络中的最小割。

定理 6-3(最大流最小割定理) 在任一网络中，从v_s到v_t的最大流的流量等于分割v_s和v_t的最小割的容量。

3. 前向弧、后项弧和增广链

设μ是网络D中从发点v_s到收点v_t的一条路，若弧的方向与路μ的方向一致，则称为前向弧，前向弧的全体记为μ^+；另一类是弧的方向与路μ的方向相反，则称为后向弧，后向弧的全体记为μ^-。

给定一个可行流f，μ是一条从v_s到v_t的路，若满足以下条件

(1) 对弧$(v_i, v_j)\in\mu^+$，有$0\leqslant f_{ij}<c_{ij}$，且μ^+中的每一条弧都是非饱和弧。

(2) 对弧$(v_i, v_j)\in\mu^-$，有$0<f_{ij}\leqslant c_{ij}$，且μ^-中的每一条弧都是非零流弧。

则称μ为关于可行流f的一条增广链。

进一步可以得出结论：若f^*是网络中的一个最大流，则D中不存在关于f^*的增广链。

增广链的实际意义是，沿着这条路从v_s到v_t输送的流还有潜力可挖，只需对可行流f进行调整，就可以把流量提高。调整后的流在各点上仍然满足平衡条件及容量限制条件。这样就得到了一个寻求最大流的方法：从一个可行流开始，寻求关于这个可行流的增广链：若存在，则进行调整，得到一个新的可行流，其流量会比以前有所增加。重复这个过程，直到不存在关于该流的增广链时，便得到了最大流。

6.3.2 求最大流的标号算法

寻找最大流的方法实际上是寻找增广链，以使网络的流量不断增加，直到最大为止。对于简单的网络图通常可以很容易地看到所有的增广链，然后逐一地调整其流量，直到没有增广链为止。但是对于复杂的网络图，并不能通过观察找出其增广链，而此时就需要采用标号算法来寻找到最大流。

1. 标号过程

在这个过程中，对网络中的各点进行标号，标号后的点被分为已检查的点和未检查的点两种。每个标号点的标号内容包括两部分：①第一标号，表示该标号的前一步是从哪一点得来的，以便找出增广链；②第二标号是为确定增广链的调整流量θ，改进f用的。在网络中通常用一个圆括号将这两部分括在一起，形如(第一标号，第二标号)。

首先给发点v_s以标号$(0, +\infty)$。

第一步，选择一个已经标号的点v_i，对于v_i的所有未给标号的邻接点v_j按下列规则处理。

(1) 若弧$(v_i, v_j)\in A$，且$f_{ij}<c_{ij}$，则令$\theta_j=\min(c_{ij}-f_{ij}, \theta_i)$，并给$v_j$以$(+v_i, \theta_j)$。

(2) 若弧$(v_j, v_i)\in A$，且$f_{ji}>0$，则令$\theta_j=\min(\theta_i, f_{ji})$，并给$v_j$以$(-v_i, \theta_j)$。

第二步，重复第一步，直至收点v_t被标号为止。

这时，v_i是标号且已检查过的点。在标号过程中，D中的有些点有可能被标上多个标

号，有的标号来自于(1)，有的可能来自(2)，这时保留(1)得到的标号；若从(1)得到的标号有多个时，保留 θ_i 值最大的一个作为标号。

如果 v_t 得到了标号，说明存在一条增广链，可转入调整过程；若 v_t 标号过程已无法进行，说明 f 已是最大流。

2. 调整过程

首先按 v_t 及其他点的第一个标号，利用反向追踪的办法找出增广链 μ，然后沿着增广链调整 f 以增加流量，调整方法如下

令
$$f'_{ij}=\begin{cases} f_{ij}+\theta, & 若(v_i,\ v_j)\in\mu^+ \\ f_{ij}-\theta, & 若(v_i,\ v_j)\in\mu^- \\ f_{ij}, & 若(v_i,\ v_j)\notin\mu \end{cases}$$

调整结束后去掉所有标号，回到标号过程的第一步，对可行流 f' 重新标号。

对于例 6.4，可以以图 6.13(b)给出的方案为可行流，用标记法求网络的最大流，网络图如图 6.15 所示。

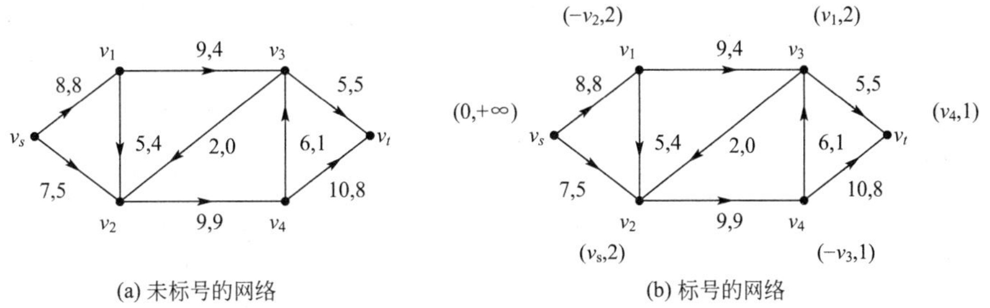

图 6.15　例 6.4 的网络图

解： 1) 标号过程

(1) 给发点 v_s 标上(0，$+\infty$)。

(2) 对 v_s 进行检查，从 v_s 点出发的边(v_s，v_1)上，$f_{s,1}=c_{s,1}=8$，不满足标号条件，故 v_1 得不到标号；在边(v_s，v_2)上，$f_{s,2}<c_{s,2}$，故 v_2 得到标号

$$(v_s,\ \theta_2),\ \theta_2=\min\{\theta_s,\ (c_{s,2}-f_{s,2})\}=\min\{\infty,\ (7-5)\}=2$$

即(v_s，2)，v_s 成为已检查过的点。

(3) 取已标号而未检查的点 v_2，检查 v_2 在边(v_1，v_2)上，$f_{1,2}=4>0$，故得到标号($-v_1$，θ_1)，并且有 $\theta_1=\min(\theta_2,\ f_{1,2})=\min(2,\ 4)=2$，即($-v_2$，2)；在边($v_3$，$v_2$)上，$f_{3,2}=0$，故 v_3 得不到标号；在边(v_2，v_4)上，$f_{2,4}=c_{2,4}=9$，故 v_4 得不到标号，v_2 也成为已检查过的点。

(4) 检查 v_1 在边(v_1，v_3)上，$f_{1,3}<c_{1,3}$，故 v_3 得到标号

$$(v_3,\ \theta_3),\ \theta_3=\min\{\theta_1,\ (c_{1,3}-f_{1,3})\}=\min\{2,\ (9-5)\}=2$$

即(v_1，2)，v_1 成为已检查过的点。

(5) 检查 v_3，在边(v_3，v_t)上，$f_{3,t}=c_{3,t}=5$，故 v_t 得不到标号；在边(v_3，v_4)上，$f_{3,4}=1>0$，故得到标号($-v_3$，θ_4)，并且有 $\theta_4=\min(\theta_3,\ f_{3,4})=\min(2,\ 1)=1$，即($-v_3$，1)。

(6) 检查 v_4，在边(v_4，v_t)上，$f_{4,t}<c_{4,t}$，故 v_t 得到标号

(ν_4, θ_t), $\theta_t = \min\{\theta_4, (c_{4,t} - f_{4,t})\} = \min\{1, (10-8)\} = 1$

即 $(\nu_4, 1)$，ν_t 成为已检查过的点，进入下阶段调整过程。

2) 调整过程

(1) 按反向追踪，由发点的第一个标记找到一条增广链 $(\nu_s \nu_2 \nu_1 \nu_3 \nu_4, \nu_t)$，如图 6.16(a) 所示的双线。

(2) 按 $\theta = \theta_t = 1$，调整增广链各边的流量

$$f'_{s,2} = f_{s,2} + \theta = 5 + 1 = 6$$
$$f'_{1,3} = f_{1,3} + \theta = 4 + 1 = 5$$
$$f'_{4,t} = f_{4,t} + \theta = 8 + 1 = 9$$
$$f'_{1,2} = f_{1,2} - \theta = 4 - 1 = 3$$
$$f'_{4,3} = f_{4,3} - \theta = 1 - 1 = 0$$

其他边上的流量保持不变。调整后得到网络图上的一个新的可行流，如图 6.16(b) 所示。

重复上述标号过程，寻求增广链。第二次给每一个点标号如图 6.16(c) 所示，开始给 s 标号 $(0, +\infty)$，检查 ν_s，给 ν_2 标号 $(\nu_s, 1)$；检查 ν_2，给 ν_1 标号 $(-\nu_2, 1)$；检查 ν_1，给 ν_3 标号 $(\nu_1, 1)$；检查 ν_3，在边 (ν_3, ν_4) 上，$f_{3,4} = 0$，边 (ν_3, ν_t) 上，$f_{3,t} = c_{3,t} = 5$，均不符合标号条件，标号过程无法进行，故图 6.16(b) 给出的可行流就是网络的最大流。最大流量为

$$V(f^*) = f_{s,1} + f_{s,2} = f_{3,t} + f_{4,t} = 14$$

现已标号的顶点集合 $S = \{\nu_s, \nu_2, \nu_1, \nu_3\}$，未标号的顶点集合 $T = \{\nu_4, \nu_t\}$，$(S, T) = \{(\nu_2, \nu_4), (\nu_3, \nu_t)\}$，其割集容量为 14。由此可见，最小割的容量大小就是最大流的流量。

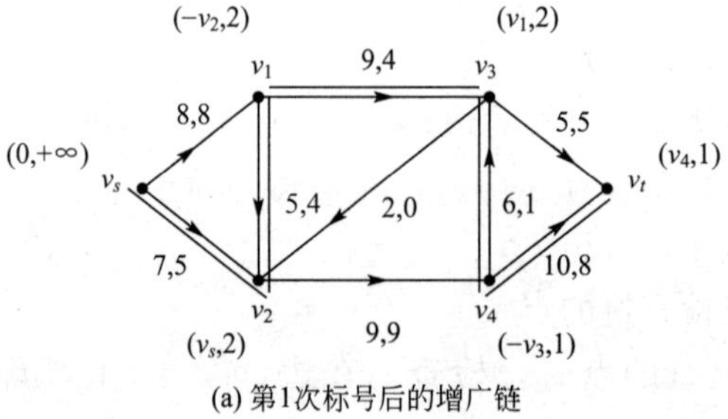

(a) 第1次标号后的增广链

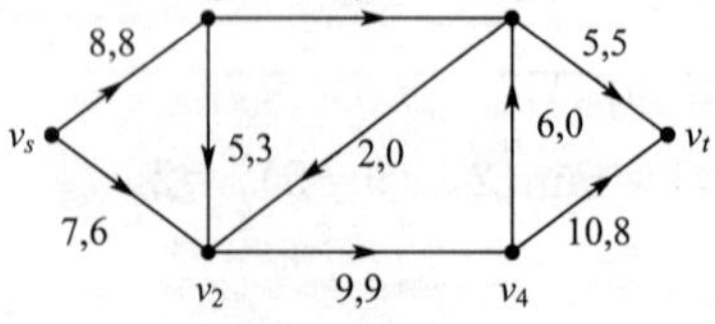

(b) 调整后的可行流图

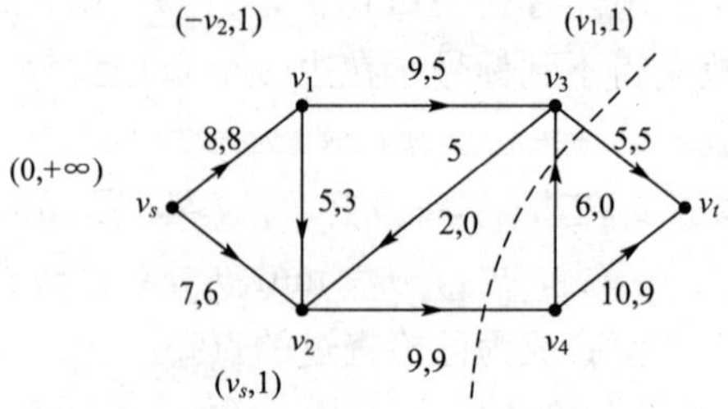

(c) 例6.4第2次标号后的网络图

图 6.16 例 6.4 标号及调整过程

6.4 最小费用最大流问题

6.4.1 模型及基本概念

前面两节分别讨论了最短路和最大流的问题，但是在实际生活中人们所遇到有关“流”的问题往往是两者的结合，在求解最大流问题的时候，如果考虑管道的长度、运送成本等因素，则通过单位流量的费用也会有差别。所以，一般除了要求通过的流量最大外，经常还希望通过一定流量的费用也能最小化，这就是最小费用最大流问题。

最小费用最大流问题的一般提法是：在一个给定的网络 $D=(V, A, C, B)$的每一条弧上，除了给出容量 c_{ij} 之外，还给出了每一弧上单位流量的费用 b_{ij}，当最大流不唯一时，在这些最大流中求一个 f，使流 f 的总费用达到最小，即

$$\min b(f)_{f:f为最大流} = \sum b_{ij} * f_{ij} \big|_{(v_i,v_j)\in E}$$

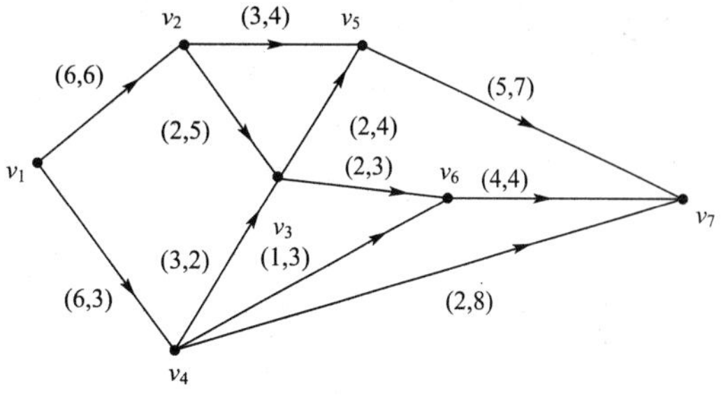

图 6.17 例 6.5 的网络图

【例 6.5】 有一石油输送管网如图 6.17 所示，弧上的括号中标注的是(c_{ij}，b_{ij})，求输送管网最大流方案。

解：最大流方案 1 $v_1 \to v_2 \to v_5 \to v_7$，$f^1=3$ $v_1 \to v_4 \to v_7$，$f^2=2$

$v_1 \to v_4 \to v_6 \to v_7$，$f^3=1$ $v_1 \to v_2 \to v_3 \to v_5 \to v_7$，$f^4=2$

$v_1 \to v_4 \to v_3 \to v_6 \to v_7$，$f^5=2$，最大流量为 10。

最大流方案 2 $v_1 \to v_2 \to v_5 \to v_7$，$f^1=3$ $v_1 \to v_4 \to v_7$，$f^2=2$

$v_1 \to v_4 \to v_6 \to v_7$，$f^3=1$ $v_1 \to v_2 \to v_3 \to v_5 \to v_7$，$f^4=1$

$v_1 \to v_4 \to v_3 \to v_5 \to v_7$，$f^5=1$ $v_1 \to v_4 \to v_3 \to v_6 \to v_7$，$f^6=2$，最大流量也为 10。

不难看出，当最大流问题有多重方案时，一定存在最小费用最大流。

6.4.2 最小费用最大流问题的解法

解决这类问题的方法可以从最小费用出发，每次找出最小的支路单位流量费用，再求出累计的最小费用最大流(算法一)；也可以从最大流出发，在最小的支路单位流量费用存在的前提下，寻找增广链(算法二)。

1) 算法一的步骤

(1) 在不考虑费用的情况下，计算网络的最大流，以确定停止计算的条件。

(2) 求解网络 v_s 到 v_t 的最短路问题，即最小的支路单位流量费用 b^1，确定支路的最大流量 f^1，然后求出该支路的费用流为 $b_1(f)=b^1 \times f^1$。

(3) 网络中不考虑已饱和的支路，再寻求次最短路单位流量费用和支路的流量，依次开始寻求 $b^3 \cdots$，$f^3 \cdots$，累计支路的费用流 $F=\sum b^i \times f^i$。

(4) 当累计的输出流量等于网络的最大流时，即得到给定流量条件下的最小费用最大流。

下面用算法一对例 6.5 求解最小费用最大流。

解：(1) 在不考虑费用的情况下，(c_{ij}，b_{ij})可视为(c_{ij}，0)，则求出网络的最大流为 $f=10$。

(2) 在不考虑流量的情况下，(c_{ij}, b_{ij})可视为$(0, b_{ij})$，求出第一条最小费用支路：$v_1 \to v_4 \to v_6 \to v_7$，单位流量费用$b^1=3+3+4$，支路流量$f^1=\min(6, 1, 4)=1$，支路费用流$b_1(f)=b^1 \times f^1=10 \times 1=10$。调整网络流量，$v_1 \to v_4 \to v_6 \to v_7$各支路流量减1，由于支路$(v_4, v_6)$流量已饱和，网络中$v_4$与$v_6$之间断开，由此得到新的网络，如图6.18(a)所示。

(3) 在查找次最小费用支路即新网络的最小费用支路时，网络的最小费用支路为$v_1 \to v_4 \to v_7$，单位流量费用$b^2=3+8$，支路流量$f^2=\min(6-1, 2)=2$，累计流量$\sum f^i=1+2=3$，支路费用流$b^2 \times f^2=11 \times 2=22$。这时可将$(v_4, v_7)$之间断开，$v_1 \to v_4 \to v_7$各支路流量减2，如图6.18(b)所示。

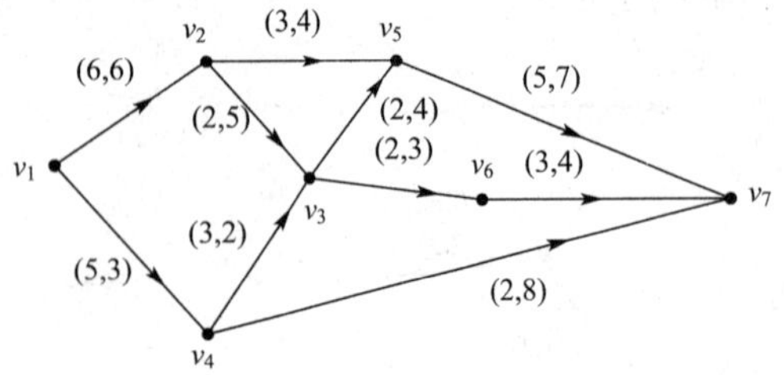

(a) 消去第一条饱和支路

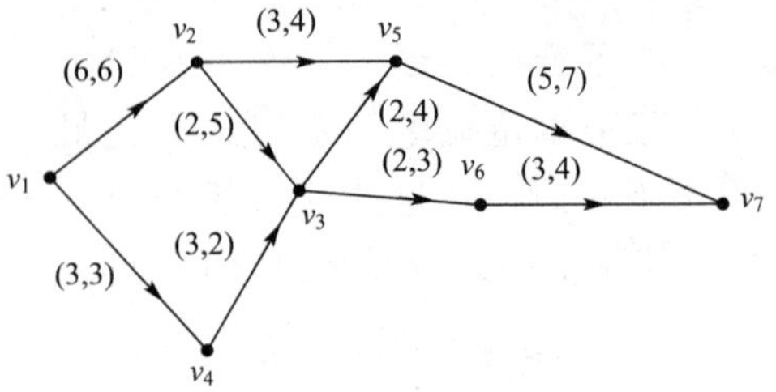

(b) 消去第二条饱和支路

图6.18 例6.5的网络算法一图解过程

(4) 类似第(3)步不断迭代查找，当累计流量达到10时或从v_1到v_7不再有流量支路时，就得到了网络的最小费用最大流，见表6-2。

表6-2 最小费用最大流求解过程

支路	最小费用支路(最短路)	单位流量费用b^i	流量f^i	支路费用流$b^i \times f^i$	累计流量$\sum f^i$	累计费用流$\sum b^i \times f^i$
1	$v_1 \to v_4 \to v_6 \to v_7$	10	1	10	1	10
2	$v_1 \to v_4 \to v_7$	11	2	22	3	32
3	$v_1 \to v_4 \to v_3 \to v_6 \to v_7$	12	2	24	5	56
4	$v_1 \to v_4 \to v_3 \to v_5 \to v_7$	16	1	16	6	72
5	$v_1 \to v_2 \to v_5 \to v_7$	17	3	51	9	123
6	$v_1 \to v_2 \to v_3 \to v_5 \to v_7$	22	1	22	10	145

2) 最小费用最大流的算法二

第一步，取$k=0$，$f^{(0)}=0$，$f^{(0)}$是零流中费用最小的流。

第二步，构造一个赋权有向图$W(f^{(k)})$，它的顶点与原来的网络图D的顶点相同，但把D中的每一条边(v_i, v_j)变成两个方向相反的边(v_i, v_j)和(v_j, v_i)，两边的权分别为w_{ij}和w_{ji}

$$w_{ij}=\begin{cases} b_{ij} & 若\ f_{ij}<c_{ij} \\ \infty & 若\ f_{ij}=c_{ij} \end{cases}, \quad w_{ji}=\begin{cases} -b_{ij} & 若\ f_{ij}>0 \\ \infty & 若\ f_{ij}=0 \end{cases}$$

权值为∞的边在图$W(f^{(k)})$中可以不表示出来。

第三步，采用最短路算法，在赋权有向图$W(f^{(k)})$中找出v_s到v_t的最短路，此时分以下两种情况。

(1) 若不存在最短路，则 $f^{(k)}$ 就是最小费用最大流，算法终止。

(2) 若存在最短路，记为 μ，则 μ 是原网络中的一个增广链，在增广链 μ 上对 $f^{(k)}$ 进行调整

$$f_{ij}^{(k)}=\begin{cases} f_{ij}+\theta & 若(\nu_i,\ \nu_j)\in\mu^{+} \\ f_{ij}-\theta & 若(\nu_i,\ \nu_j)\in\mu^{-} \\ f_{ij} & 若(\nu_i,\ \nu_j)\notin\mu \end{cases}$$

调整量为 $\theta=\min[\min\limits_{\mu^{+}}(c_{ij}-f_{ij}^{(k)}),\ \min\limits_{\mu^{-}}(f_{ij}^{(k)})]$，于是得到一个新的可行流

$$f^{(k+1)}=\begin{cases} f^{(k)}+\theta & 若(\nu_i,\ \nu_j)\in\mu^{+} \\ f^{(k)}-\theta & 若(\nu_i,\ \nu_j)\in\mu^{-} \\ f^{(k)} & 若(\nu_i,\ \nu_j)\notin\mu \end{cases}$$

令 $k=k+1$，转入第二步。

【例 6.6】 用算法二求图 6.19(a)最小费用最大流，弧上的数字为(c_{ij}，b_{ij})。

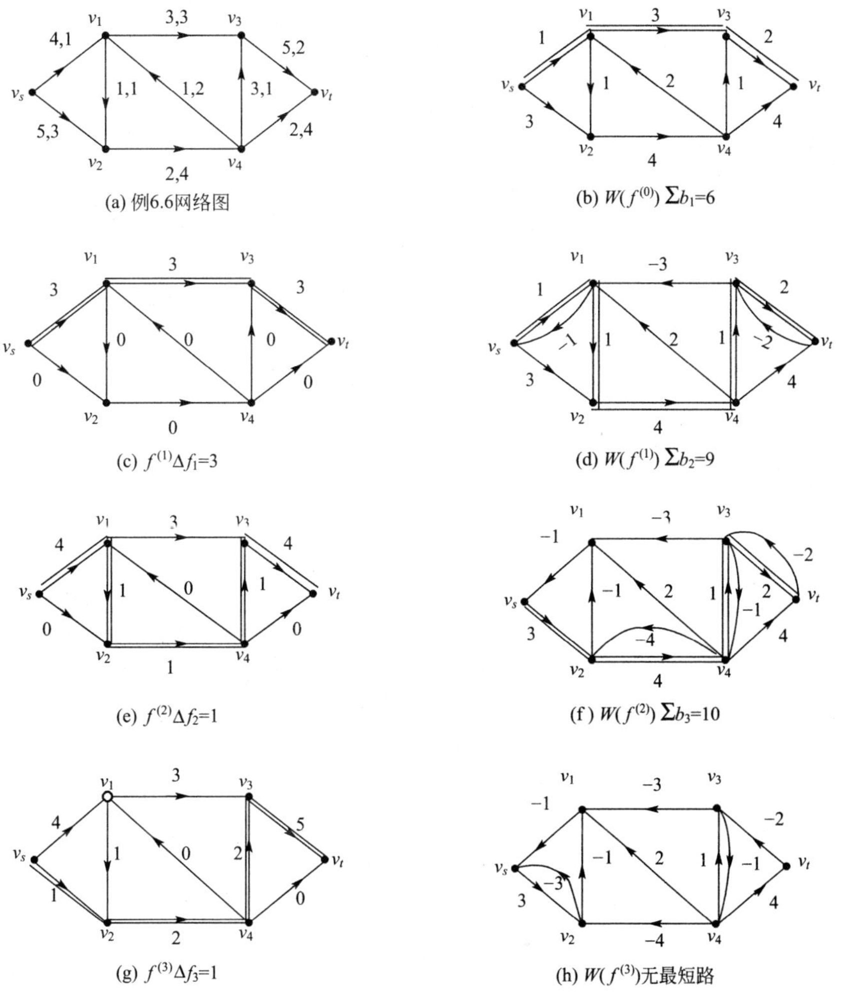

(a) 例6.6网络图　(b) $W(f^{(0)})$ $\Sigma b_1=6$

(c) $f^{(1)}$ $\Delta f_1=3$　(d) $W(f^{(1)})$ $\Sigma b_2=9$

(e) $f^{(2)}$ $\Delta f_2=1$　(f) $W(f^{(2)})$ $\Sigma b_3=10$

(g) $f^{(3)}$ $\Delta f_3=1$　(h) $W(f^{(3)})$无最短路

图 6.19　例 6.9 的网络算法二图解过程

解：(1) 取 $f^{(0)}=0$ 为初始可行流。

(2) 构造一个赋权有向图 $W(f^{(0)})$，采用最短路算法，在赋权有向图 $W(f^{(k)})$ 中找出 v_s 到 v_t 的最短路：(v_s, v_1, v_3, v_t)，如图 6.19(b)$W(f^{(0)})$ 双线所示。

(3) 在原网络与最短路相应的增广链是 $\mu=\{v_s, v_1, v_3, v_t\}$，在 μ 上进行调整，$\theta=\min[4, 3, 5]=3$，如图 6.19(c)$f^{(1)}$ 双线所示。

(4) 构造新的赋权有向图 $W(f^{(1)})$，并求出 v_s 到 v_t 的最短路：$(v_s, v_1, v_2, v_4, v_3, v_t)$，如图 6.19(d)所示。

(5) 在增广链 $\{v_s, v_1, v_2, v_4, v_3, v_t\}$ 上进行调整，$\theta=\min[(4-3), 1, 2, 3, (5-3)]=1$，如图 6.19(e)$f^{(2)}$ 所示。

(6) 重复上述步骤，可得到 $W(f^{(3)})$，并求出 v_s 到 v_t 的最短路：(v_s, v_2, v_4, v_t)，如图 6.19(f)所示。

6.5 应用案例

案例 1

旅行商问题

已知北京(B)某国际旅行社安排纽约(N)、巴黎(P)、伦敦(L)、东京(T)、墨西哥(M)的旅游项目，从北京出发乘飞机分别到这 5 个城市巡回旅行，每个城市只去一次，最后回到北京，各城市之间的航线距离如权矩阵 S 所示

$\boldsymbol{S}=$（百千米）

	L	M	N	P	B	T
L	—	56	35	21	51	60
M	56	—	21	57	78	70
N	35	21	—	36	68	68
P	21	57	36	—	51	61
B	51	78	68	51	—	13
T	60	70	68	61	13	—

试问如何安排旅游路线，使旅游路程最短？

案例 2

总部选址问题

某矿区有 10 个矿井，分布如图 6.20 所示，其中 v_1、v_2、…、v_{10} 表示这 10 个矿井所在地，边表示两矿井的道路，边上的数字为两者之间的距离，这 10 个矿井每天的矿石产量分别是 3、4、2、6、3、4、5、2、1、7(单位：吨)，现在要在这 10 个矿井点选中一处建矿石加工厂，问如何选址最为理想。

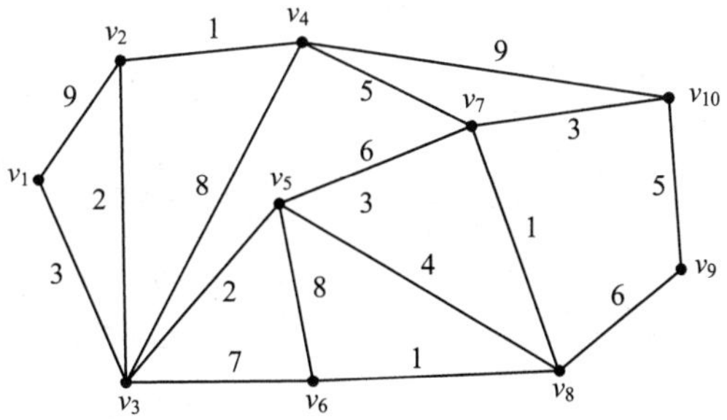

图 6.20 矿井分布图

习 题

1. 下列序列为某个网络图所有顶点的次的序列，说明它们能否形成一个简单图。

(1) 2，4，2，3，1，3　　(2) 7，3，5，4，1　　(3) 2，3，3，4，4

2. 已知有 8 种化学物品 A、B、C、D、P、R、S、T 要由库房保管。为了存放安全，下列物品不能放在同一柜子里：A—R，A—T，A—C，P—R，P—D，P—S，S—T，T—B，B—D，D—C，R—S，R—B，S—C，S—D，问存放这 8 种物品至少需要多少个柜子?

3. 求出图 6.21 的最小生成树。

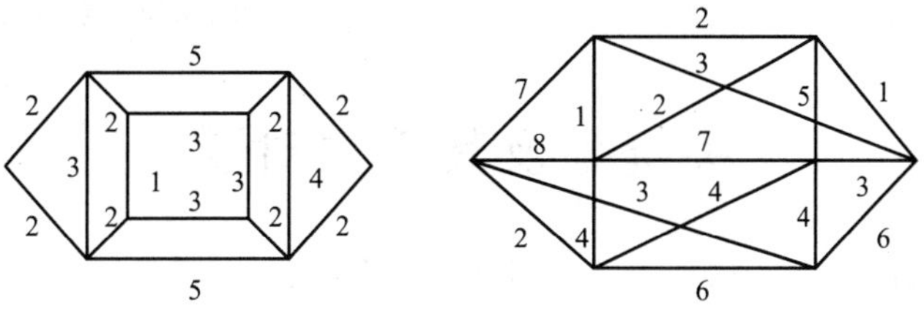

(a)　　(b)

图 6.21 网络图

4. 有若干个城市图如图 6.22 所示，点表示城市，连线表示城市间有道路连接，数字表示道路的长度。计划从 S 铺设管道到 T，设计一条最短路径。

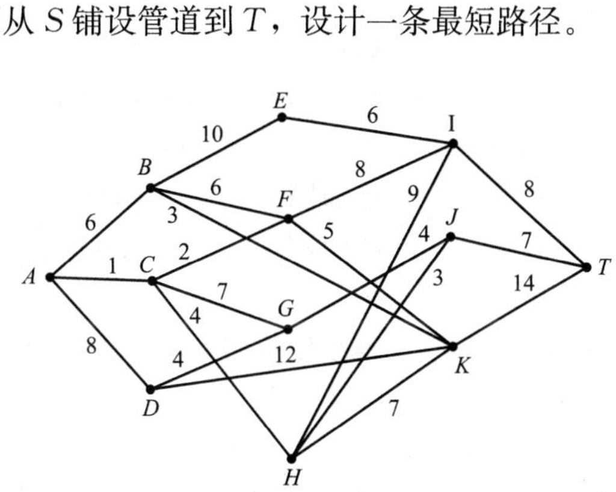

图 6.22 费用流量图

5. 求图 6.23 节点 1 到节点 6(或 7)的最大流。

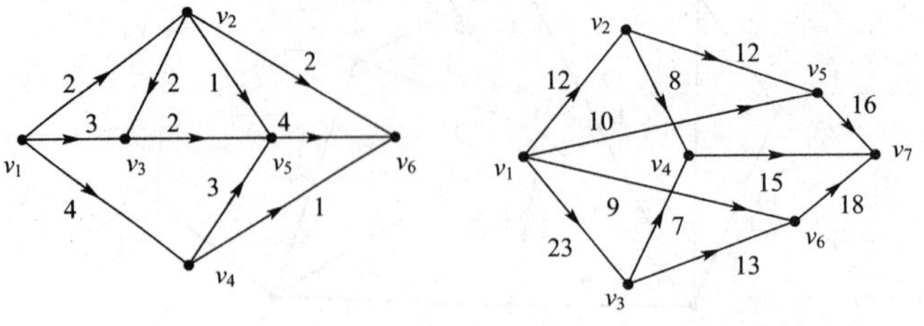

(a) (b)

图 6.23 流量图

6. 已知图 6.24 中弧表示的是(c_{ij}，b_{ij})，求图节点 1 到节点 6 的最小费用最大流。

7. 已知图 6.25 中弧为(c_{ij}，b_{ij})，如果节点 1 到节点 7 的流量仅为 8 个单位，确定网络的最小费用最大流。

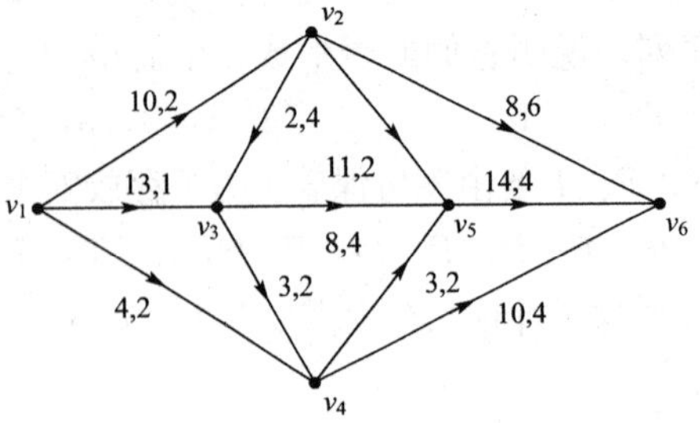

图 6.24 费用流量图

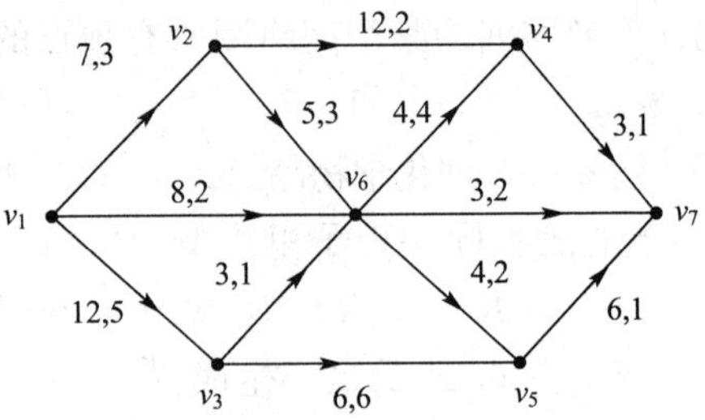

图 6.25 费用流量图

关键词及其英文对照

图论	graph theory	网络	network
子图	subgraph	生成子图	spanning graph
导出子图	induced subgraph	顶点	vertices
节点	node	边	edge
次	degree	链	chain
路径	path	起点	origin
终点	terminus	孤立点	isolated vertices
悬挂点	pendant vertices	环	cycle
回路	circuit	连通图	connected graph
权	weight	赋权图	weighted graph
简单图	simple graph	树	tree
生成树	spanning tree	最小生成树	minimal spanning tree
最优树	optimaltree	截集，割集	cut set
容量函数	capacity function	流	flow
零流	zero flow	最大流	maximum flow
增广链	augmenting chain		

第7章 决 策 论

决策论又称决策分析，是运筹学的重要分支之一。从个人日常生活、工作到国家的政治、经济、军事和科研等领域，无一不存在决策问题。有关国家大政方针的决策更为重要，它直接影响到国家的发展、民族的兴衰。同样，企业管理中的重大决策直接影响到它的生存与发展。

朴素的决策思想自古就有，在中外历史上不乏有名的决策案例(包括成功的与失败的)。但在落后的生产方式下，决策基本是凭借个人知识、智慧和经验进行的。随着生产和科学技术的发展，要求决策者在瞬息多变的条件下，对复杂的问题迅速做出决断，这就要求对不同类型的决策问题，有一套科学的决策原则、程序和相应的机构、方法。

本章首先是关于决策的基本概念及确定型决策的扼要介绍；接着讨论非确定型决策和风险型决策的主要方法，灵敏度分析等，其中风险型决策是本章的重点内容；最后介绍目前国内外已经得到广泛应用的多目标决策及其层次分析法。

7.1 决策论概述

7.1.1 决策的概念和分类

所谓决策，就是为达到某种预定的目标，在若干可供选择的行动方案中，决定最佳方案的一种过程。简单地讲，决策就是决定的意思。诺贝尔奖获得者西蒙有一句名言“管理就是决策”，颇有见地。总之，决策是管理的核心，决策分析是各级管理人员的基本职能。下面介绍一个决策问题所必须具备的基本要素和决策问题的分类。

1. 决策模型的构成要素

(1) 决策者(决策者可以是个人，也可以是集体，一般指领导者或领导集体)及决策者期望达到的目标。

(2) 不少于两个的可行方案(包括了解研究对象的属性、确立目的和目标)，用 d_i 表示。

(3) 不少于两个的自然状态(即不为决策者所控制的客观存在)，用 s_j 表示。

(4) 每一个行动方案在各自然状态下的损益值(收益或损失)，通常用损益函数 $f(d_i, s_j)$ 来表示方案 d_i 在状态 s_j 下的损益值。由于可行方案和自然状态通常是有限多个，损益函数可以用矩阵或表格形式给出，称为损益值表或决策表。

(5) 选择方案的准则(决策者判别所选方案是否最优的根据)。

2. 决策问题的分类

决策问题的分类有多种形式：按决策的内容可分为定性决策、定量决策和混合决策；按决策的重要性可分为战略决策、策略决策和执行决策；按决策过程的连续性可分为单项决策和序贯决策(多级决策)。在一般情况下，按决策环境分为确定型决策、非确定型决策和风险型决策。

确定型决策问题的特点是，只有“一种确定的自然状态”，其他要素不变。而风险型决策问题虽不知哪种自然状态会在今后发生，但其发生的概率信息可以事先掌握，其他要素不变。非确定型决策问题的特点是不掌握这种概率的信息，其他要素不变。

7.1.2 决策的一般过程

1. 面向决策目标的方法

确立目标→收集信息→提出方案模型→方案优选→决策，因此，任何决策都有一个过程和程序，决非决策者灵机一动的瞬间产物。

2. 面向决策过程的方法

此法认为掌握了过程且能控制过程，就能正确地预见决策的结果，它一般包括预决策→决策→决策后3个相互依赖的阶段。决策后阶段往往也是下次决策的预决策阶段，而决策的实施是决策的继续。

3. 决策分析的步骤

一般有7个环节，如图7.1所示。

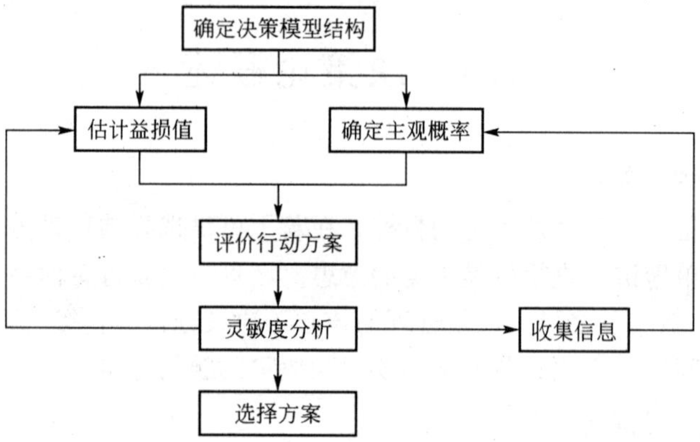

图7.1　决策分析流程图

(1) 确定决策模型结构。一般待决策人确立了决策准则、备选的方案和各种状态后，即可据此确定益损矩阵(表)结构或决策树的结构。

(2) 估计益损值。通过有关销售、经济核算、商业调查等统计资料和预测信息等来估算各种方案在不同状态下的益损值，这是决策分析定量计算的主要依据之一。

(3) 确定主观概率。即收集和估算各种状态未来可能出现的概率值。

(4) 评价行动方案。根据各方案的益损值及主观概率，可以计算各方案的益损期望值等，然后根据决策准则选择最优方案。

(5) 灵敏度分析。由于所估算的行动方案益损值和确定的主观概率含有主观臆断的成分，由此选定的最优方案是否可靠，可以用灵敏度分析进行检验。可以将模型中的有关参数改变，来分析其对方案益损期望值的影响情况，找出各主要参数的允许变动范围。若各参数在允许范围内变动，则可以认为原来选择的最优方案的结论仍可信。

(6) 收集信息。通过灵敏度分析后，若发现方案的优先顺序对某些参数变化反应很灵敏，则必须进一步收集有关信息，改进模型结构中的有关数据。

(7) 选择方案。在上述各决策步骤完成后，可选择方案，并准备组织实施。

7.1.3 决策准则

在进行一项决策时，为了评价各种策略效果的好坏，就要拟定出相应的标准——决策准则。对于不同类型的决策问题，应采用不同的准则。

对于确定型决策，由于自然状态只有一个，且是确定的，因此只需直接比较各策略的效果(用益损值来反映)。

对于非确定型决策，由于决策者对状态发生的信息一无所知，从而对这类决策问题，需要主观地确定一项择优准则。究竟选择哪一种准则，这与决策者的水平和态度有关。

对于风险型决策，由于已知其状态变量的概率分布，因此决策时就需要比较各策略的期望值来选择最优策略。

除以上所述外，还有一种采取效用值作为评价标准的方法，它对各类决策问题均可使用。

7.2 确定型决策

确定型决策问题除必须满足 7.1.1 节所列出的基本要素外，还要求各状态完全确定。这类决策问题只要比较不同策略的损益值，按目标规定选出具有最大收益值或最小损失值的最优方案。

这类决策问题常用的方法概括如下。

1. 一般计量方法

一般计量方法是指在适当的数量标准的情况下，用来表示方案效果的计量方法。显然这种方法有一定的局限性，只能适用于简单的确定型问题。

2. 经济分析方法

经济分析的方法很多，如投资回收期法、成本效益分析法、盈亏平衡分析法、经济计量法、统计报表法、现金流量贴现法等，这一类分析方法不属于运筹学课程研究的内容。

3. 运筹学方法

运筹学方法是用数学模型(包括模拟模型)进行决策的一类方法。前几章较深入讨论过的规划论(线性规划、整数规划、动态规划等)网络分析、存储论、排队论等都属于这类决策分析的方法。

因此，不再单独讨论确定型决策问题。

7.3 非确定型决策

当各个自然状态的概率没有确定时，决策问题就是非确定型决策。用不同的方法进行决策，其决策的结果往往是不一样的。这是由于决策的准则与选择标准不同而造成的，很难断言哪一种决策方法更好。但是其决策的结果仍可供决策者作为决策的参考。下面介绍5 种常用的非确定型决策方法(准则)。

7.3.1 乐观法(最大最大决策准则)

基本思想：决策者对客观情况总是抱乐观态度，决不放弃任何一个可获得最好结果的机会，用好中之好的态度选择方案。计算公式为

$$r^* = \max_i \{\max_j f(d_i, s_j)\} \tag{7-1}$$

其中，$f(d_i, s_j)$表示收益，使上式成立的方案即为最优方案。若 $f(d_i, s_j)$是损失时，则乐观法应是最小最小准则，公式为

$$r^* = \min_i \{\min_j f(d_i, s_j)\}$$

注意：在客观条件一无所知的情况下，采用这种决策方法风险较大，使用时要十分慎重。

7.3.2 悲观法(最大最小决策准则)

基本思想：悲观法也称为瓦尔德准则，决策者对客观情况总是抱悲观态度，从各种最坏的情况出发，然后再考虑从中选择一个最好的结果，因此叫最大最小决策准则。计算公式为

$$r^* = \max_i \{\min_j f(d_i, s_j)\} \tag{7-2}$$

其中，$f(d_i, s_j)$为收益，使式(7-2)成立的方案即为最优方案。若 $f(d_i, s_j)$表示损失，则悲观法应采用最小最大准则，公式为

$$r^* = \min_i \{\max_j f(d_i, s_j)\}$$

7.3.3 折中法(乐观系数法)

基本思想：乐观系数法也称为赫威兹准则，这是一种折中的决策准则，决策者对其客观条件的估计既不乐观也不悲观，主张从中平衡一下。用一个数字表示乐观程度，这个数字称为乐观系数 $\alpha \in [0, 1]$，若$(a_{ij})_{m\times n}$是收益矩阵时，计算公式为

$$CV_i = \alpha \max_j \{a_{ij}\} + (1-\alpha)\min_j \{a_{ij}\}, \quad i=1, 2, \cdots, m$$

$$r^* = \max_j \{CV_i\} \tag{7-3}$$

使式(7-3)成立的方案即为最优方案。显然 $\alpha=0$ 时就是悲观法；$\alpha=1$ 时就是乐观法。

若考虑损失矩阵$(b_{ij})_{m\times n}$，则按式(7-4)计算

$$CV_i = \alpha \min_j \{b_{ij}\} + (1-\alpha)\max_j \{b_{ij}\} \quad i=1, 2, \cdots, m$$

$$r^* = \min_j \{CV_i\} \tag{7-4}$$

7.3.4 平均法(等可能准则)

基本思想：由于决策者不能肯定哪种状态容易出现，粗略地认为各自然状态出现的可能性是均等的。因此每个行动方案的收益值可以平均地加以计算，从中选择平均收益最大的方案作为比较满意的方案。计算公式为

$$r^* = \max_i \left\{\frac{1}{n}\sum_{j=1}^{n} f(d_i, s_j)\right\} \tag{7-5}$$

其所对应的方案即为最优方案。

若考虑的是损失值 $f(d_i, s_j)$和损失矩阵$(b_{ij})_{m\times n}$，则应选择最小期望损失，按式(7-6)计算。

$$r^* = \min_i \left\{\frac{1}{n}\sum_{j=1}^{n} f(d_i, s_j)\right\} \tag{7-6}$$

7.3.5 最小遗憾法(后悔值法)

基本思想：决策者在决策时，一般易于接受某一状态下收益最大的方案，但由于无法预先知道哪一种状态一定出现，因此，当决策时如果没有采纳收益最大的方案，就会有后悔之感。把最大收益值与其他收益值之差作为后悔值。人们自然希望后悔值最小(遗憾最小)，所以这种决策方法也称为最小后悔值法，简称后悔值法。

过程：先从收益矩阵$(a_{ij})_{m\times n}$中找出每列的最大元素$a_j^*=\max\limits_i(a_{ij})$，$j=1, 2, \cdots, n$。

再用各列的最大元素a_j^*分别减去该列中的各元素，得到

$$\bar{a}_{ij}=a_j^*-a_{ij}=\max_i\{a_{ij}\}-a_{ij},\quad i=1, 2, \cdots, m \tag{7-7}$$

由后悔值$\bar{a}_{ij}$构成后悔损失阵$(\bar{a}_{ij})$，再按悲观法进行决策。

$$r^*=\min_i\{\max_j(\bar{a}_{ij})\} \tag{7-8}$$

它所对应的方案即为后悔值法的最优方案。

【例7.1】 某公司将推出一种新产品，有3种推销方案：让利销售(d_1)、送货上门(d_2)、不采取措施(d_3)；未来市场可能有畅销(s_1)、一般(s_2)、滞销(s_3)3种状态。假设事先不知道这3种自然状态出现的概率，但知道各种状态下各方案的赢利，见表7-1。试用以上介绍的5种决策方法进行决策(乐观系数$\alpha=0.6$)。

表7-1 方案赢利信息

方案 \ 赢利 \ 市场状态	畅销(s_1)	一般(s_2)	滞销(s_3)
让利销售(d_1)	60	10	−6
送货上门(d_2)	30	25	0
不采取措施(d_3)	10	10	10

解：收益矩阵$(a_{ij})=\begin{bmatrix}60 & 10 & -6\\ 30 & 25 & 0\\ 10 & 10 & 10\end{bmatrix}$

(1) 乐观法：$\max\limits_i\ \max\limits_j\{a_{ij}\}$。

即$\max\limits_j\{60, 10, -6\}=60$，$\max\limits_j\{30, 25, 0\}=30$，$\max\limits_j\{10, 10, 10\}=10$

$r_1^*=\max\{60, 30, 10\}=60$，对应的最优方案为$d_1$。

(2) 悲观法：$\max\limits_i\min\limits_j\{a_{ij}\}$。

即$\min\limits_j\{60, 10, -6\}=-6$，$\min\limits_j\{30, 25, 0\}=0$，$\min\limits_j\{10, 10, 10\}=10$

$\max\limits_i\{-6, 0, 10\}=10$，对应的最优方案为$d_3$。

(3) 乐观系数法：$\alpha=0.6$。

即$1-\alpha=0.4$，那么有

$$CV_1=0.6\times60+0.4\times(-6)=33.6$$

$$CV_2=0.6\times30+0.4\times0=18$$

$$CV_3=0.6\times10+0.4\times10=10$$

$\max_i\{CV_i\}=33.6$，故对应的最优方案为 d_1。

(4) 平均法：$\max_i\left\{\frac{1}{3}\sum_{j=1}^{n}a_{ij}\right\}=\max_i\{21.3,18.3,10\}=21.3$，故最优方案为 d_1。

(5) 后悔值法：由计算公式得 $\bar{a}_{ij}=a_j^*-a_{ij}=\max_i\{a_{ij}\}-a_{ij}$，$i=1,2,\cdots,m$，

得 $\bar{a}_{11}=60=60=0$，$\bar{a}_{12}=25-10=15$，$\bar{a}_{13}=10-(-6)=16$

$\bar{a}_{21}=60-30=30$，$\bar{a}_{22}=25-25=0$，$\bar{a}_{23}=10-0=10$

$\bar{a}_{31}=60-10=50$，$\bar{a}_{32}=25-10=15$，$\bar{a}_{33}=10-10=0$

最后可得后悔值矩阵

$$\begin{bmatrix}0 & 15 & 16\\30 & 0 & 10\\50 & 15 & 0\end{bmatrix}\quad\begin{matrix}\max\{0,15,16\}=16\\\max\{30,0,10\}=30\\\max\{50,15,0\}=50\end{matrix}$$

所以 $r^*=\min_i\{16,30,15\}=16$，故选择 d_1 为最优方案。

由上例可知，同样一个问题，对于非确定型决策问题，用不同的方法进行决策，其决策的方案往往是不一样的。这是由于决策的原则与选择标准不同而造成的，很难断言哪一种决策方法更好。为了使非确定情况下的决策更合理些，最好的办法就是对各种自然状态做调查研究，努力搜集所需的信息，设法估计出各状态出现的概率，然后再进行决策，这就是 7.4 节要讨论的风险型决策。

7.4 风险型决策

对于风险型决策由于已知其状态变量出现的概率分布，因此决策时就需要比较各策略的期望值来选择最优策略。本节介绍最大可能法则、期望值方法、后验概率方法(贝叶斯决策)、决策树方法和灵敏度分析这 5 种方法。

7.4.1 最大可能法则

基本思想：从自然状态中取出概率最大的作为决策的依据(自然状态概率最大的当做概率是 1，其他的自然状态当做概率是 0)，将风险型决策转化为确定型决策来处理。

【例 7.2】 某厂要确定下个计划期间产品的生产批量，根据以前经验并通过市场调查和预测，其产品批量决策见表 7-2。通过决策分析，确立下一个计划期内的生产批量，使企业获得效益最大。其中 d_i 表示行动方案，a_{ij} 表示效益值，$P(\theta_j)$ 表示自然状态的概率，θ_j 表示自然状态。

表 7-2 产品批量决策表 单位：千元

a_{ij} \ $P(\theta_j)$ \ θ_j / d_i	产品销路		
	θ_1(好)	θ_2(一般)	θ_3(差)
	$P(\theta_3)=0.2$	$P(\theta_1)=0.3$	$P(\theta_2)=0.5$
d_1(大批量生产)	20	12	8
d_2(中批量生产)	16	16	10
d_3(小批量生产)	12	12	12

解：由表 7－2 可知 θ_2 的概率最大，因而产品销路 θ_2 的可能性也最大，由最大可能准则可知，只需考虑 θ_2 的自然状态进行决策，使之变为确定型决策问题；再由表 7－2 可知，d_2 在 θ_2 下获得最大效益值，因此选 d_2 为最优决策。

当一组自然状态的某一状态的概率比其他状态的概率都明显大时，用此法效果较好。但当各状态的概率都互相接近时，用此法效果并不好。

7.4.2 期望值方法

基本思想：将每个行动方案的期望值求出，通过比较效益期望值进行决策。由于益损矩阵的每个元素代表“行动方案和自然状态对”的收益值或损失值，因此分两种情况来讨论。

1. 最大期望收益决策准则(EMV)

当益损矩阵中的各元素代表收益值时，各自然状态发生的概率为 $P(\theta_j)=P_j$，而各行动方案的期望值为 $E(d_i)=\sum_j a_{ij}P_j,(i=1,2,\cdots,n)$。

从期望收益值中选取最大值，$\max E(d_i)$，它对应的行动方案就是决策应选策略。

【例 7.3】 用最大期望收益决策准则求解例 7.2。

解：

$$E(d_1)=20\times0.3+12\times0.5+8\times0.2=13.6(\text{千元})$$

$$E(d_2)=16\times0.3+16\times0.5+10\times0.2=14.8(\text{千元})$$

$$E(d_3)=12\times0.3+12\times0.5+12\times0.3=12.0(\text{千元})$$

比较可知 $E(d_2)=14.8$ 最大，因此应当选 d_2 为最优方案。

2. 最小机会损失决策准则(EOL)

若益损矩阵中的各元素代表“方案与自然状态对”的损失值，各自然状态发生的概率为 $P(\theta_j)$，各行动方案的期望损失值为

$$E(d_i)=\sum_j a_{ij}P_j,\quad(i=1,2,\cdots,n)$$

然后从这些期望损失值中选取最小者即 $\min E(d_i)$，则它对应的行动方案就是决策应选的方案。

【例 7.4】 A 厂生产的某种产品，每销售一件可赢利 50 元。但生产量超过销售量时，每积压一件，要损失 30 元。根据长期的销售记录统计和市场调查，预测到每日销售量的变动幅度及其相应的概率见表 7－3。试分析并确定这种产品的最优日产量应为多少时，才能使 A 厂的损失最小。

表 7－3　销售量及其概率表

日销售量/件	100	110	120	130
日销售概率	0.2	0.4	0.3	0.1

解：可供选择的日产量有 4 种方案：$d_1=100$ 件，$d_2=110$ 件，$d_3=120$ 件，$d_4=130$ 件，利用最小机会损失决策准则，进行损失最小的决策。

先求各“自然状态与方案对”的损失值。

当日产量 $d_1=100$ 件时，若 $s_1=100$，则损失 $s_1-d_1=0$；

若 $s_2=110$ 件，$s_2-d_1=10$，则损失 $10\times50=500$ 元；

若 $s_3=120$ 件，$s_3-d_1=20$，则损失 $20\times50=1000$ 元；

若 $s_4=130$ 件，$s_4-d_1=30$，则损失 $30\times50=1500$ 元。

当日产量为 $d_2=110$ 件，$d_3=120$ 件，$d_4=130$ 件时，类似地可以求出损失值。得到以下决策，见表 7-4。

表 7-4　日产量决策表

方案 \ 利润值 \ 自然状态		日销售量/件				损失期望值/元
		$S_1=100$	$S_2=110$	$S_3=120$	$S_4=130$	
		$P(s_1)=0.2$	$P(s_2)=0.4$	$P(s_3)=0.3$	$P(s_4)=0.1$	
日产量/件	$d_1=100$	0	500	1000	1500	650
	$d_2=110$	300	0	500	1000	310
	$d_3=120$	600	300	0	500	290
	$d_4=130$	900	600	300	0	510

根据表 7-4 可以求出损失期望值

$$E(d_1)=0.2\times0+0.4\times500+0.3\times1000+0.1\times1500=650(\text{元})$$

类似地，可得出 $E(d_2)=310$(元)，$E(d_3)=290$(元)，$E(d_4)=510$(元)。

表中对角线上的值为 0，即没有损失，对角线以上的损失为“生产不足”造成的损失，对角线以下的损失为“生产过剩”造成的损失，最小损失期望值 $E(d_3)=290$，对应的决策为方案 d_3。

7.4.3 后验概率方法(贝叶斯决策)

在实际决策中人们为了获取情报，往往采取各种“试验”手段(这里的试验是广义的，包括抽样调查、抽样检验、购买情报、专家咨询等)，但这样获得的情报，一般并不能准确预测未来将出现的状态，所以这种情报称为不完全情报。若决策者通过“试验”等手段获得了自然状态出现概率的新信息作为补充信息，用它来修正原来的先验概率估计。修正后的后验概率，通常要比先验概率准确可靠，可作为决策者进行决策分析的依据。由于这种概率的修正是借助于贝叶斯定理完成的，所以这种决策就称为贝叶斯决策。其具体步骤如下。

(1) 先由过去的资料和经验得出状态(事件)发生的先验概率。

(2) 根据调查或试验算得的条件概率，利用贝叶斯公式计算出各状态的后验概率，贝叶斯公式如下：

$$P(s_j/\theta_k)=\frac{P(s_j)P(\theta_k/s_j)}{\sum_{i=1}^{n}P(s_i)P(\theta_k/s_i)}\quad(j=1,2,\cdots,n;\quad k=1,2,\cdots,l)\tag{7-9}$$

其中，s_1，s_2，…，s_n 为一完备事件组；$P(s_i\cap\theta_k)=P(s_j)P(\theta_k/s_j)$(乘法公式)；$\sum_{i=1}^{n}P(s_i)P(\theta_k/s_i)=P(\theta_k)$ 是全概率公式。

(3) 利用后验概率代替先验概率进行决策分析。

【例 7.5】 某石油公司考虑在某地钻井，结果可能出现 3 种情况即 3 种自然状态：无油(s_1)，少油(s_2)，富油(s_3)。其出现的概率分别是 $P(s_1)=0.5$，$P(s_2)=0.3$，$P(s_3)=0.2$。钻井费用 7 万元，若少量出油，可收入 12 万元；若大量出油，可收入 27 万元；如果不出油，收入为零。为了避免盲目钻井，可进行勘探，以便了解地质构造情况。勘探结果可能是地质构造差(θ_1)、构造一般(θ_2)或构造良好(θ_3)。由过去的经验，地质构造与油井出油的关系见表 7-5，假设勘探费为 1 万元。问：(1)应如何根据勘探结果来决定是否钻井？(2)应先进行勘探，还是不进行勘探直接钻井？

表 7-5 地质构造与油井出油关系表

$P(\theta_k/s_i)$	构造较差 θ_1	构造一般 θ_2	构造良好 θ_3	$\sum_{k=1}^{3}P(\theta_k/s_i)$
无油(s_1)	0.6	0.3	0.1	1.0
少油(s_2)	0.3	0.4	0.3	1.0
富油(s_3)	0.1	0.4	0.5	1.0

解：(1) 设 A_1 表示“钻井”，A_2 表示“不钻井”，用贝叶斯决策。

先由全概率公式得

$$P(\theta_1)=\sum_{i=1}^{3}P(s_i)P(\theta_1/s_i)=0.5\times0.6+0.3\times0.3+0.2\times0.1=0.41$$

$$P(\theta_2)=0.5\times0.3+0.3\times0.4+0.2\times0.4=0.35$$

$$P(\theta_3)=1-0.41-0.35=0.24$$

再由贝叶斯公式计算后验概率得

$$P(s_1/\theta_1)=\frac{P(s_1)P(\theta_1/s_1)}{P(\theta_1)}=\frac{0.5\times0.6}{0.41}=0.7317$$

$$P(s_2/\theta_1)=\frac{P(s_2)P(\theta_1/s_2)}{P(\theta_1)}=\frac{0.3\times0.3}{0.41}=0.2195$$

$$P(s_3/\theta_1)=1-0.7317-0.2195=0.0488$$

同理可得 $P(s_1/\theta_2)=0.4286$， $P(s_2/\theta_2)=0.3428$， $P(s_3/\theta_2)=0.2286$

$P(s_1/\theta_3)=0.2083$， $P(s_2/\theta_3)=0.375$， $P(s_3/\theta_3)=0.4617$

以后验概率为依据，采用期望值准则进行决策。

若勘探结果是地质构造较差(θ_1)，则

$E(A_1)=0\times0.7317+12\times0.2195+27\times0.0488-8$(勘探费及钻井费)$=-4$(万元)

$E(A_2)=-1$(万元)(勘探费) 故 $A^*=A_2$，即不钻井。

若勘探结果是地质结构一般(θ_2)，则

$E(A_1)=0\times0.4286+12\times0.3428+27\times0.2286-8=2.29$(万元)

$E(A_2)=-1$(万元) 故 $A^*=A_1$，即钻井。

若勘探结果是地质结构良好(θ_3)，则

$E(A_1)=0\times0.2083+12\times0.3750+27\times0.4167-8=7.75$(万元)

$E(A_2)=-1$(万元) 故 $A^*=A_1$，即钻井。

(2) 确立是否先进行勘探。

若先进行勘探，其期望最大收益为

$E(B)=-1\times0.41+2.29\times0.35+7.75\times0.24=2.25$(万元)

若不进行勘探，即用先验概率考虑，则

$E(A_1)=0\times0.5+12\times0.3+27\times0.2-7$(钻井费用)$=2$(万元)

$E(A_2)=0$(万元)

由此，$A^*=A_1$，即最优决策是钻井，最优期望收益为 2 万元。另外，由于 $2.25>2$，所以应先进行勘探，然后再决定是否钻井。

7.4.4 决策树方法

用益损期望值决策准则所解决的问题也可用决策树方法进行分析解决。决策树方法还适用于序贯决策(多级决策)，是描述序贯决策的有力工具。用决策树来进行决策，具有分析思路清晰、决策结果形象明确的优点。

决策树就是借助于图与网络中的“树”来模拟决策，即把各种自然状态(及其概率)、各个行动方案用点和线连接成“树图”，再进行决策。决策树如图 7.2 所示。

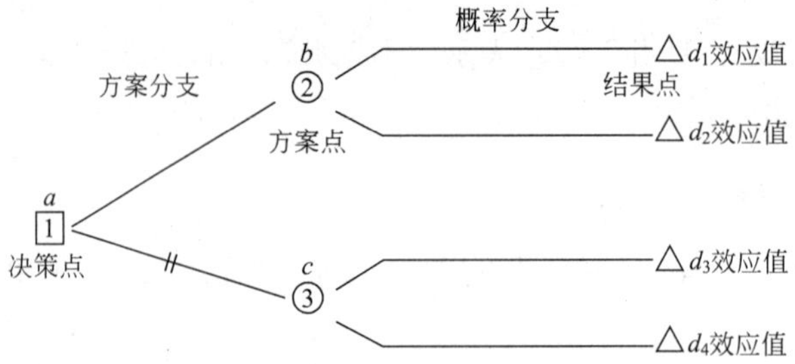

图 7.2 决策树示意图

□表示决策点，其上方数字 a 为决策的效应期望值，列出的分支称为“方案分支”，分支个数反映了可能的行动方案数。

○表示方案点，其上方数字 b，c 为该方案的效应期望值，引出的分支称为“概率分支”，每个分支的上面写明自然状态的概率，分支的个数就是可能的自然状态数。

△表示结果点，它是决策树的“树梢”，其旁边的数字是每一方案在相应状态下的效应值。

//表示修剪，比较各行动方案的效应期望值的大小，确定最佳方案分支，其他分支舍去，称为修剪分支。

运用决策树方法的几个关键步骤如下。

(1) 画出决策树，画决策树的过程也就是对未来可能发生的各种事件进行周密思考、预测的过程，把这些情况用树状图表示出来，先画决策点，再找方案分支和方案点，最后再画出概率分支。

(2) 由专家估计法或用试验数据推算出概率值，并把概率写在概率分支的位置上。

(3) 计算益损期望值，由数梢开始，按从右向左的顺序进行，用期望值法计算，若决策目标是赢利时，比较各分支，取期望值最大的分支，其他分支进行修剪。

如果用决策树法可以进行多级决策，多级决策(序贯决策)的决策树至少有两个以上决策点。

【例 7.6】 将 7.4.1 节中例 7.2 用决策树方法求解。

解：先由实际问题画出决策树，如图 7.3 所示。

计算各点的益损期望值。

② 点：20×0.3+12×0.5+8×0.2=13.6

③ 点：16×0.3+16×0.5+10×0.2=14.8

④ 点：12×0.3+12×0.5+12×0.2=12

经比较可知 $E(d_2)$ 最大，因此 d_2 是最优方案。

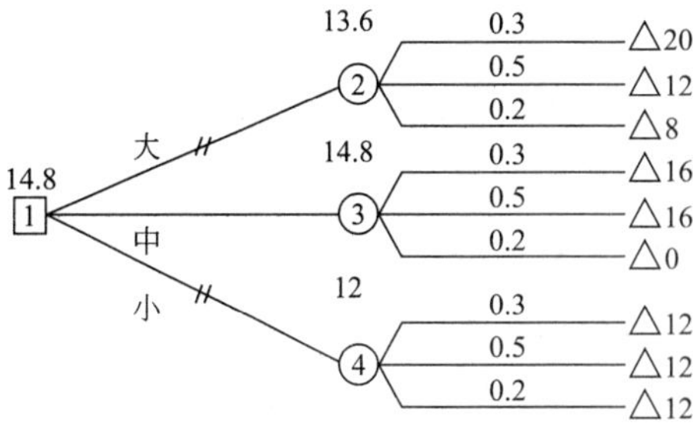

图 7.3 例 7.6 的决策树示意图

【例 7.7】 修建一个使用 10 年的机场，有两个方案：一是修建大机场，需投资 300 万元；二是修建小机场，投资 120 万元。估计机场使用良好 3 年后再扩建大机场，需投资 200 万元，但随后的 7 年中，每年可获利 95 万元，否则不扩建。用决策树法确定修建方案，其收益见表 7－6。

表 7－6 方案收益表 单位：万元/年

状态 / 收益 / 方案	使用良好(s_1) $P(s_1)=0.7$	使用一般(s_2) $P(s_2)=0.3$
建大机场(d_1)	100	−25
建小机场(d_2)	40	20

解：画决策树，如图 7.4 所示。由于本题是序贯决策，需按 7 年和 3 年两个阶段处理。注意有两个决策点。

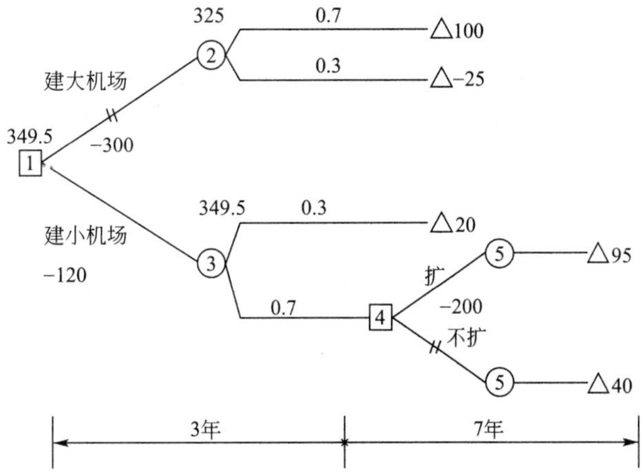

图 7.4 例 7.7 的决策树示意图

计算各点的益损值或益损期望值。

⑥点：40×7=280(万)

⑤点：95×7－200=465(万)

因为 465＞250，选择扩建方案，修剪不扩建方案。

③点：$[465+40\times3]\times0.7+[20\times10]\times0.3-120=349.5$

②点：$[100\times0.7+(-25)\times0.3]\times10-300=325$

因为 349.5>325，选择建小机场，修剪建大机场方案，将 349.5 写在决策点□上方。

本问题的最优决策方案：选择修建小机场，如果使用情况良好，3 年后再进行扩建，否则就不扩建。

7.4.5 灵敏度分析

各行动方案所造成的结果(益损值)和某种自然状态可能出现的概率，都是由过去的统计资料经验而得到的，由此评定的最优方案是否正确、可靠呢？灵敏度分析就是检验这种情况所做的工作。该方法的关键是先按一定规则改变决策模型中的重要参数，找出在最优方案时各参数的允许变动范围。若各参数在允许范围内，则可认为原来选择的最优方案的结论仍然可信，仍然比较稳定。若原来估计的主观概率稍有变动，最优方案立即有变，说明该最优方案是不稳定的，应该进一步予以分析并调整模型。

【例 7.8】 某厂生产一产品，拟定甲、乙两个方案。若已知该产品销路好和销路差两种状态的概率分别为 0.2 和 0.8，并可估算出两种方案在今后 5 年内不同状态下的益损值，见表 7-7。问：选择哪一种方案最优？

表 7-7　方案益损信息表

方案 \ 益损值 \ 概率 \ 状态	销路好	销路差
概率	**0.2**	**0.8**
甲(d_1)	30	−5
乙(d_2)	100	−35

解： 先做出决策树图，如图 7.5 所示。

由此求出 $E(d_1)=0.2\times30+0.8\times(-5)=2$

$$E(d_2)=0.2\times(100)+0.8\times(-35)=20-28=-8$$

经比较后可知最优方案是甲。

若原先估计的概率有了变化，由市场调查得产品销路好和销路差的概率均为 0.5，经过重新计算，其最优方案的结论也有改变，即不是原先的甲方案，而是乙方案了，如图 7.6 所示。

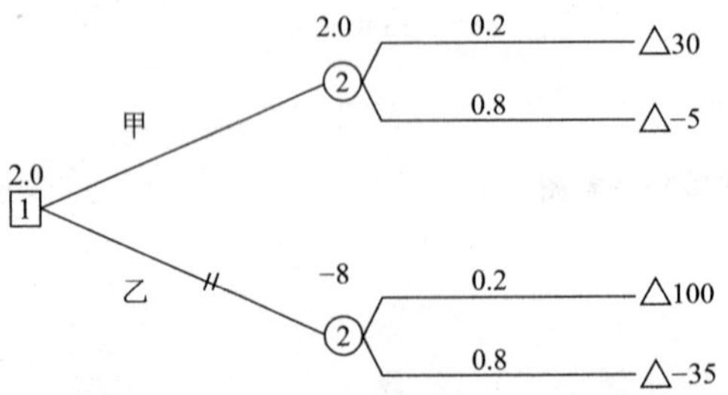

图 7.5　例 7.8 的决策树示意图

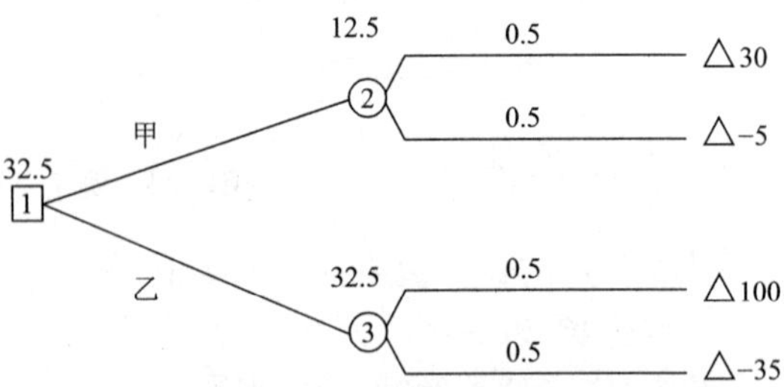

图 7.6　例 7.8 的决策树示意图

那么，自然状态的概率究竟变化多大才不会改变原先所选择的最优方案呢？下面用灵敏度分析给出回答。

设α表示销路好的概率；则$1-\alpha$是销路差的概率。现设甲、乙两方案的益损期望值相等，则有

$$\alpha\times30+(1-\alpha)\times(-5)=\alpha\times100+(1-\alpha)\times(-35)$$

$$30\alpha-5+5\alpha-100\alpha+35-35\alpha=0$$

$$令\ f(\alpha)=30-100\alpha=0，得\ \alpha=0.3$$

上述情况表明，当销路好的概率$\alpha=0.3$时，甲，乙两方案的益损期望值相等，即$f(\alpha)=0$时，两方案等价。当$f(\alpha)>0$时，甲方案优于乙方案，当$f(\alpha)<0$时，乙方案优于甲方案。所以$\alpha=0.3$时称为转折概率或临界概率。

最初当销路好的概率为0.2时，甲为最优方案，概率$0.2<0.3$，因此所选择的最优方案是比较稳定的。但若原来估计的主观概率稍有微小变动，最优方案立即有变，说明该优选方案是不稳定的，应进一步加以分析和调整。

7.5 多目标决策方法简介

实际中的许多决策问题都有两个或两个以上的目标，这类问题就叫做多目标决策问题。多目标决策在工程技术、经济、社会、军事等领域都有广泛的应用。如在经济管理工作中，往往要考虑费用、质量、利润等评价准则，并依据这些准则建立管理工作的目标。又如在人才的选拔、招聘、评优等活动中，由于各人有自己的特长、优势和不足，决策部门总是要综合考虑各方面的条件做出选择，这一般也是一个多目标决策问题。

7.5.1 多目标决策问题的概念与模型

1. 多目标决策模型的基本要素

任何一个多目标决策问题的模型都包含有5个基本要素：决策单元、目标集、属性集、决策情况和决策规则。

(1) 决策单元即决策者。

(2) 目标集是关于决策者所研究问题的“要求”或“愿望”，由若干个不同的目标构成一个目标集。通常情况下，目标集可以表示成一个递阶结构。

(3) 属性集是指实现决策目标程度的一个度量，即每一个目标都可以设定一个或若干个属性，从而构成一个属性集。目标的属性是可度量的，它反映了特定目标所达到目的的程度。

(4) 决策情况是指决策问题的结构和决策环境，即说明决策问题的决策变量、属性，以及度量决策变量与属性的标度、决策变量与属性之间的因果关系等。

(5) 决策规则又称决策准则，是指用于排列方案优劣次序的规则，而方案的优劣是依据所有目标的属性值来衡量的。

2. 多目标决策问题的解决过程

多目标决策问题的求解过程主要分为以下4个步骤。

第一步：问题的构成，即对所要解决的实际问题进行分析，明确问题中的主要因素、

界限、所处的环境等，从而确定问题的目标集。

第二步：建立数学模型，即根据第一步的结果，建立与问题相适宜的数学模型。

第三步：对模型进行分析和评价，即对各种可行方案进行比较，从而可以对每一个目标定一个(或几个)属性(称为目标函数)，这些属性的值可以作为采用某方案时各个目标的一种度量。

第四步：确定实施方案，即依据每一个目标的属性值和预先规定的决策规则，比较各种可行的方案，按优劣次序将所有的方案排序，从而确定出最好的可实施方案。

3. 多目标决策问题的数学模型

设 X 为方案集，即决策变量 $\boldsymbol{x}=(x_1, x_2, \cdots, x_n)$ 的集合，$f_1(\boldsymbol{x})$，$f_2(\boldsymbol{x})$，$f_n(\boldsymbol{x})$ 为目标函数。对于每一个给定的方案 $\boldsymbol{x}\in X$，由目标函数可以确定各个属性的一组值 f_1，f_2，…，f_n。实际中方案集 X 可以是有限的，也可以是无限的。不妨设决策变量 $\boldsymbol{x}$ 的所有约束都能用不等式表示出来，即

$$g_i(\boldsymbol{x})\leqslant 0 \quad (i=1, 2, \cdots, m) \tag{7-10}$$

其中，$g_i(\boldsymbol{x})(i=1, 2, \cdots, m)$ 均为决策变量 $\boldsymbol{x}$ 的实值函数。则方案集 X(又称决策空间中的可行域)可以表示为

$$X=\{\boldsymbol{x}\in E^N \ \ g_i(\boldsymbol{x})\leqslant 0, i=1, 2, \cdots, m\} \tag{7-11}$$

于是一般的多目标决策问题的数学模型可表示为

$$\begin{aligned} &\underset{\boldsymbol{x}\in X}{\mathrm{DR}}[f_1(\boldsymbol{x}), f_2(\boldsymbol{x}), \cdots, f_n(\boldsymbol{x})]; \\ &s.t.\ X=\{\boldsymbol{x}\in E^N \mid g_i(\boldsymbol{x})\leqslant 0, i=1, 2, \cdots, n\} \end{aligned} \tag{7-12}$$

其中，DR(Decision Rule)表示决策规则，上述模型的意思是运用决策规则 DR，依据属性 f_1，f_2，…，f_n 的值，在 X 中选择最优的决策方案。

7.5.2 多目标决策的一般性方法

对于多目标决策问题，最主要的特点是个目标间的“矛盾性”和“不可公度性”。所谓目标间的矛盾性是指，如果试图通过某一种方案去改进一个目标的指标值，则可能会使另一个目标的值变坏。而目标间的不可公度性是指，各目标间一般没有统一的度量标准，因而一般不能直接进行比较。

实际中，对于目标间的不可公度性可以通过各目标的效用来解决。将问题的各个目标都采用相应的效用(各属性对于决策者欲望的满足程度)来刻画。设各目标的效用函数为

$$\nu_i(\boldsymbol{x})=V(f_i(\boldsymbol{x})) \quad (i=1, 2, \cdots, n)$$

这样就解决了各目标间的不可公度性问题。

对于目标之间的矛盾性，类似地可以采用多属性效用函数来解决。多属性效用函数理论是单属性效用理论的推广，其定义为多属性综合作用的结果对人们欲望的满足程度，它是各属性效用函数的函数，即定义为

$$V(\boldsymbol{x})=F(\nu_1(\boldsymbol{x}), \nu_2(\boldsymbol{x}), \cdots, \nu_n(\boldsymbol{x}))$$

由此，对于一般的多目标决策问题，可以转化为以多属性效用函数为目标函数的单目标规划问题。值得注意的是，对于不同的多属性效用函数可能会得到不同的决策结果，应根据具体的情况来定义多属性效用函数。在实际应用中，按照多属性效用函数的不同，形成了几种常用的多属性效用函数构造方法，即线性加权法、变权加权法和指数加权法等，

限于篇幅，在此不再赘述。

7.6 多目标决策的层次分析法

层次分析法(AHP)是美国运筹学家 T. L. Saaty 于 20 世纪 70 年代中期创立的一种定性与定量分析相结合的多目标决策方法。其本质是试图使人的思维条理化、层次化。它充分利用人的经验和判断，并予以量化，进而评价决策方案的优劣，并排出它们间的优先顺序。由于 AHP 的应用简单有效，特别对目标结构复杂，并且缺乏必要的数据资料的情况(如社会经济系统的评价项目)更为实用。应用层次分析法进行系统评价，其主要步骤有：构造多级递阶结构模型，建立比较的判断矩阵，计算相对重要度，进行一致性检验，计算综合重要度等。

7.6.1 构造多级递阶结构模型

层次分析法的多级递阶结构模型有如下 3 种形式。

(1) 完全相关性结构：其结构特点是上一级的每一要素与下一级的所有要素都是相关的。如图 7.7 所示，某部门欲进行投资，有 3 种投资方案可供选择(图 7.7 中的第 3 级)，而对任意一种方案，投资评价主体均要用上一级(图 7.7 中第 2 级)的风险程度、资金利润率和转产难易程度 3 个评价项目来评价。因为无论是哪个投资方案都会涉及上述 3 个方面。

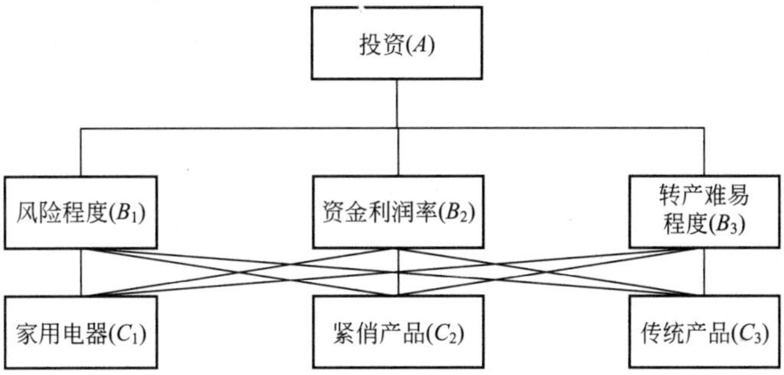

图 7.7 完全相关性结构图

(2) 完全独立性结构：其结构特点是上一级要素都有各自独立的、完全不相同的下级要素与之联系，如图 7.8 所示。

(3) 混合结构：相关性结构和完全独立结构的结合，也可以说既非完全相关又非完全独立的结构，如图 7.9 所示。

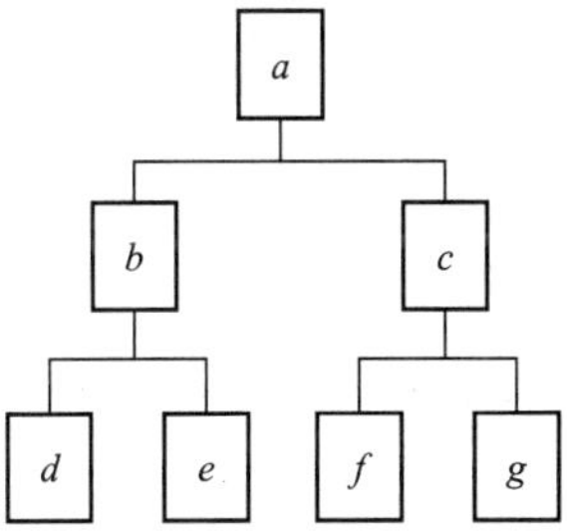

图 7.8 完全独立性结构图

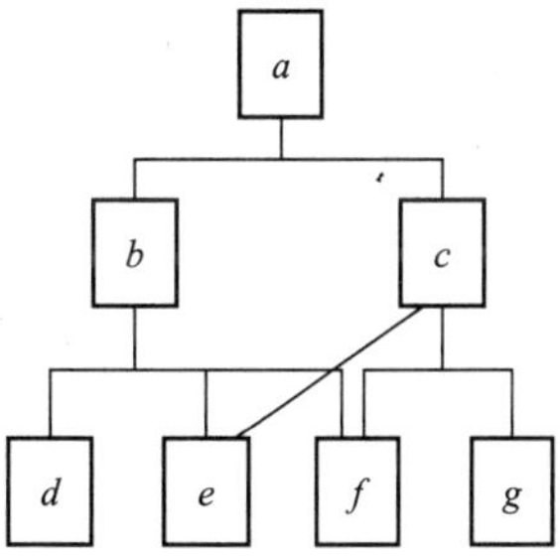

图 7.9 混合结构图

7.6.2 建立两两比较的判断矩阵

判断矩阵是计算和比较系统中各级要素相对重要度的基本信息。设有 n 个物体 A_1，A_2，…，A_n；它们的重量分别为 w_1，w_2，…，w_n(用同一种度量单位)。若要有 n 个要素与上一级要素 A_s 为比较准则，将它们两两比较重量，其比值(相对重量)可构成 $n\times n$ 的矩阵 $\boldsymbol{A}$。

$$A=\begin{bmatrix} \frac{w_1}{w_1} & \frac{w_1}{w_2} & \cdots & \frac{w_1}{w_n} \\ \frac{w_2}{w_1} & \frac{w_2}{w_2} & \cdots & \frac{w_2}{w_n} \\ \vdots & \vdots & \ddots & \vdots \\ \frac{w_n}{w_1} & \frac{w_n}{w_2} & \cdots & \frac{w_n}{w_n} \end{bmatrix}=\begin{bmatrix} e_{11} & \cdots & e_{1n} \\ \vdots & \ddots & \vdots \\ e_{n1} & \cdots & e_{nn} \end{bmatrix}=[e_{ij}]$$

其中，主对角线上元素均为 1，其他有 $e_{ji}=\frac{1}{e_{ij}}=w_j/w_i$。

确定判断尺度。判断尺度是表示要素 A_i 对 A_j 的相对重要性的数量尺度。层次分析法常用的判断尺度见表 7－8。

表 7－8 判断尺度的定义表

判断尺度	定义(对上一级要素 A_s 而言，A_i 与 A_j 比较)
1	同样重要
3	略微重要
5	重要
7	重要得多
9	绝对重要
2、4、6、8	其重要程度介于上述两个相邻判断尺度中间

【例 7.9】 以图 7.7 为例建立判断矩阵。

解： 投资(A)为第 1 级，第 2 级要素为风险程度(B_1)、资金利润率(B_2)、转产难易程度(B_3)、3 个要素与投资都有关系。今以投资(A)为准则，对 B_1，B_2 和 B_3 经过两两比较后，可建立判断矩阵 $\boldsymbol{E}$ 如下。

A	B_1	B_2	B_3
B_1	1	$\frac{1}{3}$	2
B_2	3	1	5
B_3	$\frac{1}{2}$	$\frac{1}{5}$	1

$$\boldsymbol{E}=\begin{bmatrix} 1 & \frac{1}{3} & 2 \\ 2 & 1 & 5 \\ \frac{1}{2} & \frac{1}{5} & 1 \end{bmatrix}$$

风险程度与风险程度同样重要，即 $e_{11}=\frac{w_1}{w_1}=1$。认为资金利润率(B_2)与风险程度(B_1)比较略为重要，故 $e_{21}=3$，反之 $e_{12}=\frac{1}{e_{21}}=\frac{1}{3}$，对风险程度与转产难易程度比为 $e_{13}=2$，则

$e_{31}=\frac{1}{2}$，B_2 比 B_3 重要，故 $e_{23}=5$，则 $e_{32}=\frac{1}{5}$。

7.6.3 进行层次单排序(计算相对重要度)

在应用层次分析法进行系统评价时，需要知道下一级要素 B_i 对于以它为比较准则的上一级要素 A_s 的相对重要度，即 B_i 对于 A_s 的权重。

先求判断矩阵的特征向量 $\boldsymbol{W}$，经过归一化处理，即可求出 B_i 对于 A_s 的相对重要度，即权重。

(1) 求特征向量 $\boldsymbol{W}$ 的分量 w_i，$w_i=\left(\prod_{j=1}^{n}e_{ij}\right)^{\frac{1}{n}}$ $(i=1, 2,\cdots,n)$。

(2) 归一化处理，$\boldsymbol{W}_E=\sum_{i=1}^{n}w_i$。

(3) 求 A_s 的相对重要度 w_i^s(权重)，$w_i^s=\frac{w_i}{W_E}$，$(i=1, 2, \cdots, n)$。

【例 7.10】 以图 7.7 为例，将判断矩阵 $\boldsymbol{E}$ 的权重求出。

解：

$$\boldsymbol{E}=\begin{bmatrix}1 & \frac{1}{3} & 2\\ 3 & 1 & 5\\ \frac{1}{2} & \frac{1}{5} & 1\end{bmatrix}\qquad \begin{aligned}w_1&=\sqrt[3]{1\times\frac{1}{3}\times 2}=0.874\\ w_2&=\sqrt[3]{3\times 1\times 5}=2.467\\ w_3&=\sqrt[3]{\frac{1}{2}\times\frac{1}{5}\times 1}=0.464\end{aligned}$$

归一化处理，可求得 $\boldsymbol{W}_E=0.874+2.467+0.464=3.805$

求权重 $w_1'=\frac{0.874}{3.805}=0.23$，$w_2'=\frac{2.467}{3.805}=0.648$

$w_3'=\frac{0.464}{3.805}=0.122$ 所以 $w_s=(0.23, 0.648, 0.122)^{\mathrm{T}}$

7.6.4 一致性检验

对复杂事物的各因素，人们采用两两比较时，不可能做到判断的完全一致，从而存在估计误差，并导致特征值及特征向量也有偏差。为了避免误差太大，应该衡量判断矩阵的一致性。

若 $\boldsymbol{EW}=n\boldsymbol{W}$，$\boldsymbol{W}$ 为特征向量，n 为特征值，可以证明矩阵 $\boldsymbol{E}$ 具有唯一的非零最大特征根 $\lambda_{\max}$，且 $\lambda_{\max}=n$，这时矩阵 $\boldsymbol{E}$ 称为一致性矩阵。$\boldsymbol{E}$ 存在判断不一致时，一般有 $\lambda_{\max}\geqslant n$。因此可以用一致性指标 $C.I.$ 检验判断矩阵，即

$$C.I.=\frac{\lambda_{\max}-n}{n-1}$$

$C.I.$ 值越大，判断矩阵的完全一致性越差。若 $C.I.$ 的值小于或等于 0.10 时，通常认为判断矩阵的一致性是可以接受的，否则需要重新进行两两比较判断。

继续求例 7.10：由 $\boldsymbol{EW}=\lambda\boldsymbol{W}$

$$\begin{bmatrix}1 & \frac{1}{3} & 2\\ 3 & 1 & 5\\ \frac{1}{2} & \frac{1}{5} & 1\end{bmatrix}\begin{bmatrix}0.230\\ 0.648\\ 0.122\end{bmatrix}=\begin{bmatrix}\lambda_1 & 0 & 0\\ 0 & \lambda_2 & 0\\ 0 & 0 & \lambda_3\end{bmatrix}\begin{bmatrix}0.230\\ 0.648\\ 0.122\end{bmatrix}$$

解得 $\lambda_1=3.000$，$\lambda_2=3.006$，$\lambda_3=3.008$，则 $\lambda_{max}=\lambda_3=3.008$，代入 $C.I.$ 公式得

$$C.I.=\frac{3.008-3}{3-1}=0.004<0.10$$

故上述所得的相对重要度向量 $\boldsymbol{W}_s=[0.230,\ 0.648,\ 0.122]^T$，可以认为是一致的，是可以被接受的。

若矩阵阶数 n 较大时，可进一步使用一致性比率 $C.R.$ 指标来进行一致性检验，其公式为 $C.R.=\frac{C.I.}{R.I.}\times 100\%$。$R.I.$ 值见表 7-9。

表 7-9　不同阶数平均随机一致性指标值($3\leqslant n\leqslant 10$)

阶数(n)	3	4	5	6	7	8	9	10
$R.I.$(%)	0.52	0.89	1.12	1.26	1.36	1.41	1.49	1.49

同样，当 $C.R.<0.10$ 时，判断矩阵的一致性是可以被接受的。

继续求解例 7.10：$n=3$，$R.I.=0.52\%$，$C.I.=0.004$

$$\therefore\quad C.R.=\frac{C.I.}{R.I.}\%=\frac{0.004}{0.52\%}\%=0.008<0.1，可被接受。$$

7.6.5 进行层次总排序(计算综合重要度)

在计算各级(层)要素对上一级评价准则 A_s 的相对重要度以后，即可从最上一级开始，自上而下地求出每一组要素关于系统总体的综合重要度(也称系统总体的综合权重)，见表 7-10，求 C 级全部要素的综合重要度。

表 7-10　C 级的综合重要度

w_{ji}^2 \ w_i^1 \ B_i / C_j	B_1	B_2	…	B_m	w_j^2
	w_1'	w_2'	…	w_m'	
C_1	w_{21}^2	w_{12}^2	…	w_{1m}^2	$w_1^2=\sum_{i=1}^{m}w_i^1w_{1i}^2$
C_2	w_{21}^2	w_{22}^2	…	w_{2m}^2	$w_2^2=\sum_{i=1}^{m}w_i^1w_{2i}^2$
⋮	⋮	⋮	⋮	⋮	⋮
C_m	w_{n1}^2	w_{n2}^2	…	w_{nm}^2	$w_n^2=\sum_{i=1}^{m}w_i^1w_{ni}^2$

对于层次更多的模型，计算方法相同。

【例 7.11】　如图 7.7 所示，投资(A)第一层，第二层(投资方案的准则)，风险程度(B_1)，资金利润率(B_2)及转产难易程度(B_3)，第三层(3 种投资方案)，即生产某种家用电器(C_1)，生产某种紧俏产品(C_2)，生产本省的传统产品(C_3)。分析认为：若投资用来生产家用电器，其优点是资金利润率高，但因竞争厂家多，故所冒风险也大，转产困难。若投资生产本省独有的传统产品，其优点是所冒风险小，今后转产方便，但资金利润率却很

低。若投资生产紧俏产品，其优缺点则介于上述两种方案之间。因此，对上述 3 种投资方案不能立即做出评价和决策。应用层次分析法对其进行分析和评价。

解：(1) 建立多级递阶结构，如图 7.7 所示，是一个完全相关性的三级递阶结构。

(2) 建立判断矩阵，进行层次单排序，计算各级要素的相对重要度。

(3) 一致性检验，由表 7-11 可知 *C.R.* 值全部通过一致性检验。故所有的相对重要度都是可以接受的。

表 7-11　例 7.11 判别矩阵

A	**B_1**	**B_2**	**B_3**	w_i^1
B_1	1	$\frac{1}{3}$	2	0.230
B_2	2	1	5	0.648
B_3	$\frac{1}{2}$	$\frac{1}{5}$	1	0.122

(a) $C.R.=0.008<0.10$

B_1	**C_1**	**C_2**	**C_3**	w_{ji}^2
C_1	1	$\frac{1}{3}$	$\frac{1}{5}$	0.105
C_2	3	1	$\frac{1}{3}$	0.258
C_3	5	3	1	0.637

(b) $C.R.=0.042<0.10$

B_2	**C_1**	**C_2**	**C_3**	w_{ji}^2
C_1	1	2	7	0.592
C_2	$\frac{1}{2}$	1	5	0.333
C_3	$\frac{1}{7}$	$\frac{1}{5}$	1	0.075

(c) $C.R.=0.015<0.10$

B_3	**C_1**	**C_2**	**C_3**	w_{ji}^2
C_1	1	$\frac{1}{3}$	$\frac{1}{7}$	0.081
C_2	3	1	$\frac{1}{5}$	0.188
C_3	7	5	1	0.731

(d) $C.R.=0.067<0.10$

(4) 计算综合重要度(进行层次总排序)，见表 7-12。

表 7-12　例 7.11 的综合重要度

B / w'_i / w_{ji}^2 / C_j	**B_1**	**B_2**	**B_3**	w_j^2
	0.230	**0.648**	**0.122**	
C_1	0.105	0.592	0.081	0.418
C_2	0.258	0.333	0.188	0.298
C_3	0.637	0.075	0.731	0.284

其中，生产家用电器的综合重要度为

$$w_1^2=\sum_{i=1}^{3}w_i^1w_{1i}^2=0.230\times0.105+0.648\times0.592+0.122\times0.081=0.418$$

类似地可求出 $w_2^2=0.298$，$w_3^2=0.284$，总排序的一致性检验达到满意的一致性(过程略)，经比较后可知 w_1^2 最大，故投资家用电器方案最好。

7.7 应用案例

案例 1

选购计算机的决策问题

某品牌计算机公司，针对不同消费人群的不同需求，推出了5种不同配置的计算机，不同的配置有不同的价格。具体情况见表7-13。

表7-13 某品牌计算机的配置及价格

型号	CPU	内存R	显卡G	硬盘H	主板B	显示器M	网卡N	价格P/元
E670C	E6700	512MB	7300LE	160GB	945GB	17英寸LCD	100M	6999
E630T	E6300	1GB	7600LE	160GB	975GB	17英寸LCD	100M	6888
E630M	E6300	512MB	6200LE	160GB	945GB	19英寸LCD	100M	6999
E630H	E6100	512MB	6200LE	320GB	945GB	19英寸LCD	100M	6666
E670W	E6700	1GB	7600LE	250GB	975GB	19英寸LCD	100M	7666

小王想购置一台该品牌的计算机，他用计算机性能测试软件3D Mark对各种配置的计算机进行了测试，E670C、E630T、E630M、E630H、E670W这5款计算机的测试值分别为5048、5124、4688、4315、5898，其数值越高，计算机的性能也越高。小王购置计算机的要求如下。

(1) 计算机的运行稳定性要好。

(2) 平时主要用于上网和文字处理工作。

(3) 喜欢下载收集好的影片。

(4) 偶尔玩玩游戏，但都是单机小游戏。

(5) 预算尽量不超过7000元。

(6) 价格尽量便宜实用，不要浪费。

请帮助小王选择一台该品牌的最佳配置计算机，即给出选购决策方案。

案例 2

石油开采问题

某石油公司拥有一块可能有油的土地，根据可能出油的多少，该块土地属于4种类型：可产油50万桶，20万桶，5万桶，无油。公司目前有3个方案可供选择：自行钻井，无条件将该块土地出租给其他生产者，有条件出租给其他生产者。若自行钻井，打出一口有油井的费用为10万元，打出一口无油井的费用是7.5万元，每桶油的利润是1.5元。若无条件出租，不管出油多少，公司收取固定租金4.5万元，若有条件出租，公司不收取租金，但当产量为20万桶至50万桶时，每桶收取0.5元。按过去的经验，该块土地属于上面4种类型的可能性分别为10%，15%，25%和50%，该公司应如何决策？

假设公司在决策前希望进行一次地震实验，以弄清该地区的地质构造。已知地震实验的费用是

12000元，可能的结果是：构造很好，构造较好，构造一般和构造较差。根据过去的经验，地质构造与油井出油量关系见表7-14，试考虑以下两个问题：①是否需要做地震实验？②如何根据地震实验的结果进行决策？

表7-14　地质构造与出油量关系(概率)

$P(\theta_k/s_i)$	50万桶(s_1)	20万桶(s_2)	5万桶(s_3)	无油(s_4)
构造很好(θ_1)	0.58	0.33	0.09	0.00
构造较好(θ_2)	0.56	0.19	0.125	0.125
构造一般(θ_3)	0.46	0.25	0.125	0.165
构造较差(θ_4)	0.19	0.27	0.31	0.23

习　　题

1. 填空题

(1) 决策分析按自然状态分类一般有确定型、________和________ 3种类型。

(2) 不确定型决策分析一般常用的5种方法是乐观法、__________、__________、__________、__________来求解，但其决策的结果一般是__________的。

(3) 从决策节点引出的分支叫__________分支，由方案节点引出的分支叫__________分支。

(4) 根据调查或试验算得的条件概率，利用贝叶斯公式计算出各状态的__________概率。

(5) 完全相关性结构的特点是__________的每一要素与________的所有要素都是相关的。

(6) 用一致性指标 $C.I.=$__________检验判断矩阵。当 $C.I.\leqslant$__________时，通常认为判断矩阵的一致性是可以接受的。

2. 简答题

(1) 谈谈你对本章介绍的5种非确定型决策准则的评价。

(2) 常用的多目标决策方法有哪些？

3. 某电视机厂面对激烈的市场竞争，拟制定利用先进技术对机型改型的计划，现有3个改型方案可供选择：提高图像质量(A_1)；提高图像质量并增强画面功能(A_2)；提高图像和音响质量(A_3)。根据市场需求调查，该厂彩电面临高需求(拥有8%左右的购买者)，一般需求(拥有6%左右的购买者)与低需求(拥有4%左右的购买者)3种自然状态，在这3种自然状态下不同的改型方案所获得的收益见表7-15。

表7-15　预期收益信息

A \ S	高需求 S_1	一般需求 S_2	低需求 S_3
A_1	50	30	20
A_2	80	40	0
A_3	120	20	−40

试用乐观法、悲观法、平均法、折中法(乐观系数0.6)和最小遗憾法进行决策。

4. 某机械厂生产机器部件中一种全新的小器件，这需要有一种新型的设备。他们可以购买或租借这种设备，也可以通过改造旧设备来解决这一问题。未来市场可能好，也可能坏，其概率未知。各个不同状态下的利润见表7-16。试用悲观法、折中法($\alpha=0.8$)和最小遗憾法进行决策。

表7-16 利润信息

d \ θ	好(θ_1)	坏(θ_2)
d_1(购买)	140	−20
d_2(租借)	95	35
d_3(改造)	100	5

5. 在习题3中，若决策者通过样本调查得知，高需求、一般需求、低需求3种状态的概率分别为$P(S_1)=0.3$，$P(S_2)=0.5$，$P(S_3)=0.2$，见表7-17。试用最大期望收益准则进行决策。

表7-17 概率信息

A \ S	高需求S_1(8%)	一般需求S_2(6%)	低需求S_3(4%)
P	0.3	0.5	0.2
A_1	50	30	20
A_2	80	40	0
A_3	120	20	−40

6. 某企业为开发一种市场需要的新产品考虑筹建一个分厂，建造大厂需投资300万元，建小厂投资120万元，使用期限为10年；新产品前3年销路好的概率为0.7，销路差的概率为0.3。3年后销路好的概率为0.9，销路差的概率为0.1。若建大厂销路好每年可获利100万元，销路差每年损失20万元(若建大厂前3年销路差，以后没有转机)；若建小厂，销路好每年可获利40万元，销路差每年仍可获利30万元。若先建小厂，当销路好时3年后再扩建，需投资200万元，扩建后销路好，后7年中每年可获利95万元(扩建后销路差每年损失20万元)，当销路差时不再扩建，试用决策树法进行决策。

7. 某公司欲确定下一年度广告宣传方式。宣传媒介有电视(C_1)、报纸(C_2)和街头广告牌(C_3)3种，由于考虑广告费用问题，只能选择其中一种方式进行宣传。经公司有关部门初步分析后认为：电视广告宣传面广、观众多、效果好，但需支付的费用也大；而街头广告牌情况正好相反，宣传面较窄，观众相对较少，且宣传效果一般，但支付的费用较少；报纸宣传优缺点介于上述两者之间。因此，对上述3种宣传方式不能立即做出决策，故要求用层次分析法来确定上述3种方式的优先顺序。设观众人数(B_1)，宣传效果(B_2)，广告费用(B_3)。

下面给出各级判断矩阵(见表(7-18))，计算各要素相对重要度，进行一致性检验，计算综合重要度，最后确定上述 3 种方式的优先顺序。

表 7-18 判断矩阵

A	B_1	B_2	B_3
B_1	1	$\frac{1}{2}$	2
B_2	2	1	3
B_3	$\frac{1}{2}$	$\frac{1}{3}$	1

(a)

B_1	C_1	C_2	C_3
C_1	1	5	7
C_2	$\frac{1}{5}$	1	5
C_3	$\frac{1}{7}$	$\frac{1}{5}$	1

(b)

B_2	C_1	C_2	C_3
C_1	1	2	4
C_2	$\frac{1}{2}$	1	2
C_3	$\frac{1}{4}$	$\frac{1}{2}$	1

(c)

B_3	C_1	C_2	C_3
C_1	1	$\frac{1}{5}$	$\frac{1}{7}$
C_2	5	1	$\frac{1}{3}$
C_3	7	3	1

(d)

关键词及其英文对照

决策	decision making
确定型决策	decision under certaity
风险型决策	decision under risk
乐观准则	the maximax criterion
折中准则	the hurwicz criterion
后悔值准则	the minimax regret criterion
最大期望收益准则	the expected monetary value criterion
最小机会损失准则	the expected opportunity loss criterion
层次分析法	analytic hierarchy process
决策树	decision tree
决策论	decision theory
非确定型决策	decision under unertaity
决策准则	decision criterion
悲观准则	the maximin criterion
等可能准则	the equal likelihood criterion

第8章 对 策 论

在现实生活中，普遍存在着带有对抗性、斗争性或竞争性的现象，如日常生活中的下棋、打牌、赛球，乃至政治、经济和军事等。人们把具有这种现象的问题统称为对策问题，把有关对策问题的理论统称为对策论。对策论也称博弈论，其理论形成于 1944 年，经过 60 多年的发展，对策论已经成为运筹学的一大分支。在生产管理、商业经营、国际谈判、军事斗争、体育竞技等众多领域有着广泛的应用。特别是计算机的出现，使得其应用更加广泛和深入。

8.1 对策问题的概念与模型

8.1.1 对策问题

下面给出两个对策问题的实例。

【例 8.1】 对一种产品，仅甲、乙两厂有能力生产。现在这两厂都想通过内部改革挖掘潜力，以获得更多的市场份额。已知两厂分别都有 3 个行动措施，据预测，当双方采取不同的行动方案后，甲厂的市场占有份额变动情况见表 8 - 1。问：甲、乙两厂各自最好的行动方案是什么？

表 8 - 1 甲厂的市场占有份额变动情况

方案一 / 甲厂市场份额变动 / 方案二	β_1	β_2	β_3
α_1	10	−1	3
α_2	12	16	−5
α_3	6	8	5

【例 8.2】 战国时，齐王令他的大将田忌和他赛马。双方约定，都从各自的上、中、下 3 个等级的马中各选出一匹，比赛时，双方选出的每匹马都轮流参加，输者付给胜者一千金。现在齐王的同等马都比田忌的强，问：

(1) 田忌有无取胜的可能？如果有，应采用的方案是什么？

(2) 如果双方同等聪明，那么为了达到最好的效果，双方应该怎么做？

这两个问题都涉及竞争性，因此都属于对策问题。

8.1.2 矩阵对策的概念与模型

下面分析对策问题所包含的要素。

首先，要有斗争或者竞争，说明其中一定涉及两个或者两个以上的当事方。称这里的当事方为局中人，其中，若有两个局中人，则称其相应的对策为两人对策。例如，例 8.1 中有两个局中人：甲、乙两厂；例 8.2 中也有两个局中人：齐王和田忌。若有两个以上的局中人，则称相应的对策为多人对策。这里仅研究两人对策。因此，以下提到的对策均指两人对策。

注意：局中人可以是个人，领导集体，联盟等。

其次，要斗争或竞争，说明局中人有可供选择的多个方案，称局中人的一个方案为一个策略。把局中人所有的策略组成的集合称为此局中人的策略集。在局中人分别选定一个策略后，双方进行了一次对局，把这样的对局称为一个局势。

注意：所谓策略，是指局中人在一局对策中所采用的一个完整的方案。例如，齐王和田忌赛马，出上等马只是其策略的一部分，而不是一个策略；下象棋，“当头炮”不是一个策略，而只是策略的一个组成部分。

最后，有斗争或竞争，就会有当事双方的收益和损失，因此，需要有描述双方收益和损失的工具。在例 8.1 中，甲厂的市场占有份额变动情况表就描述了甲厂收益情况；在例 8.2 中，若设双方同等聪明，则双方可以采用的方案均为：(上，中，下)、(下，上，中)，(中，上，下)、(中，下，上)、(下，上，中)、(下，中，上)。为方便起见，将两人相应的方案分别依次记为 $\boldsymbol{\alpha}_1$，$\boldsymbol{\beta}_1$；$\boldsymbol{\alpha}_2$，$\boldsymbol{\beta}_2$；$\boldsymbol{\alpha}_3$，$\boldsymbol{\beta}_3$；$\boldsymbol{\alpha}_4$，$\boldsymbol{\beta}_4$；$\boldsymbol{\alpha}_5$，$\boldsymbol{\beta}_5$；$\boldsymbol{\alpha}_6$，$\boldsymbol{\beta}_6$，以每一种对局后齐王的赢得场次来描述齐王的赢得效果，容易得到描述齐王赢得情况的矩阵

$$\begin{array}{c} \\ \boldsymbol{A}= \end{array}\begin{array}{c} \\ \boldsymbol{\alpha}_1 \\ \boldsymbol{\alpha}_2 \\ \boldsymbol{\alpha}_3 \\ \boldsymbol{\alpha}_4 \\ \boldsymbol{\alpha}_5 \\ \boldsymbol{\alpha}_6 \end{array}\begin{array}{c} \begin{array}{cccccc} \boldsymbol{\beta}_1 & \boldsymbol{\beta}_2 & \boldsymbol{\beta}_3 & \boldsymbol{\beta}_4 & \boldsymbol{\beta}_5 & \boldsymbol{\beta}_6 \end{array} \\ \begin{bmatrix} 3 & 1 & 1 & 1 & 1 & -1 \\ 1 & 3 & 1 & 1 & -1 & 1 \\ 1 & -1 & 3 & 1 & 1 & 1 \\ -1 & 1 & 1 & 3 & 1 & 1 \\ 1 & 1 & -1 & 1 & 3 & 1 \\ 1 & 1 & 1 & -1 & 1 & 3 \end{bmatrix} \end{array} \tag{8-1}$$

这种描述对策问题中某个局中人收益的矩阵，称为该局中人的赢得矩阵。在例 8.1 中，由于甲厂增加的份额恰好是乙厂损失的份额，也就是说甲厂赢得矩阵的负矩阵就是乙厂的赢得矩阵；类似地，$-\boldsymbol{A}$ 是田忌的赢得矩阵。显然在上面两例中，两个局中人的赢得矩阵之和均为零矩阵，称具有这样特点的对策为两人零和对策。若局中人的策略还是有限的，称具有这样特点的两人零和对策为两人有限零和对策。以下所研究的矩阵对策就是指这样的对策。

下面给出矩阵对策的模型。

设有两个局中人，分别记为Ⅰ和Ⅱ，相应的策略集为 S_{I} 和 S_{II}；局中人Ⅰ的赢得矩阵为 $\boldsymbol{A}$，(由于此矩阵就能把握两个局中人的收益及损失情况，因此，模型中只需考虑局中人Ⅰ的赢得矩阵就足够了)，则矩阵对策的数学模型为

$$\Gamma=\{\mathrm{I},\ \mathrm{II},\ S_{\mathrm{I}},\ S_{\mathrm{II}};\ \boldsymbol{A}\}\quad 或\quad \Gamma=\{S_{\mathrm{I}},\ S_{\mathrm{II}};\ \boldsymbol{A}\},\quad 其中\ \boldsymbol{A}=(a_{ij})_{mn}$$

这样，例 8.1 的模型为 $\Gamma=\{S_甲,\ S_乙;\ \boldsymbol{A}\}$，其中 $S_甲=\{\boldsymbol{\alpha}_1,\ \boldsymbol{\alpha}_2,\ \boldsymbol{\alpha}_3\}$，$S_乙=\{\boldsymbol{\beta}_1,\ \boldsymbol{\beta}_2,\ \boldsymbol{\beta}_3\}$

$$\boldsymbol{A}=\begin{bmatrix} 10 & -1 & 3 \\ 12 & 16 & -5 \\ 6 & 8 & 5 \end{bmatrix}$$

例 8.2 的模型为 $\Gamma=\{S_{齐王}, S_{田忌}; \boldsymbol{A}\}$，其中

$$S_{齐王}=S_{田忌}=\{(上，中，下)，(上，下，中)，(中，下，上)，(下，上，中)，(下，中，上)，(中，上，下)\}$$

矩阵(8-1)就是齐王的赢得矩阵。

8.2 纯策略矩阵对策

8.2.1 纯策略矩阵对策理论

在 8.1 节所建立的模型中，给出的局中人的策略是确定的方案，称这样的策略为纯策略。

例 8.2 中第一问的答案众所周知，就是孙膑给田忌出的主意：让田忌用下等马对齐王的上等马，上等马对齐王的中等马，中等马对齐王的下等马。比赛结束后，田忌反得千金。显然，田忌获胜，是有齐王不使诈而田忌使诈的前提，这是双方在不均等的前提下的获胜。这种对策中，智者占绝对的优势，控制着整个或大部分过程，其对策结果不难给出。但是这里主要关注的是双方同等聪明且均为保守者的前提下的矩阵对策。

保守的人考虑问题时总是求稳妥，因此总是首先从对自己最不利的情形加以考虑，给出自己的每种策略的最差情况，然后，选择这些最差状况里的最好状况，把其对应方案作为决策方案。以例 8.1 为例，若记 $\boldsymbol{A}=(a_{ij})$，则保守的人是如下考虑的：对局中人甲厂而言，首先会考虑自身各个方案下面临的最差收益，此时方案 $\boldsymbol{\alpha}_1$ 下最差收益为 $\min\limits_j a_{1j}=-1$，方案 $\boldsymbol{\alpha}_2$ 下最差收益为 $\min\limits_j a_{2j}=-5$，方案 $\boldsymbol{\alpha}_3$ 下最差收益为 $\min\limits_j a_{3j}=5$；然后再选择全部最差收益中的最好收益所对应的方案作为决策方案，即选 $\max\limits_i\min\limits_j a_{ij}=5$ 对应的方案 $\boldsymbol{\alpha}_3$。对局中人乙厂而言，首先会考虑自己各个方案下自身面临的最大损失，此时方案 $\boldsymbol{\beta}_1$ 下最差结果是损失 $\max\limits_i a_{i1}=12$，方案 $\boldsymbol{\beta}_2$ 下最差结果是损失 $\max\limits_i a_{i2}=16$，方案 $\boldsymbol{\beta}_3$ 下最差结果是损失 $\max\limits_i a_{i3}=5$。然后再选择所有方案最大损失中的最少损失，所对应的方案作为决策方案，即选 $\max\limits_i\min\limits_j a_{ij}=5$ 对应的方案 $\boldsymbol{\beta}_3$。这样决策的结果是，甲厂可以稳稳当当地保证获得收益不少于 5，而乙厂可以稳稳当当地保证自己的损失不超过 5，这是在这一问题中双方最满意的结果。而局中人甲厂选择了 $\boldsymbol{\alpha}_3$、局中人乙厂选择了 $\boldsymbol{\beta}_3$ 后形成的局势$(\boldsymbol{\alpha}_3, \boldsymbol{\beta}_3)$解决了对策双方的矛盾，即说局势$(\boldsymbol{\alpha}_3, \boldsymbol{\beta}_3)$就是该对策问题的解。

对于一般的矩阵对策，有如下定义。

定义 8-1 设 $\Gamma=\{S_{\mathrm{I}}, S_{\mathrm{II}}; \boldsymbol{A}\}$ 为矩阵对策，其中

$$S_{\mathrm{I}}=\{\boldsymbol{\alpha}_1, \boldsymbol{\alpha}_2, \cdots, \boldsymbol{\alpha}_m\},\quad S_{\mathrm{II}}=\{\boldsymbol{\beta}_1, \boldsymbol{\beta}_2, \cdots, \boldsymbol{\beta}_n\},\quad \boldsymbol{A}=(a_{ij})_{mn}$$

若等式

$$\max_i\min_j a_{ij}=\min_j\max_i a_{ij}=a_{i^*j^*}$$

成立，则称 $a_{i^*j^*}$ 为 Γ 的值，记为 $\nu_\Gamma=a_{i^*j^*}$；称 $\boldsymbol{\alpha}_{i*}$，$\boldsymbol{\beta}_{j*}$ 分别为局中人Ⅰ和Ⅱ的最优策略；而称局势$(\boldsymbol{\alpha}_{i*}, \boldsymbol{\beta}_{j*})$为 Γ 的解。而这一结果反映到矩阵 $\boldsymbol{A}$ 上，就是 $a_{i3}\leqslant a_{33}\leqslant a_{3j}$，事实上一般有下面的定理。

定理 8-1 矩阵对策在纯策略意义下有解的充要条件是：存在 $\boldsymbol{\alpha}_{i*}$，$\boldsymbol{\beta}_{j*}$，使得 $a_{ij^*}\leqslant a_{i^*j^*}\leqslant a_{i^*j}$，$\forall i, j$。

证：(1) 充分性。由 $a_{ij^*} \leqslant a_{i^*j^*} \leqslant a_{i^*j}$ 可以得到 $\max\limits_i a_{ij^*} \leqslant a_{i^*j^*} \leqslant \min\limits_j a_{i^*j}$

又因为 $$\min_j \max_i a_{ij} \leqslant \max_i a_{ij^*} \text{ 和 } \min_j a_{i^*j} \leqslant \max_i \min_j a_{ij}$$

于是有 $$\min_j \max_i a_{ij} \leqslant a_{i^*j^*} \leqslant \max_i \min_j a_{ij}$$

容易证明，对于任意矩阵 **A**，都有 $\max\limits_i \min\limits_j a_{ij} \leqslant \min\limits_j \max\limits_i a_{ij}$

综上得 $$\max_i \min_j a_{ij} = \min_j \max_i a_{ij} = a_{i^*j^*}$$

即 $\nu_\Gamma = a_{i^*j^*}$。

(2) 必要性。设 $\min\limits_j a_{ij}$ 在 $i=i^*$ 时达到最大，而 $\max\limits_i a_{ij}$ 在 $j=j^*$ 时达到最小，即

$$\min_j a_{i^*j} = \max_i \min_j a_{ij}, \quad \max_i a_{ij^*} = \min_j \max_i a_{ij}$$

由定义 8-1 有 $\max\limits_i \min\limits_j a_{ij} = \min\limits_j \max\limits_i a_{ij}$，可得

$$\max_i a_{ij^*} = \min_j a_{i^*j} \leqslant a_{i^*j^*} \leqslant \max_i a_{ij^*} = \min_j a_{i^*j}$$

所以 $\forall i, j$ 有

$$a_{ij^*} \leqslant \max_i a_{ij^*} \leqslant a_{i^*j^*} \leqslant \min_j a_{i^*j} \leqslant a_{i^*j}$$

显然问题得证。

定理 8-1 可解释为：如果局中人Ⅰ不采用 $\boldsymbol{\alpha}_{i^*}$ 而采用其他的方案，那么他的收益就会减少；局中人Ⅱ不采用 $\boldsymbol{\beta}_{j^*}$ 而采用其他的方案，那么他的损失就会增大。

8.2.2 纯策略矩阵对策求解

【例 8.3】 设有 $\Gamma = \{S_{\mathrm{I}}, S_{\mathrm{II}}; A\}$，其中 $S_{\mathrm{I}} = \{\boldsymbol{\alpha}_1, \boldsymbol{\alpha}_2, \boldsymbol{\alpha}_3, \boldsymbol{\alpha}_4\}$，$S_{\mathrm{II}} = \{\boldsymbol{\beta}_1, \boldsymbol{\beta}_2, \boldsymbol{\beta}_3, \boldsymbol{\beta}_4\}$，局中人Ⅰ的赢得矩阵为 $\boldsymbol{A} = \begin{bmatrix} 6 & 4 & 5 & 4 \\ 7 & 4 & 6 & 4 \\ 0 & 2 & 7 & 3 \\ 8 & 3 & 2 & -1 \end{bmatrix}$，求解 Γ。

解：由 $\min\limits_j a_{1j} = 4$，$\min\limits_j a_{2j} = 4$，$\min\limits_j a_{3j} = 0$，$\min\limits_j a_{4j} = -1$ 得

$$\max_i \min_j a_{ij} = \max_j \{4, 4, 0, -1\} = 4, \quad \text{且 } i=1 \text{ 或 } 2$$

又已知

$$\max_i a_{i1} = 8, \quad \max_i a_{i2} = 4, \quad \max_i a_{i3} = 7, \quad \max_i a_{i4} = 4$$

得

$$\min_j \max_i a_{ij} = \min_j \{8, 4, 7, 4\} = 4, \quad \text{且 } j=2 \text{ 或 } 4$$

从而

$$\min_j \max_i a_{ij} = \max_i \min_j a_{ij} = 4$$

所以局中人Ⅰ的最优策略为 $\boldsymbol{\alpha}_1$ 或 $\boldsymbol{\alpha}_2$，局中人Ⅱ的最优策略为 $\boldsymbol{\beta}_1$ 或 $\boldsymbol{\beta}_2$，而 Γ 的解为 $(\boldsymbol{\alpha}_1, \boldsymbol{\beta}_2)$，$(\boldsymbol{\alpha}_1, \boldsymbol{\beta}_4)$，$(\boldsymbol{\alpha}_2, \boldsymbol{\beta}_2)$ 或 $(\boldsymbol{\alpha}_2, \boldsymbol{\beta}_4)$，$\Gamma$ 的值 $\nu_\Gamma = 4$。

从上例可以看出，对策的解可以不唯一，但对策的值是唯一的。

一般地，最优策略有以下性质。

(1) 无差别性：若 $(\boldsymbol{\alpha}_{i_1}, \boldsymbol{\beta}_{j_1})$ 和 $(\boldsymbol{\alpha}_{i_2}, \boldsymbol{\beta}_{j_2})$ 是 Γ 的最优解，则 $a_{i_1j_1} = a_{i_2j_2}$；

(2) 可交换性：若 $(\boldsymbol{\alpha}_{i_1}, \boldsymbol{\beta}_{j_1})$ 和 $(\boldsymbol{\alpha}_{i_2}, \boldsymbol{\beta}_{j_2})$ 是 Γ 的最优解，则 $(\boldsymbol{\alpha}_{i_1}, \boldsymbol{\beta}_{j_2})$ 和 $(\boldsymbol{\alpha}_{i_2}, \boldsymbol{\beta}_{j_1})$ 是 Γ 的解。

这个性质的证明请读者自行完成。

8.3 混合策略矩阵对策

8.3.1 混合策略矩阵对策理论

8.2节讨论了矩阵 $\mathbf{A}$ 满足 $\min\limits_j\max\limits_i a_{ij}=\max\limits_i\min\limits_j a_{ij}$ 时矩阵对策的求解。但一般来说，给定一个矩阵对策 $\Gamma=\{S_{\text{I}}, S_{\text{II}}; \mathbf{A}\}$，上式不一定成立。

【例 8.4】 设 $\Gamma=\{S_{\text{I}}, S_{\text{II}}; \mathbf{A}\}$，其中

$$\mathbf{A}=\begin{bmatrix}1 & 0 & 1\\0 & 1 & 2\\3 & 2 & 0\end{bmatrix}$$

由 $\min\limits_j\max\limits_i a_{ij}=2$，$\max\limits_i\min\limits_j a_{ij}=0$，知 $\min\limits_j\max\limits_i a_{ij}\neq\max\limits_i\min\limits_j a_{ij}$。因此，在纯策略意义下，这个对策没有解。

对于这种情况，可以设想局中人随机地选取纯策略，即局中人Ⅰ以概率 $x_i\left(0\leqslant x_i\leqslant 1, \sum\limits_{i=1}^{m}x_i=1\right)$ 来选取纯策略 $\boldsymbol{\alpha}_i(i=1, 2, \cdots, m)$。于是可以得到 m 维的概率向量 $(x_1, x_2, \cdots, x_m)^{\mathrm{T}}$，其实也就是局中人Ⅰ策略的分布律。概率 x_i 可解释为局中人Ⅰ在一局对策中，对于各个纯策略的偏爱程度，或解释为在多局对策中局中人Ⅰ采用纯策略 $\alpha_1, \alpha_2, \cdots, \alpha_m$ 的频率。同样对于局中人Ⅱ，若以 y_j 表示取 $\boldsymbol{\beta}_j(j=1, 2, \cdots, n)$ 的概率，则有相应的 n 维概率向量 $(y_1, y_2, \cdots, y_n)^{\mathrm{T}}$ 且 $\left(0\leqslant y_i\leqslant 1, \sum\limits_{i=1}^{n}y_i=1\right)$，也就是局中人Ⅱ策略的分布律。$y_j$ 的解释与 x_i 类似。这样，可以将原对策中的策略转化为以概率向量形式表示的策略。局中人Ⅰ的赢得矩阵转化为另外一种描述局中人Ⅰ收益的工具：收益期望，即 $E(\boldsymbol{x}, \boldsymbol{y})=\boldsymbol{x}^{\mathrm{T}}\mathbf{A}\boldsymbol{y}$。于是可以有如下定义。

定义 8-2 设有矩阵对策 $\Gamma=\{S_{\text{I}}, S_{\text{II}}; \mathbf{A}\}$，其中

$$S_{\text{I}}=\{\boldsymbol{\alpha}_1, \boldsymbol{\alpha}_2, \cdots, \boldsymbol{\alpha}_m\},\quad S_{\text{II}}=\{\boldsymbol{\beta}_1, \boldsymbol{\beta}_2, \cdots, \boldsymbol{\beta}_n\},\quad \mathbf{A}=(a_{ij})_{mn}$$

记

$$S_{\text{I}}^{*}=\left\{\boldsymbol{x}\in R^m \mid 0\leqslant x_i\leqslant 1, i=1, 2, \cdots, m, \sum_{i=1}^{m}x_i=1\right\},$$

$$S_{\text{II}}^{*}=\left\{\boldsymbol{y}\in R^n \mid 0\leqslant y_j\leqslant 1, j=1, 2, \cdots, n, \sum_{j=1}^{n}y_j=1\right\}$$

则 S_{I}^{*} 和 S_{II}^{*} 分别称为局中人Ⅰ和Ⅱ的混合策略集(也称策略集)。$\boldsymbol{x}\in S_{\text{I}}^{*}$ 和 $\boldsymbol{y}\in S_{\text{II}}^{*}$ 分别称为局中人Ⅰ和Ⅱ的混合策略(或策略)。对于 $\boldsymbol{x}\in S_{\text{I}}^{*}$，$\boldsymbol{y}\in S_{\text{II}}^{*}$，称 $(\boldsymbol{x}, \boldsymbol{y})$ 为一个混合局势(或局势)。局中人Ⅰ的收益函数记为

$$E(\boldsymbol{x}, \boldsymbol{y})=\boldsymbol{x}^{\mathrm{T}}\mathbf{A}\boldsymbol{y}=\sum_i\sum_j a_{ij}\boldsymbol{x}_i\boldsymbol{y}_j$$

这样将得到的新的对策模型记成 $\Gamma^{*}=\{S_{\text{I}}^{*}, S_{\text{II}}^{*}; E\}$，并称 Γ^{*} 为对策的混合扩充。

定义 8-3 设 $\Gamma^{*}=\{S_{\text{I}}{}^{*}, S_{\text{II}}{}^{*}; E\}$ 是矩阵对策 $\Gamma=\{S_{\text{I}}, S_{\text{II}}; \mathbf{A}\}$ 的混合扩充，

如果存在混合局势$(\boldsymbol{x}^*, \boldsymbol{y}^*)$，使得对于一切$\boldsymbol{x}\in S_{\mathrm{I}}^*$，$\boldsymbol{y}\in S_{\mathrm{II}}^*$，$\max\limits_{x\in S_1^*}\min\limits_{y\in S_2^*}E(\boldsymbol{x}, \boldsymbol{y})=\min\limits_{y\in S_2^*}\max\limits_{x\in S_1^*}E(\boldsymbol{x}, \boldsymbol{y})=E(\boldsymbol{x}^*, \boldsymbol{y}^*)$成立，则称$(\boldsymbol{x}^*, \boldsymbol{y}^*)$为$\Gamma$在混合策略下的解(简称解)。而$\boldsymbol{x}^*$，$\boldsymbol{y}^*$分别称为局中人Ⅰ和Ⅱ的最优(混合)策略。$E(\boldsymbol{x}^*, \boldsymbol{y}^*)$称为对策$\Gamma$在混合策略意义下的值(简称对策$\Gamma$的值)，记为$\nu_{\Gamma^*}$。习惯上，也将$(\boldsymbol{x}^*, \boldsymbol{y}^*)$称为对策$\Gamma$的解，称$\nu_{\Gamma^*}$为对策$\Gamma$的值。

将矩阵对策解的概念推广后有下面定理。

定理8-2 设$\Gamma^*=\{S_{\mathrm{I}}^*, S_{\mathrm{II}}^*; E\}$为$\Gamma=\{S_{\mathrm{I}}, S_{\mathrm{II}}; \boldsymbol{A}\}$的混合扩充，则$(\boldsymbol{x}^*, \boldsymbol{y}^*)$为$\Gamma$的解的充分必要条件是存在$(\boldsymbol{x}^*, \boldsymbol{y}^*)$，使得对于一切$\boldsymbol{x}\in S_{\mathrm{I}}^*$，$\boldsymbol{y}\in S_{\mathrm{II}}^*$，有

$$E(\boldsymbol{x}, \boldsymbol{y}^*)\leqslant E(\boldsymbol{x}^*, \boldsymbol{y}^*)\leqslant E(\boldsymbol{x}^*, \boldsymbol{y}) \tag{8-2}$$

定理8-2可解释为：如果局中人Ⅰ不采用$\boldsymbol{x}^*$而采用其他的方案，那么他的收益就会减少；局中人Ⅱ不采用$\boldsymbol{y}^*$而采用其他的方案，那么他的损失就会增大。

【例8.5】 设$\Gamma=\{S_{\mathrm{I}}, S_{\mathrm{II}}; \boldsymbol{A}\}$，其中$\boldsymbol{A}=\begin{bmatrix}9 & 7\\ 2 & 8\end{bmatrix}$，求解此对策。

解：显然在纯策略意义下，Γ无解。

再设$\boldsymbol{X}=(x, 1-x)^{\mathrm{T}}$为局中人Ⅰ的混合策略，$\boldsymbol{Y}=(y, 1-y)^{\mathrm{T}}$为局中人Ⅱ的混合策略，则$S_{\mathrm{I}}^*=\{(x, 1-x)\mid 0\leqslant x\leqslant 1\}$，$S_{\mathrm{II}}^*=\{(y, 1-y)\mid 0\leqslant y\leqslant 1\}$，局中人Ⅰ的收益期望为

$$\begin{aligned}E(x, y)&=(x, 1-x)\begin{bmatrix}9 & 7\\ 2 & 8\end{bmatrix}(y, 1-y)^{\mathrm{T}}\\&=8xy-x-6y+8\\&=\left(y-\frac{1}{8}\right)(8x-6)+7\frac{1}{4}\end{aligned}$$

取$\boldsymbol{x}^*=\left(\frac{3}{4}, \frac{1}{4}\right)$，$\boldsymbol{y}^*=\left(\frac{1}{8}, \frac{7}{8}\right)$，则$E(\boldsymbol{x}^*, \boldsymbol{y}^*)=7\frac{1}{4}$，$E(\boldsymbol{x}, \boldsymbol{y}^*)=E(\boldsymbol{x}^*, \boldsymbol{y})=7\frac{1}{4}$

从而有 $$E(\boldsymbol{x}, \boldsymbol{y}^*)\leqslant E(\boldsymbol{x}^*, \boldsymbol{y}^*)\leqslant E(\boldsymbol{x}^*, \boldsymbol{y})$$

所以$\boldsymbol{x}^*=\left(\frac{3}{4}, \frac{1}{4}\right)$和$\boldsymbol{y}^*=\left(\frac{1}{8}, \frac{7}{8}\right)$分别为局中人Ⅰ和Ⅱ的最优策略，对策的值$\nu_{\Gamma}=7\frac{1}{4}$。

注意：纯策略就是混合策略的特殊情况。局中人Ⅰ取$\boldsymbol{\alpha}_i$就相当于$x=e_i$，这里$e_i=(\underbrace{0, 0, \cdots, 0}_{i}, 1, 0, \cdots, 0)$；纯局势$(\boldsymbol{\alpha}_i, \boldsymbol{\beta}_j)$相当于混合局势$(\boldsymbol{x}, \boldsymbol{y})$，其中$x=e_i$，$y=e_j$。而$E(e_i, y)=\sum\limits_{j=1}^{n}a_{ij}y_j$，$E(e_i, e_j)=a_{ij}$，$E(x, e_j)=\sum\limits_{i=1}^{m}a_{ij}x_i$。

这样通过定理8-2可以得到下面定理。

定理8-3 设$\Gamma^*=\{S_{\mathrm{I}}^*; S_{\mathrm{II}}^*; E\}$为$\Gamma=\{S_{\mathrm{I}}, S_{\mathrm{II}}; \boldsymbol{A}\}$的混合扩充，则$(\boldsymbol{x}^*, \boldsymbol{y}^*)$为$\Gamma$的解的充分必要条件是

$$E(\boldsymbol{\alpha}_i, \boldsymbol{y}^*)\leqslant E(\boldsymbol{x}^*, \boldsymbol{y}^*)\leqslant E(\boldsymbol{x}^*, \boldsymbol{\beta}_j) \tag{8-3}$$

对于一切 $i=1, 2, \cdots, m$；$j=1, 2, \cdots, n$ 都成立。

证：仅须证明式(8-2)和式(8-3)等价即可。

必要性：即证明式(8-2)成立可以推出式(8-3)成立。

因为式(8-3)是式(8-2)的特殊情形，所以此结论显然成立。

充分性：即证明式(8-2)成立可以推出式(8-3)成立。

先证明 $E(\boldsymbol{x}, \boldsymbol{y}^*)\leqslant E(\boldsymbol{x}^*, \boldsymbol{y}^*)$。

令 $\boldsymbol{x}=\sum_{i=1}^{m} x_i e_i$，则有

$$E(\boldsymbol{x}, \boldsymbol{y}^*)=\boldsymbol{x}^{\mathrm{T}}\boldsymbol{A}\boldsymbol{y}^*=\left(\sum_{i=1}^{m}\boldsymbol{x}_i e_i\right)^{\mathrm{T}}\boldsymbol{A}\boldsymbol{y}^*$$

$$=\sum_{i=1}^{m}(\boldsymbol{x}_i e_i^{\mathrm{T}}\boldsymbol{A}\boldsymbol{y}^*)=\sum_{i=1}^{m}x_i E(e_i, \boldsymbol{y}^*)$$

而 $E(e_i, \boldsymbol{y}^*)\leqslant E(\boldsymbol{x}^*, \boldsymbol{y}^*)$ 且 $\boldsymbol{x}_i\geqslant 0$，

故

$$E(\boldsymbol{x}, \boldsymbol{y}^*)\leqslant\sum_{i=1}^{m}[x_i E(\boldsymbol{x}^*, \boldsymbol{y}^*)]=\left(\sum_{i=1}^{m}x_i\right)E(\boldsymbol{x}^*, \boldsymbol{y}^*)=E(\boldsymbol{x}^*, \boldsymbol{y}^*)$$

类似可以证明 $$E(\boldsymbol{x}^*, \boldsymbol{y}^*)\leqslant E(\boldsymbol{x}^*, \boldsymbol{y})$$

综上可得 $$E(\boldsymbol{x}, \boldsymbol{y}^*)\leqslant E(\boldsymbol{x}^*, \boldsymbol{y}^*)\leqslant E(\boldsymbol{x}^*, \boldsymbol{y})$$

定理得证。

定理 8-3 还有另外一种表述方式。

定理 8-4 设 $\Gamma^*=\{S_{\mathrm{I}}^*, S_{\mathrm{II}}^*; E\}$ 为 $\Gamma=\{S_{\mathrm{I}}, S_{\mathrm{II}}; \boldsymbol{A}\}$ 的混合扩充，则 $(\boldsymbol{x}^*, \boldsymbol{y}^*)$ 为 Γ 的解的充分必要条件是存在数 ν^*，使得 $\boldsymbol{x}^*$，$\boldsymbol{y}^*$ 分别是不等式组 P 和 B

$$P\begin{cases}\sum_{i=1}^{m}a_{ij}x_i\geqslant\nu^*, & j=1, 2, \cdots, n\\ \sum_{i=1}^{m}x_i=1 & \\ x_i\geqslant 0, & i=1, 2, \cdots, m\end{cases}\qquad B\begin{cases}\sum_{j=1}^{n}a_{ij}y_j\leqslant\nu^*, & i=1, 2, \cdots, m\\ \sum_{j=1}^{n}y_j=1 & \\ y_j\geqslant 0, & j=1, 2, \cdots, n\end{cases}$$

的解，且 $\nu^*=\nu_{\Gamma}^*$。

下来给出本章的其他重要定理。

定理 8-5 任意矩阵对策 $\Gamma=\{S_{\mathrm{I}}, S_{\mathrm{II}}; \boldsymbol{A}\}$ 在混合策略意义下一定有解。

证：根据定理 8-4，只需证明存在数 ν^* 和 $\boldsymbol{x}^*\in S_{\mathrm{I}}^*$，$\boldsymbol{y}^*\in S_{\mathrm{II}}^*$，使得有 P、B 同时成立。

为此，考虑两个线性规划问题：

$$\max v \qquad\qquad\qquad\qquad \min w$$

$$LP\begin{cases}\sum_{i=1}^{m}a_{ij}x_i\geqslant\nu, & j=1, 2, \cdots, n\\ \sum_{i=1}^{m}x_i=1 & \\ x_i\geqslant 0, & i=1, 2, \cdots, m\end{cases}\quad 和 \quad LD\begin{cases}\sum_{j=1}^{n}a_{ij}y_j\leqslant w, & i=1, 2, \cdots, m\\ \sum_{j=1}^{n}y_j=1 & \\ y_j\geqslant 0, & j=1, 2, \cdots, n\end{cases}$$

显然，问题 LP 和 LD 是互为对偶的线性规划问题。而且，问题 LP 和 LD 均有可行解(仅须取 $\boldsymbol{x}=(1,0,\cdots,0)^{\mathrm{T}}$，$w=\min\limits_j a_{1j}$，$\boldsymbol{y}=(1,0,\cdots,0)^{\mathrm{T}}$，$\nu=\max\limits_i a_{i1}$，即可验证)。

由线性规划的对偶理论可以知道，问题 LP 和 LD 均有最优解，不妨记为 $\boldsymbol{x}^*$，$\boldsymbol{y}^*$，并且它们的最优值相等，即 $\nu^*=w^*$。也就是说，存在数 ν^* 和 $\boldsymbol{x}^*\in S_{\mathrm{I}}^*$，$\boldsymbol{y}^*\in S_{\mathrm{II}}^*$，使得 P，B 都成立，即定理 8-5 得证。

定理 8-5 其实给出了一种用线性规划求解矩阵对策的方法，而且属于较一般的方法。但是对于运筹学的应用，不仅要通过它的模型找出解决问题本身的好方案，而且还应注意模型本身在运用过程中的优化，事实上，上面所提到线性规划方法还可以进一步优化。

8.3.2 混合策略矩阵对策求解

1. 线性规划法

若 $\Gamma=\{S_{\mathrm{I}},S_{\mathrm{II}};\boldsymbol{A}\}$ 在混合策略下的对策值 $\nu_{\Gamma^*}>0$，则在对应的问题 LP 和 LD 中，$\nu^*=w^*>0$。从而如果令 $x_i'=\dfrac{x_i}{\nu}$，$y_j'=\dfrac{y_j}{w}$，那么问题 LP 和 LD 等价于

$$\min v'=\sum_{i=1}^{m}x_i' \qquad\qquad \max w'=\sum_{i=1}^{m}y_j'$$

$$LP'\begin{cases}\sum\limits_{i=1}^{m}a_{ij}x'_i\geqslant 1, & j=1,2,\cdots,n\\ x_i'\geqslant 0, & i=1,2,\cdots,m\end{cases}\qquad LD'\begin{cases}\sum\limits_{j=1}^{n}a_{ij}y'_j\leqslant 1, & i=1,2,\cdots,m\\ y_j'\geqslant 0, & j=1,2,\cdots,n\end{cases}$$

$$\text{且}\sum_{i=1}^{m}x_i'=\frac{1}{\nu},\quad \sum_{i=1}^{n}y_j'=\frac{1}{w}$$

显然，问题 LP' 和 LD' 仍然为对偶问题。在求解时，可以只求解问题 LD'，然后根据对偶问题解的对应关系给出问题 LP' 的解，最后利用 $x_i'=\dfrac{x_i}{\nu}$，$y_j'=\dfrac{y_j}{w}$，$\sum\limits_{i=1}^{m}x_i'=\dfrac{1}{\nu}$，$\sum\limits_{i=1}^{n}y_j'=\dfrac{1}{w}$ 反代回去，就可以得到对策问题 Γ 的解和值。这样变换之后，模型中变量数减少了一个，就使得在求解大型对策问题时，运算量大幅降低，因此，LP' 和 LD' 与 LP 和 LD 比较，在运算量方面有很大优势，但不利的是，问题 LP' 和 LD' 要求其对应的对策值 $\nu_{\Gamma^*}>0$，此时，可以用下面方法解决。

定理 8-6 设有 $\Gamma_1=\{S_{\mathrm{I}},S_{\mathrm{II}};\boldsymbol{A}\}$ 和 $\Gamma_2=\{S_{\mathrm{I}},S_{\mathrm{II}};\boldsymbol{A}'\}$，其中 $\boldsymbol{A}=(a_{ij})_{m\times n}$，$\boldsymbol{A}'=(a_{ij}+k)_{m\times n}$，$k$ 为任意常数，则 Γ 与 Γ' 同解，且 $\nu_{\Gamma}=\nu_{\Gamma'}-k$。

【例 8.6】 设 $\Gamma=\{S_{\mathrm{I}},S_{\mathrm{II}};\boldsymbol{A}\}$，其中 $\boldsymbol{A}=\begin{bmatrix}-1 & -2 & -1\\ -2 & -1 & 0\\ 1 & 0 & -2\end{bmatrix}$。

解：在纯策略意义下，Γ 无解。

令 $\boldsymbol{A}'=\boldsymbol{A}+(2)_{3\times 3}=\begin{bmatrix}1 & 0 & 1\\ 0 & 1 & 2\\ 3 & 2 & 0\end{bmatrix}$，

从而将 Γ 转化为另一个对策问题 $\Gamma'=\{S_{\mathrm{I}},S_{\mathrm{II}};\boldsymbol{A}'\}$。

求解下列线性规划问题

$$\min \nu' = \sum_{i=1}^{3} x_i' \qquad \max w' = \sum_{j=1}^{3} y_j'$$

$$LP'\begin{cases} x_1'+3x_3'\geqslant 1 \\ x_2'+2x_3'\geqslant 1 \\ x_1'+2x_2'\geqslant 1 \\ x_i'\geqslant 0,\quad i=1,\ 2,\ 3 \end{cases} \qquad LD'\begin{cases} y_1'+y_3'\leqslant 1 \\ y_2'+2y_3'\leqslant 1 \\ 3y_1'+2y_2'\leqslant 1 \\ y_j'\geqslant 0,\quad j=1,\ 2,\ 3 \end{cases}$$

由单纯性法求解问题 LD'。列出单纯形表并进行计算(见表 8-2)。

表 8-2　问题 LD'标准型的单纯形表

		$\bar{b}$	y_1'	y_2'	y_3'	y_4'	y_5'	y_6'	θ
y_B	C_B		1	1	1	0	0	0	
y_4'	0	1	1	0	1	1	0	0	1
y_5'	0	1	0	1	2	0	1	0	
y_6'	0	1	[3]	2	0	0	0	1	1/3
$-w'$		0	1	1	1	0	0	0	
y_4'	0	2/3	0	−2/3	1	1	0	−1/3	2/3
y_5'	0	1	0	1	[2]	0	1	0	1/2
y_1'	1	1/3	1	2/3	0	0	0	1/3	
$-w'$		−1/3	0	1/3	1	0	0	−1/3	
y_4'	0	1/6	0	−7/6	0	1	−1/2	−1/3	
y_3'	1	1/2	0	1/2	1	0	1/2	0	
y_1'	1	1/3	1	2/3	0	0	0	1/3	
$-w'$		—	0	−1/6	0	0	−1/2	−1/3	

所以，LD'的最优解为 $\boldsymbol{y}'=\left(\frac{1}{3},\ 0,\ \frac{1}{2}\right)$；$LP'$的最优解为 $\boldsymbol{x}'=\left(0,\ \frac{1}{2},\ \frac{1}{3}\right)$，且最优值为 $w'=\nu'=\frac{5}{6}$，$\nu_{\Gamma'}=\frac{1}{w'}=\frac{6}{5}$。$\Gamma$ 的解为 $\boldsymbol{x}^*=\nu_{\Gamma'}\left(0,\ \frac{1}{2},\ \frac{1}{3}\right)=\left(0,\ \frac{3}{5},\ \frac{2}{5}\right)$，$\boldsymbol{y}^*=\nu_{\Gamma'}\left(\frac{1}{3},\ 0,\ \frac{1}{2}\right)=\left(\frac{2}{5},\ 0,\ \frac{3}{5}\right)$，对策值为 $\nu_\Gamma=\nu_{\Gamma'}-2=-\frac{4}{5}$。

2. 迭代法

当矩阵对策较大时，利用线性规划方法求解，计算量就会很大，此时，如果对问题精度要求不是太高，那么可以用迭代法来求解对策问题的近似解。下面通过例题介绍这种方法。

【例 8.7】 用迭代法求解例 8.4。

解： 首先，局中人Ⅰ先采取一个策略，不妨取 $\boldsymbol{\alpha}_1$，那么局中人Ⅱ当然会取一个对自己最有利的策略 $\boldsymbol{\beta}_1$，使自己的损失最小，这样就完成了一次对局；当第二次对局开始时，局中人Ⅰ又会采取此时对自己最有利的策略 $\boldsymbol{\alpha}_2$，使自己在两次对局后累积收益最大；之后，局中人Ⅱ又会采取对自己最为有利的策略 $\boldsymbol{\beta}_2$，使自己在两次对局后累积损失最小，这样又完成了第二次对局；以此类推，直到第 30 次对局完成（对局完成的次数可以根据精度的需要设置)。其具体的计算过程见表 8－3。

表 8－3 计算过程

局数	局中人Ⅰ的纯策略	局中人Ⅱ的累积收益	局中人Ⅰ的纯策略	局中人Ⅱ的累积损失
1	α_1	(1, $\underline{0}$, 1)	β_2	(0, 1, $\overline{2}$)
2	α_3	(4, 2, $\underline{1}$)	β_3	(1, $\overline{3}$, 2)
3	α_2	(4, $\underline{3}$, 3)	β_2	(1, $\overline{4}$, 4)
4	α_2	($\underline{4}$, 4, 5)	β_1	(2, 4, $\overline{7}$)
5	α_3	(7, 6, $\underline{5}$)	β_3	(3, 6, $\overline{7}$)
6	α_3	(10, 8, $\underline{5}$)	β_3	(4, $\overline{8}$, 7)
7	α_2	(10, 9, $\underline{7}$)	β_3	(5, $\overline{10}$, 7)
8	α_2	(10, 10, $\underline{9}$)	β_3	(6, $\overline{12}$, 7)
9	α_2	($\underline{10}$, 11, 11)	β_1	(7, $\overline{12}$, 10)
10	α_2	($\underline{10}$, 12, 13)	β_1	(8, 12, $\overline{13}$)
11	α_3	($\underline{13}$, 14, 13)	β_1	(9, 12, $\overline{16}$)
12	α_3	(16, 16, $\underline{13}$)	β_3	(10, 14, $\overline{16}$)
13	α_3	(19, 18, $\underline{13}$)	β_3	(11, $\overline{16}$, 16)
14	α_2	(19, 19, $\underline{15}$)	β_3	(12, $\overline{18}$, 16)
15	α_2	(19, 20, $\underline{17}$)	β_3	(13, $\overline{20}$, 16)
16	α_2	($\underline{19}$, 21, 19)	β_1	(14, $\overline{20}$, 19)
17	α_2	($\underline{19}$, 22, 21)	β_1	(15, 20, $\overline{22}$)
18	α_3	(22, 24, $\underline{21}$)	β_3	(16, $\overline{22}$, 22)
19	α_2	($\underline{22}$, 25, 23)	β_1	(11, 22, $\overline{25}$)
20	α_3	(25, 27, $\underline{23}$)	β_3	(18, 24, $\overline{25}$)
21	α_3	(28, 29, $\underline{23}$)	β_3	(19, $\overline{26}$, 25)
22	α_2	(28, 30, $\underline{25}$)	β_3	(20, $\overline{28}$, 25)
23	α_2	(28, 31, $\underline{27}$)	β_3	(21, $\overline{30}$, 25)
24	α_2	($\underline{28}$, 32, 29)	β_1	(22, $\overline{30}$, 28)
25	α_2	($\underline{28}$, 33, 31)	β_1	(23, 30, $\overline{31}$)
26	α_3	($\underline{31}$, 35, 31)	β_1	(24, 30, $\overline{34}$)
27	α_3	(34, 37, $\underline{31}$)	β_3	(25, 32, $\overline{34}$)
28	α_3	(37, 39, $\underline{31}$)	β_3	(26, $\overline{34}$, 34)
29	α_2	(37, 40, $\underline{33}$)	β_3	(27, $\overline{36}$, 34)
30	α_2	(37, 41, $\underline{35}$)	β_3	(28, $\overline{38}$, 34)

在表 8－3 中标下划线的数字表示局中人Ⅰ的累积收益，标上划线的数字表示局中人Ⅱ的累积损失。

当完成 30 次对局后，局中人Ⅰ采取 $\boldsymbol{\alpha}_1$，$\boldsymbol{\alpha}_2$，$\boldsymbol{\alpha}_3$ 的次数分别是 1，17，12；局中人Ⅱ采取 $\boldsymbol{\beta}_1$，$\boldsymbol{\beta}_2$，$\boldsymbol{\beta}_3$ 的次数分别是 10，2，18，故用各策略出现的频率近似作为采用各策略的概率，可以得到对策的近似解 $\boldsymbol{x}^*=(0.0333, 0.5667, 0.4000)$，$\boldsymbol{y}^*=(0.3333, 0.0667, 0.6000)$。

而此时，若记局中人Ⅰ的累积平均收益为 $\underline{\nu}_N$，局中人Ⅱ的累积平均损失为 $\bar{\nu}_N$，则 $\nu_\Gamma=\dfrac{\underline{\nu}_N+\nu_N}{2}$。在本例中，$\underline{\nu}_N=\dfrac{35}{30}$，$\bar{\nu}_N=\dfrac{38}{30}$；因此 $\nu_\Gamma\approx 1.2167$。显然 $\boldsymbol{x}^*$、ν_Γ 与例 8.6 中相应的结果非常接近，而 $\boldsymbol{y}^*$ 与前面结果差得很远，这与此对策问题的解不唯一有关。

这种方法的优点是计算简便，易于用计算机计算，还可以推广到多人对策的情况，其缺点是收敛速度较慢。

8.4 特殊矩阵对策求解

8.4.1 2×2 矩阵对策

所谓 2×2 矩阵对策是指局中人Ⅱ的赢得矩阵为二阶的，即

$$\boldsymbol{A}=\begin{bmatrix} a_{11} & a_{12} \\ a_{21} & a_{22} \end{bmatrix}$$

如果纯策略下有解，那么很容易求解。如果纯策略下无解，可以引入混合策略，将其求解转化为求解下面两个线性规划问题

$$\max \nu \qquad\qquad \min w$$

$$LP\begin{cases} -a_{11}x_1-a_{21}x_2+\nu\leqslant 0 \\ -\nu a_{12}x_1-a_{22}x_2\leqslant 0 \\ x_1+x_2=1 \\ x_1,\ x_2\geqslant 0 \end{cases} \qquad LD\begin{cases} -a_{11}y_1-a_{12}y_2+w\geqslant 0 \\ -a_{21}y_1-a_{22}y_2+w\geqslant 0 \\ y_1+y_2=1 \\ y_1,\ y_2\geqslant 0 \end{cases}$$

而此时很容易证明，$x_1{}^*$，$x_2{}^*$，$y_1{}^*$，$y_2{}^*$ 均大于 0，从而根据对偶问题解的对应关系有

$$EP\begin{cases} a_{11}x_1+a_{21}x_2=w \\ a_{12}x_1+a_{22}x_2=w \\ x_1+x_2=1 \\ x_1,\ x_2\geqslant 0 \end{cases} \qquad EB\begin{cases} a_{11}y_1+a_{12}y_2=\nu \\ a_{21}y_1+a_{22}y_2=\nu \\ y_1+y_2=1 \\ y_1,\ y_2\geqslant 0 \end{cases}$$

进一步可以证明：纯策略意义下无解时，EP 和 EB 均有唯一解，现分别设为 $\boldsymbol{x}^*$，$\boldsymbol{y}^*$，那么，$\boldsymbol{x}^*$，$\boldsymbol{y}^*$ 分别为 LP 和 LD 的最优解。设相应的最优值分别为 w^*，ν^*，则显然 $w^*=\nu^*$，因此，求解 EP 和 EB，即可得到矩阵对策的解和值

$$x_1^*=\frac{a_{22}-a_{21}}{\delta},\quad x_2^*=\frac{a_{11}-a_{12}}{\delta},\quad y_1^*=\frac{a_{22}-a_{12}}{\delta},\quad y_2^*=\frac{a_{11}-a_{21}}{\delta},\quad v_\Gamma^*=\frac{a_{11}a_{22}-a_{21}a_{12}}{\delta}$$

其中，$\delta=(a_{11}+a_{22})-(a_{12}+a_{21})$。

把这种求解 2×2 对策问题的方法称为公式法。

注意：从上面分析可见，纯策略意义下有解的 2×2 对策不能用公式法求解。

【例 8.8】 用公式法求解例 8.5。

解：显然在纯策略意义下问题无解。

由公式法易求得对策的最优策略和对策值分别为

$$\delta=(a_{11}+a_{22})-(a_{12}+a_{21})=8,\quad x_1^*=\frac{a_{22}-a_{21}}{\delta}=\frac{1}{8},\quad x_2^*=\frac{a_{11}-a_{12}}{\delta}=\frac{7}{8}$$

$$y_1^*=\frac{a_{22}-a_{12}}{\delta}=\frac{3}{4},\quad y_2^*=\frac{a_{11}-a_{21}}{\delta}=\frac{1}{4},\quad \nu_\Gamma{}^*=\frac{a_{11}a_{22}-a_{21}a_{12}}{\delta}=7。$$

8.4.2 优超降阶法

在求解大型矩阵对策问题时，通常会针对赢得矩阵的特点，采用某种特定的方法将其转化为较小型的问题，优超降阶法就是这样一种方法。

定义 8-4 设有矩阵对策 $\Gamma=\{S_{\mathrm{I}}, S_{\mathrm{II}}; \boldsymbol{A}\}$，其中

$$S_{\mathrm{I}}=\{\boldsymbol{\alpha}_1, \boldsymbol{\alpha}_2, \cdots, \boldsymbol{\alpha}_m\},\quad S_{\mathrm{II}}=\{\boldsymbol{\beta}_1, \boldsymbol{\beta}_2, \cdots, \boldsymbol{\beta}_n\},\quad \boldsymbol{A}=(a_{ij})_{mn}$$

如果对于一切 $j=1, \cdots, n$，都有 $a_{i^0j}\geqslant a_{k^0j}$，则称局中人Ⅰ的纯策略 $\boldsymbol{\alpha}_{i^0}$ 优超于 $\boldsymbol{\alpha}_{k^0}$；类似地，如果对于一切 $i=1, \cdots, m$，都有 $a_{ij^0}\leqslant a_{il^0}$，则称局中人Ⅱ的纯策略 $\boldsymbol{\beta}_{j^0}$ 优超于 $\boldsymbol{\beta}_{l^0}$。

从矩阵特点上来看，对局中人Ⅰ来说，$\boldsymbol{\alpha}_{i^0}$ 优超于 $\boldsymbol{\alpha}_{k^0}$，他一定不会采用策略 $\boldsymbol{\alpha}_{k^0}$，从混合策略意义上来说，就是以 0 概率取 $\boldsymbol{\alpha}_{k^0}$。对局中人Ⅱ来说，$\boldsymbol{\beta}_{j^0}$ 优超于 $\boldsymbol{\beta}_{l^0}$，他一定不会采用策略 $\boldsymbol{\beta}_{l^0}$，从混合策略意义上来说，就是以 0 概率取 $\boldsymbol{\beta}_{l^0}$。显然在做决策时不考虑 $\boldsymbol{\alpha}_{k^0}$ 和 $\boldsymbol{\beta}_{l^0}$，并不影响最终的最优策略。下面通过实例来演示这种方法的整个过程。

优超降阶法的具体做法可通过例 8.9 来说明。

【例 8.9】 设 $\Gamma=\{S_{\mathrm{I}}, S_{\mathrm{II}}; \boldsymbol{A}\}$，其中

$$\boldsymbol{A}=\begin{bmatrix}3 & 2 & 0 & 3 & 0\\5 & 0 & 2 & 5 & 9\\7 & 3 & 9 & 5 & 9\\4 & 6 & 8 & 7 & 9\\6 & 0 & 8 & 8 & 3\end{bmatrix}。$$

解：由于 $\boldsymbol{\alpha}_4$ 优超于 $\boldsymbol{\alpha}_1$，$\boldsymbol{\alpha}_3$ 优超于 $\boldsymbol{\alpha}_2$，故删去 $\boldsymbol{A}$ 的第一、二行，得到 A_1。对于 A_1 来说，因为 β_1 优超于 $\boldsymbol{\beta}_3$，$\boldsymbol{\beta}_2$ 优超于 $\boldsymbol{\beta}_4$，故又可以删去 $\boldsymbol{A}_1$ 的第三、四列，得到 $\boldsymbol{A}_2$。对于 $\boldsymbol{A}_2$ 来说，$\boldsymbol{\alpha}_1$ 优超于 $\boldsymbol{\alpha}_3$，删去第三行得到 $\boldsymbol{A}_3$。对于 $\boldsymbol{A}_3$ 来说，$\boldsymbol{\beta}_1$ 优超于 $\boldsymbol{\beta}_2$，去掉第三列得到 $\boldsymbol{A}_4$。

$$\boldsymbol{A}_1=\begin{bmatrix}7 & 3 & 9 & 5 & 9\\4 & 6 & 8 & 7 & 5\\6 & 0 & 8 & 8 & 3\end{bmatrix},\quad \boldsymbol{A}_2=\begin{bmatrix}7 & 3 & 9\\4 & 6 & 5\\6 & 0 & 3\end{bmatrix},\quad \boldsymbol{A}_3=\begin{bmatrix}7 & 3 & 9\\4 & 6 & 5\end{bmatrix},\quad \boldsymbol{A}_4=\begin{bmatrix}7 & 3\\4 & 6\end{bmatrix}$$

利用 2×2 对策的解法，得到

$$x_3^*=\frac{1}{3},\quad x_4^*=\frac{2}{3},\quad y_1^*=\frac{1}{2},\quad y_2^*=\frac{1}{2},\quad \nu_\Gamma=5。$$

于是得到对策 Γ 的解和值

$$x^*=\left(0,\ 0,\ \frac{1}{3},\ \frac{2}{3},\ 0\right),\quad y^*=\left(\frac{1}{2},\ \frac{1}{2},\ 0,\ 0,\ 0\right),\quad \nu_\Gamma=5。$$

8.4.3 其他几种特殊问题

定理 8-7 设 $\Gamma=\{S_{\text{I}},\ S_{\text{II}};\ \boldsymbol{A}\}$，其中 $\boldsymbol{A}=\text{diag}\{a_{11},\ a_{22},\ \cdots,\ a_{mn}\}$，若 a_{ii} 符号相同，则

$$x^*=y^*=\left(\frac{\lambda}{a_{11}},\ \frac{\lambda}{a_{22}},\ \cdots,\ \frac{\lambda}{a_{mn}}\right)^{\mathrm{T}},\quad 且\ v_\Gamma=\lambda$$

其中

$$\lambda=\frac{1}{\dfrac{1}{a_{11}}+\dfrac{1}{a_{22}}+\cdots+\dfrac{1}{a_{mn}}}$$

定理 8-8 设 $\Gamma=\{S_{\text{I}},\ S_{\text{II}};\ \boldsymbol{A}\}$，$\boldsymbol{A}$ 是 n 阶方阵，若

$$\sum_{j=1}^{n} a_{ij}=b,\quad (i=1,\ 2,\ \cdots,\ n),\quad \sum_{i=1}^{n} a_{ij}=b,\quad (j=1,\ 2,\ \cdots,\ n)$$

则 $x^*=y^*=\left(\frac{1}{n},\ \frac{1}{n},\ \cdots,\ \frac{1}{n}\right)^{\mathrm{T}}$，且 $\nu_\Gamma=\frac{b}{n}$。

【例 8.10】 设 $\Gamma=\{S_{\text{I}},\ S_{\text{II}};\ \boldsymbol{A}\}$，其中 $A=\begin{bmatrix}1&0&0\\0&2&0\\0&0&3\end{bmatrix}$。

解： 由于 $a_{11}=1$，$a_{22}=2$，$a_{33}=3$，且 $a_{ij}=0(i\neq j)$，故

$$\lambda=\frac{1}{\dfrac{1}{a_{11}}+\dfrac{1}{a_{22}}+\dfrac{1}{a_{33}}}=\frac{1}{1+\dfrac{1}{2}+\dfrac{1}{3}}=\frac{6}{11}$$

所以

$$x^*=y^*=\left(\frac{\lambda}{a_{11}},\ \frac{\lambda}{a_{22}},\ \frac{\lambda}{a_{33}}\right)^{\mathrm{T}}=\left(\frac{6}{11},\ \frac{3}{11},\ \frac{2}{11}\right)^{\mathrm{T}},\quad \nu_\Gamma=\lambda=\frac{6}{11}$$

例 8.10 在例 8.2 中齐王的赢得矩阵为

$$\boldsymbol{A}=\begin{bmatrix}3&1&1&1&1&-1\\1&3&1&1&-1&1\\1&-1&3&1&1&1\\-1&1&1&3&1&1\\1&1&-1&1&3&1\\1&1&1&-1&1&3\end{bmatrix}$$

那么由于 $n=6$ 且矩阵各行各列元素之和均为 6，故可以用定理 8-7 给出例 8.2 中问题(2)的解 $x^*=y^*=\left(\frac{1}{n},\ \frac{1}{n},\ \cdots,\ \frac{1}{n}\right)^{\mathrm{T}}=\left(\frac{1}{6},\ \frac{1}{6},\ \cdots,\ \frac{1}{6}\right)^{\mathrm{T}}$，$\nu_\Gamma=\frac{b}{n}=\frac{6}{6}=1$。

8.5 应用案例

案例 1

智猪博弈

智猪博弈讲的是：猪圈里有两头猪，一头大猪，一头小猪。猪圈的一边有个踏板，每踩一下踏板，在远离踏板的猪圈另一边的投食口就会落下少量的食物。如果有一只猪去踩踏板，另一只猪就有机会抢先吃到另一边落下的食物。当小猪踩动踏板时，大猪会在小猪跑到食槽之前刚好吃光所有的食物；若是大猪踩动了踏板，则还有机会在小猪吃完落下的食物之前跑到食槽，争吃到另一半残羹。

那么，两只猪各会采取什么策略？

案例 2

脏脸博弈

恍然大悟的博弈。3个人在屋子里，谁都不允许说话。美女进来说：你们当中至少有一个人的脸是脏的。3个人环视，没有反应。美女又说：你们知道吗？3个人再看，顿悟，脸都红了。为什么？

习　　题

1. 判断下列的说法是否正确。

(1) 矩阵对策中，如果最优解要求一个局中人采取纯策略，则另一局中人也必须采取纯策略。

(2) 矩阵对策中当局势达到均衡时，任何一方单方面改变自己的策略(纯策略或混合策略)将意味着自己更少的赢得或更大的损失。

(3) 任何矩阵对策一定存在混合策略意义下的解，并可以通过求解两个互为对偶的线性规划问题而得到。

(4) 矩阵对策的对策值相当于进行若干此对策后，局中人Ⅰ的平均赢得值或局中人Ⅱ的平均损失值。

2. 甲、乙两个儿童玩猜拳游戏，游戏中双方可以分别出拳头(代表石头)，手掌(代表布)，两个手指(代表剪刀)，规则是剪刀赢布、布赢石头、石头赢剪刀，赢者得一分，若双方所出相同，则算和局，均不得分，试列出游戏中儿童甲的赢得矩阵。

3. 设有参加对策的局中人 A 和 B，A 的赢得矩阵见表 8－4，求解最优纯策略和对策值。

表 8-4 局中人 A 的赢得矩阵

A的策略 \ B的策略	β_1	β_2	β_3	β_4
α_1	8	6	2	8
α_2	8	9	4	5
α_3	7	5	3	5

4. 求解下列矩阵对策，其中 **A** 为

(1) $\begin{bmatrix} 7 & 3 \\ 4 & 6 \end{bmatrix}$　　(2) $\begin{bmatrix} 4 & 3 \\ 0 & 6 \end{bmatrix}$

(3) $\begin{bmatrix} 3 & 4 & 0 & 3 & 0 \\ 5 & 0 & 2 & 5 & 9 \\ 7 & 3 & 9 & 5 & 9 \\ 4 & 6 & 8 & 7 & 6 \\ 6 & 0 & 8 & 8 & 3 \end{bmatrix}$

5. 用线性规划法求解矩阵对策，其中 **A** 为 $\begin{bmatrix} 3 & -1 & -3 \\ -3 & 3 & -1 \\ -4 & -3 & 2 \end{bmatrix}$。

6. 用迭代法求解下面对策问题 $\begin{bmatrix} 7 & 3 & 1 \\ 1 & 7 & 3 \\ 0 & 1 & 6 \end{bmatrix}$（做 10 次迭代）。

7. 在 W 城的冰箱市场上，以往的市场份额由本市生产的 A 牌冰箱占有绝大部分。今年年初，一个全国知名的 B 牌冰箱进入 W 城的市场。在这场竞争中假设双方考虑可采用的市场策略均为 3 种：广告、降价、完善售后服务，且双方用于营销的资金相同。根据市场预测，A 版冰箱的市场占有率见表 8-5。

表 8-5 A 牌冰箱的占有率

A的策略 \ B的策略	广告 β_1	降价 β_2	完善售后服务 β_3
广告 α_1	0.60	0.62	0.65
降价 α_2	0.75	0.70	0.72
完善售后服务 α_3	0.73	0.76	0.78

试确定双方的最优策略。

关键词及其英文对照

对策论	game theory	矩阵对策	matrix game
局中人	player	策略	strategy
混合策略	mixed strategy	收益矩阵	the payoff matrix

第9章　存　储　论

本章重点讨论3个方面的问题，包括存储论的基本概念、确定型存储模型和随机型存储模型。学习本章的目的是要掌握几种典型存储模型的建模思路、存储模型最优策略的要求和求解方法，努力实现最优控制。

9.1　存储模型的基本概念

9.1.1　存储问题的提出

存储论也称库存论(Inventory Theory)，是研究物资最优存储策略及存储控制的理论。每一个企业在生产经营活动中都会遇到存储问题。

例如，工厂中生产需要原材料，为保证生产的连续进行，工厂必须存储一些原材料和半成品，暂时不能销售时就会出现产品存储，但存储量不能太多，过多的存储必然占用更多的流动资金，还要支付一笔存储费用，甚至可能导致物资损坏变质。但如果没有存储一定数量的原材料，就会发生停工待料现象而使工厂遭受损失。

在商店里如果存储商品数量不够，会发生缺货现象而失去销售机会从而减少利润；但如果存储过多的商品，一时销售不出去，会造成商品积压，占用流动资金，甚至导致商品过期变质，造成浪费，给商店造成经济损失。

总之，从生产的角度考虑，存储量“多多益善”，然而，这样做却要增加仓库面积、增大存储费用，又要占用大量的流动资金，从而导致产品成本的提高，因此并非可取之策。与之相反，为了降低产品成本，应尽可能减少存储量，而且在现代化管理方法中，还提出了前后生产工序之间实行“零库存”的问题，即需要多少生产多少。但是，在实际生活中影响因素繁多，诸如原料产地、运输条件、气候变化、采购及运输的批量，另外如供电、机器设备、工人情绪等，都随时影响到“及时供应”问题，所以，存储越少越好也非最优决策。因而存储多少最为理想是人们共同关心的问题。为此，必须建立定量化的存储系统模型，努力实现最优控制。

9.1.2　存储论的基本概念

1. 存储

为了满足特定要求所必须保有的必要的物质储备对象，如工厂中的原材料、商场里的待销商品等。一般来说，存储因需求而减少，因补充而增加。

2. 需求

对存储的消耗，随着需求被满足，存储量就减少。需求可能是间断发生的，也可能是连续发生的。图9.1(a)、(b)分别表示需求量Q随时间t变化的两种情况。

3. 补充

由于需求的发生，存储量会不断减少，为了保证以后的需求，必须及时补充存储物

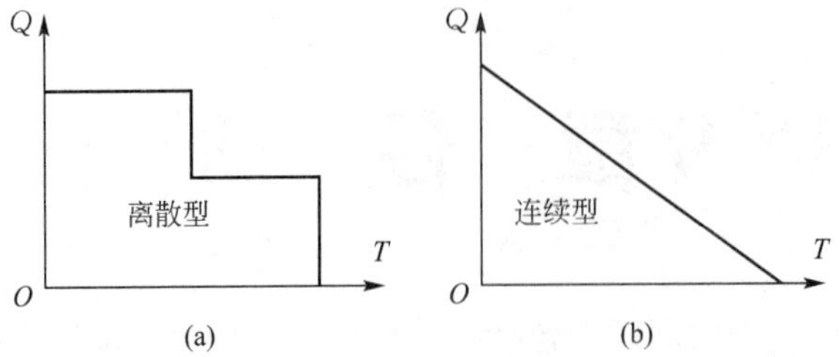

图 9.1　存储消耗示意图

品。在采用外购方式补充时，通常可分为同城购货和异地购货两种情况。补充是通过订货或生产实现的，如果是同城购货一般可以当天购货当天到达。如果是异地购货，从发出订单到货物运进仓库，往往需要一段时间，这段时间称为滞后时间，因此，为了在某一时刻能补充库存，往往需要提前订货，那么这段时间称为提前时间。滞后时间和提前时间可能很长，也可能很短；可能是随机性的，也可能是确定性的。

4. 费用

存储问题中主要包括以下一些费用。

(1) 存储费：包括占用资金的应付利息、仓库管理费、仓库保险费以及因存储时间过久而变质或损坏等所支出的费用，如水泥因存储时间长而降低标号等。单位货物的年存储费一般记为 c_1。

(2) 订货费：如果采用异地购货方式补充，可分两种情况，一种是属于固定费用性质的订货手续费、电信联系费、人员差旅费等，这些费用与一次的订货量没有关系；另一种是属于变动费用性质的订货价格和运输等费用，这些费用与一次的订货量有关。一般记一次的订货费为 c_2，单位货物价格(包括运输)为 p，一次订货量为 Q，则全部订货费就是 c_2+pQ。

(3) 生产费：补充存储时，如果不需向外厂订货，而是采用自行生产的方式补充，这时仍需要支出两项费用。一项是固定费用性质的装配费用，包括调整准备设备、清理现场、下达派工单等费用；另一项是变动费用性质的如材料费、加工费等，这些费用与生产产品的数量有关。

(4) 缺货损失费：当存储物资不足、发生供应中断，因停工待料或因失去销售机会而造成损失，统称为缺货损失费。缺货一个单位的损失一般记为 c_3。

在不允许缺货的情况下，可认为缺货损失费为无穷大。

9.1.3　存储策略及存储模型的分类

决定多少时间补充一次及每次补充多少数量的策略称为存储策略。

常见的存储策略有 3 种类型。

(1) t_0循环策略：每隔 t_0时间补充存储量 Q。

(2) (s, S)策略：当存储量 $x>s$ 时不补充；当 $x\leqslant s$ 时补充存储。补充量 $Q=S-x$(即将存储量补充到 S)。

(3) (t, s, S)混合策略：每经过 t 时间检查存储量 x，当存储量 $x>s$ 时不补充；当 $x\leqslant s$ 时补充存储。补充量 $Q=S-x$。

确定存储策略时，首先是把实际问题抽象为数学模型。然后对模型用数学的方法加以研究，得出数量的结论。这个结论是否正确，还要拿到实践中加以检验。若结论与实际不符，还需对模型重新加以研究和修改。存储问题经长期研究已得出一些行之有效的模型。存储模型通常分为两类：一类是确定型存储模型，即存储模型中的参数都是确定的数值；另一类是随机型存储模型，即存储模型中含有随机变量，而不是确定的数值。

一个好的存储策略，既可以使总平均费用最小，又可以避免因缺货影响生产，下面利用一些具体的模型阐述如何求出最佳存储策略。

9.2 确定型存储模型

9.2.1 模型一：不允许缺货，一次性补充

为使模型简单、易于理解、便于计算，对此模型做如下假设。

(1) 需求是连续均匀的，需求速度为常数 d，则 t 时间内的需求量为 dt。

(2) 当存储量降至零时，可立即补充，不会造成缺货。

(3) 每次订货费为 c_2(元)，单位货物年存储费为 c_1(元/(件・年))都是常数。

(4) 每次订购量相同，均为 Q，订货费不变。

(5) 订货周期为 T(年)。

(6) 不允许缺货，缺货损失费为无穷大。

在上述条件下，存储量的变化情况如图 9.2 所示。

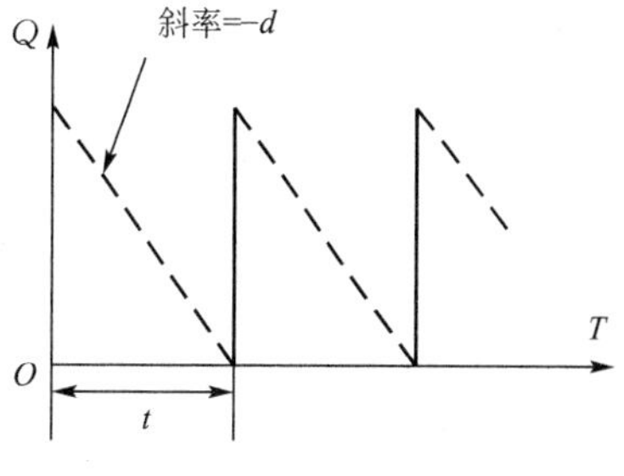

图 9.2 模型-存储量变化示意图

由于可以立即得到补充，所以不会出现缺货的情况，在研究这种模型时不考虑缺货损失费。这些假设条件只是近似正确，在这些假设条件下如何确定存储策略呢？如 9.1 节所述，一个好的存储策略，应使总平均费用最小。在需求确定的情况下，每次订货量多，则订货次数可以减少，从而减少了订货费，但是每次订货量多，会增加存储费用。为此需要先导出费用函数。

假定每隔 t 时间补充一次存储，那么订货量必须满足 t 时间的需求 dt，每次订货量为 Q，则 $Q=dt$，订货费为 c_2，货物单价为 p，则总订货费为 c_2+pdt。t 时间的平均订货费为$\frac{c_2}{t}+pd$，t 时间内的平均存储量为 $\frac{1}{t}\int_0^t dt\mathrm{d}t=\frac{1}{2}dt=\frac{1}{2}Q$（此结果由图 9.2 中利用几何知识也可得出，平均存储量为三角形高的 1/2)，单位年存储费用为 c_1，t 时间内所需平均存储费用为$\frac{1}{2}dtc_1=\frac{1}{2}c_1Q$。

于是得出如下结论。

t 时间内的年平均存储费

$$C_S=\frac{1}{2}c_1Q$$

t 时间内的年平均订货费

$$C_0=\frac{c_2}{t}+pd$$

t 时间内的年总相关费用

$$C(t)=C_S+C_0=\frac{1}{2}c_1Q+\frac{c_2}{t}+pd \tag{9-1}$$

因为需求是连续的，所以可用微分方法求 $C(t)$ 的最小值，对时间 t 求导 $\frac{\mathrm{d}C(t)}{\mathrm{d}t}=0$，得到

$$t_0=\sqrt{\frac{2c_2}{c_1d}} \tag{9-2}$$

即每隔 t_0 时间订货一次可使 $C(t)$ 最小。

订货批量为

$$Q_0=\mathrm{d}t_0=\sqrt{\frac{2c_2d}{c_1}} \tag{9-3}$$

式(9-3)就是存储论中最基本的经济订货批量(EOQ)公式。由于 Q_0、t_0 都与货物单价 p 无关，所以此后在费用函数中略去 pd 这项费用。式(9-1)改写为

$$C(t)=C_S+C_0=\frac{1}{2}c_1Q+\frac{c_2}{t} \tag{9-4}$$

将 t_0、Q_0 代入式(9-4)得出最佳费用

$$C_0=C(t_0)=c_2\sqrt{\frac{c_1d}{2c_2}}+\frac{1}{2}c_1d\sqrt{\frac{2c_2}{c_1d}}=\sqrt{2c_1c_2d} \tag{9-5}$$

该模型可通过图 9.3 加深理解。

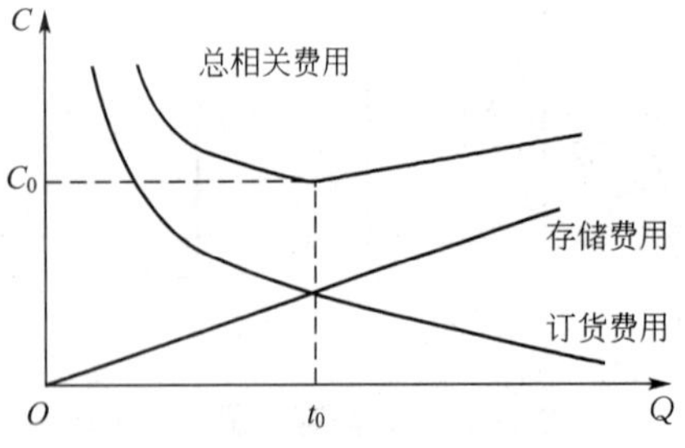

图 9.3 费用变化示意图

图 9.3 中存储费用曲线为 $\frac{1}{2}\mathrm{d}tc_1$，订货费用曲线为 $\frac{c_2}{t}$，总相关费用曲线为 $\frac{1}{2}c_1\mathrm{d}t+\frac{c_2}{t}$。

式(9-2)是由于选 t 作为存储策略变量推导出来的，如果选订货批量 Q 作为存储策略变量也可以推导出上述公式。

设年需求量为 D(件/年)，则 $D=dT$；当 $T=1$ 年时，$D=d$。

相应的订货批次(一年订货多少次)为

$$N_0=\frac{D}{Q_0}=\sqrt{\frac{c_1D}{2c_2}}$$

订货周期(多长时间订货一次)为

$$T_0=\frac{1}{N_0}=\sqrt{\frac{2c_2}{c_1D}}$$

如果不是随订随到，就必然会有一个滞后时间，这就需要提前订货。这时，常常需要确定一个订货点，即当库存下降到多少时开始订货，或指定每次开始订货时的库存数量。订货点=日需要量×提前期。另外在这种情况下，一次的订货费往往会增加，从而引起订货量、订货周期和总相关费用发生变化。这是决策中必须注意的。

【例 9.1】 某企业全年需要某种材料 1000 吨，该产品单价为 500 元/吨，每吨年存储

费为 50 元，每次订货费为 170 元，求最优存储策略。如果是异地购货，提前期为 10 天，求订货点。

解：(1) 已知 $D=1000$ 吨，则 $d=1000$ 吨/年，$c_1=50$ 元，$c_2=170$ 元，$p=500$ 元/吨。由式(9－2)和式(9－3)可得

$$t_0=\sqrt{\frac{2c_2}{c_1 d}}=\sqrt{\frac{2\times170}{50\times1000}}\approx0.082(\text{年})=30(\text{天})$$

$$Q_0=\sqrt{\frac{2c_2 d}{c_1}}=\sqrt{\frac{2\times170\times1000}{50}}\approx82(\text{吨})$$

由式(9－5)可得最低相关费用为

$$C_0=\sqrt{2c_1c_2d}=\sqrt{2\times50\times170\times1000}=4123(\text{元})$$

最优存储策略为：每隔一个月进货一次，每次进货 82 吨，相关费用为 4123 元。

(2) 已知提前期 $L=10$ 天，因为，订货点＝日需要量×提前期，故订货点 $q=\frac{1000}{365}\times10=27.4$(吨)。

9.2.2 模型二：不允许缺货，连续性补充

在实际工作中，订货往往不是一次送达的，而是一次订货分多次连续送达的，也就是边进货边消耗，这时要考虑供货时间。本模型的假设条件，除生产需要一定时间的条件外，其余皆与模型一相同。

令 s 表示进货速度，则 $s=Q/t$，已知需求速度为 d，显然应有 $s>d$，进货的一部分满足需求，剩余部分才能作为存储，这时存储量变化如图 9.4 所示。

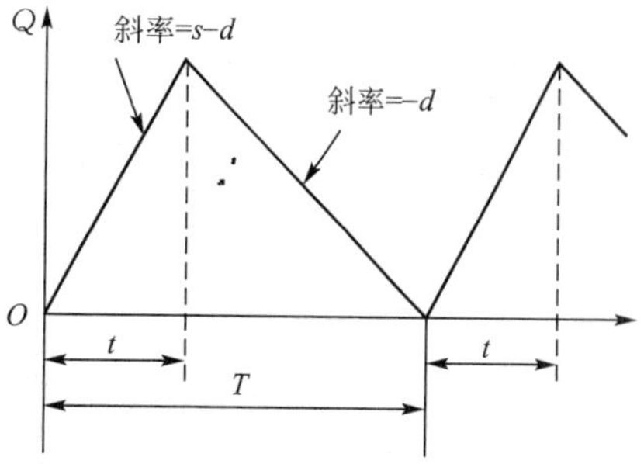

图 9.4　模型二存储量变化示意图

在 $[0,\ t]$ 区间内，存储以 $(s-d)$ 速度增加，在 $[t,\ T]$ 区间内存储以 d 速度减少，t 与 T 都为待定数。从图 9.4 易知 $(s-d)t=d(T-t)$，即 $st=dT$(该式表示以速度 s 生产 t 时间的产品等于 T 时间内的需求)。

由于 $s>d$，所以每批货全部送达所需的时间为

$$t=\frac{dT}{s}=\frac{Q}{s}$$

每批订货的最大库存为

$$S=(s-d)t=Q\left(1-\frac{d}{s}\right)$$

年平均存储量为

$$\overline{S}=\frac{1}{2}(s-d)t=\frac{1}{2}Q\left(1-\frac{d}{s}\right)$$

年所需存储费为

$$C_S=\frac{1}{2}c_1Q\left(1-\frac{d}{s}\right)$$

年订货费仍然是

$$C_0=c_2\frac{D}{Q}$$

年总相关费用为

$$C(t)=C_S+C_0=\frac{1}{2}c_1Q\left(1-\frac{d}{s}\right)+c_2\frac{D}{Q}$$

应用微分法得到

$$T_0=\sqrt{\frac{2c_2}{c_1d\left(1-\frac{d}{s}\right)}} \tag{9-6}$$

$$Q_0=\sqrt{\frac{2c_2d}{c_1\left(1-\frac{d}{s}\right)}} \tag{9-7}$$

$$C(T_0)=\sqrt{2c_1c_2d\left(1-\frac{d}{s}\right)} \tag{9-8}$$

利用 T_0 可求出最佳生产时间为

$$t_0=\frac{dT_0}{s}=\sqrt{\frac{2c_2d}{c_1s(s-d)}}$$

与模型一的 t_0 和 Q_0 的公式相比，它们只差一个因子，即$\sqrt{\frac{s}{s-d}}$。当 s 相当大时，表示瞬间补充货物，$\frac{s}{s-d}\rightarrow1$，则两组公式完全相同，此时变为模型一。

每批订货的最大库存为

$$S_0=Q_0\left(1-\frac{d}{s}\right)=\sqrt{\frac{2c_2d(s-d)}{c_1s}} \tag{9-9}$$

不难看出，由于 $0<\frac{d}{s}<1$，故在连续补充条件下，与模型一相比，经济订货批量和订货周期都增大了，总相关费用则减少了。

当 $d=s$ 时，经济订货批量和订货周期不存在，即在这种情况下不存在存货问题，进一用一，没有存量，这时的总相关费用为 0。

【例 9.2】 某厂每月需要某产品 100 件，每月生产 500 件，每批订货费为 5 元，每月每件产品存储费为 0.4 元，求最佳生产批量 Q_0 及最低费用。

解： 已知 $c_2=5$ 元，$c_1=0.4$ 元，$s=500$ 件/月，$d=100$ 件/月，将各值代入式(9-7)和式(9-8)得出

$$Q_0=\sqrt{\frac{2c_2d}{c_1\left(1-\frac{d}{s}\right)}}=\sqrt{3125}\approx56(\text{件})$$

$$C(T_0)=\sqrt{2c_1c_2d\left(1-\frac{d}{s}\right)}\approx17.89(\text{元})$$

9.2.3 模型三：允许缺货，一次性补充

本模型的特征是：允许一段时间的缺货，即当存储量降为0时，不一定非要立即补充，有时候，缺货在经济上可能是合算的。例如，如果存储费和订货费比较高，而缺货费比较低时，暂时缺货就是合算的。

本模型的假定条件除允许缺货外，其余皆与模型一相同。模型三的存储量变化如图9.5所示。

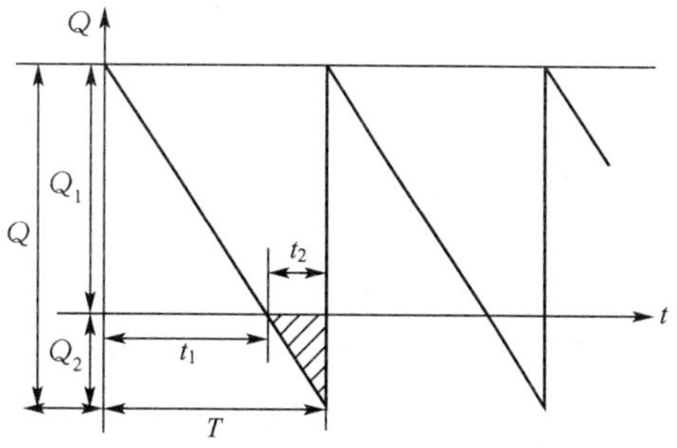

图 9.5 模型三存储量变化示意图

图9.5中有关符号(包括建模时必要的其他符号)的含义是：

Q_1——实际订货量；

Q_2——缺货量；

Q——虚拟进货量或不缺货条件下的应进货量 $Q=Q_1+Q_2$；

t_1——进货后至用完的所需时间；

t_2——用完至再进货的时间；

D——年总需求量；

c_3——单位缺货损失费。

于是，可得到 t_1 时间内的存储费为 $\frac{1}{2}c_1Q_1t_1$，t_2 时间内的缺货损失为

$$\frac{1}{2}c_3Q_2t_2=\frac{1}{2}c_3(Q-Q_1)t_2$$

根据相似三角形边之间的关系，可得到

$$\frac{t_1}{Q_1}=\frac{t_2}{Q_2}=\frac{T}{Q}$$

$$t_1=\frac{Q_1T}{Q},\quad t_2=\frac{Q_2T}{Q}=\frac{Q-Q_1}{Q}T$$

代入 t_1、t_2 的值，则全年的总相关费用就是

$$C(t)=\left[\frac{1}{2}c_1Q_1t_1+c_2+\frac{1}{2}c_3(Q-Q_1)t_2\right]\frac{D}{Q}=\left[\frac{c_1Q_1^2}{2Q}+\frac{c_3(Q-Q_1)^2}{2Q}\right]\frac{TD}{Q}+c_2\frac{D}{Q}$$

因为

$$\frac{D}{Q}=N,\quad T=\frac{1}{N}$$

所以

$$C(t)=\frac{c_1Q_1^2}{2Q}+\frac{c_2D}{Q}+\frac{c_3(Q-Q_1)^2}{2Q}$$

应用微分法，分别求 $C(t)$ 对于 Q 和 Q_1 的偏微分。

由 $\frac{\partial C(t)}{\partial Q}=0$，得到 $Q_1=\frac{c_3}{c_1+c_3}Q$；由 $\frac{\partial C(t)}{\partial Q_1}=0$ 可得到 $Q^2=\frac{c_1+c_3}{c_3}Q_1^2+\frac{2c_2D}{c_3}$。故最佳虚拟订货量为

$$Q_0=\sqrt{\frac{2c_2D}{c_1}\left(\frac{c_1+c_3}{c_3}\right)} \tag{9-10}$$

最佳实际订货量为

$$Q_1^* = \frac{c_3}{c_1+c_3}Q_0 = \sqrt{\frac{2c_2D}{c_1}\left(\frac{c_3}{c_1+c_3}\right)}$$

最佳缺货量为

$$Q_2^* = Q_0 - Q_1^* = \sqrt{\frac{2c_2D}{c_3}\left(\frac{c_1}{c_1+c_3}\right)} \tag{9-11}$$

最佳订货周期为

$$T_0 = \frac{Q_0}{D} = \sqrt{\frac{2c_2}{c_1D}\left(\frac{c_1+c_3}{c_3}\right)} \tag{9-12}$$

最低总相关费用为

$$C(t_0) = \sqrt{2c_1c_2D\left(\frac{c_3}{c_1+c_3}\right)} \tag{9-13}$$

由此不难看出，在允许缺货的条件下，与模型一相比，经济订货量、订货周期和最低总相关费用只是多了一个因子$\sqrt{\frac{c_1+c_3}{c_3}}$或者$\sqrt{\frac{c_3}{c_1+c_3}}$，这两个因子在 $c_3 \to \infty$ 的情况下，都将趋近于 1。在这种情况下，模型三与模型一相同。

【例 9.3】 某产品的年需求量为 100 件，单位存储费为 0.4 元，每次订货费为 5 元，单位缺货损失费为 0.15 元。试求经济订货批量、最佳缺货量、订货周期和最低总相关费用。

解：已知 $D=100$ 件，$c_1=0.4$ 元，$c_2=5$ 元，$c_3=0.15$ 元，于是可得到

$$Q_1^* = \sqrt{\frac{2c_2D}{c_1}\left(\frac{c_3}{c_1+c_3}\right)} = \sqrt{\frac{2\times5\times100\times0.15}{0.4\times(0.4+0.15)}} \approx 26(\text{件})$$

$$Q_2^* = \sqrt{\frac{2c_2D}{c_3}\left(\frac{c_1}{c_1+c_3}\right)} = \sqrt{\frac{2\times5\times100\times0.4}{0.15\times(0.4+0.15)}} \approx 70(\text{件})$$

$$T_0 = \frac{Q_0}{D} = \frac{26+70}{100} = 0.96(\text{年})$$

$$C(t_0) = \sqrt{2c_1c_2D\left(\frac{c_3}{c_1+c_3}\right)} = \sqrt{2\times0.4\times5\times100\times\frac{0.15}{0.4+0.15}} \approx 10.46(\text{元})$$

9.2.4 模型四：允许缺货，连续性补充

分析模型一、二、三的存储策略之间的差别如下。

模型一：

$$t_0 = \sqrt{\frac{2c_2}{c_1d}}$$

$$Q_0 = \sqrt{\frac{2c_2d}{c_1}}$$

最大存储量 $S_0 = Q_0$

模型二：

$$t_0 = \sqrt{\frac{2c_2}{c_1d\left(1-\frac{d}{s}\right)}} = \sqrt{\frac{2c_2}{c_1d}} \times \sqrt{\frac{s}{s-d}}$$

$$Q_0=\sqrt{\frac{2c_2d}{c_1}}\times\sqrt{\frac{s}{s-d}}$$

$$S_0=\sqrt{\frac{2c_2d}{c_1}}\times\sqrt{\frac{s-d}{s}}$$

模型三：

$$t_0=\sqrt{\frac{2c_2}{c_1d}\left(\frac{c_1+c_3}{c_3}\right)}$$

$$Q_0=\sqrt{\frac{2c_2d}{c_1}\left(\frac{c_1+c_3}{c_3}\right)}$$

$$S_0=\sqrt{\frac{2c_2d}{c_1}}\times\sqrt{\frac{c_3}{c_1+c_3}}$$

可见，模型二、三只是以模型一的存储策略乘上相应的因子$\sqrt{\frac{s}{s-d}}$和$\sqrt{\frac{c_1+c_3}{c_3}}$，这样便于记忆。对于模型四(允许缺货，连续性补充)的存储策略，不难证明它是以模型一的存储策略乘上$\sqrt{\frac{s}{s-d}}$和$\sqrt{\frac{c_1+c_3}{c_3}}$两个因子。

于是，可得到模型四的虚拟订货量、实际订货量、缺货量、订货周期及最小总相关费用分别为

$$Q_0=\sqrt{\frac{2c_2d}{c_1}\left(\frac{s}{s-d}\right)\left(\frac{c_1+c_3}{c_3}\right)} \tag{9-14}$$

$$Q_1^*=\sqrt{\frac{2c_2d}{c_1}\left(\frac{s}{s-d}\right)\left(\frac{c_3}{c_1+c_3}\right)}$$

$$Q_2^*=\sqrt{\frac{2c_2d}{c_3}\left(\frac{s}{s-d}\right)\left(\frac{c_1}{c_1+c_3}\right)} \tag{9-15}$$

$$t_0=\sqrt{\frac{2c_2}{c_1d}\left(\frac{s}{s-d}\right)\left(\frac{c_1+c_3}{c_3}\right)} \tag{9-16}$$

$$C(t_0)=\sqrt{2c_1c_2d\left(\frac{s-d}{s}\right)\left(\frac{c_3}{c_1+c_3}\right)} \tag{9-17}$$

上述模型的证明过程略。可见，模型一、二、三都可以看成是模型四的特殊情况。

模型四的存储变化如图 9.6 所示。

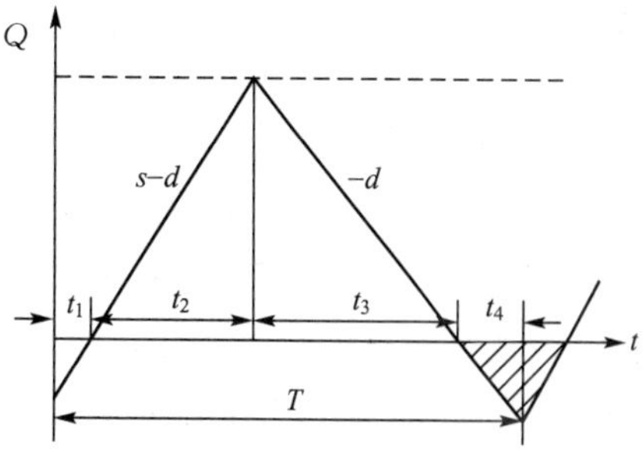

图 9.6　模型四存储量变化示意图

【例 9.4】　企业生产某种产品的速度是每月 300 件，销售速度是每月 200 件，存储费每月每件为 4 元，每次订货费为 80 元，允许缺货，每件缺货损失费为 14 元，试求 Q_0、t_0和 $C(t_0)$。

解： 已知 $s=300$ 件，$d=200$ 件，$c_1=4$ 元，$c_2=80$ 元，$c_3=14$ 元，由公式得

$$Q_0=\sqrt{\frac{2c_2d}{c_1}\left(\frac{s}{s-d}\right)\left(\frac{c_1+c_3}{c_3}\right)}=\sqrt{\frac{2\times80\times200}{4}\times\frac{300}{300-200}\times\frac{4+14}{14}}\approx175.68(\text{件})$$

$$t_0=\sqrt{\frac{2c_2}{c_1 d}\left(\frac{s}{s-d}\right)\left(\frac{c_1+c_3}{c_3}\right)}=\sqrt{\frac{2\times 80}{4\times 200}\times\frac{300}{300-200}\times\frac{4+14}{14}}\approx 0.88(\text{月})$$

$$C(t_0)=\sqrt{2c_1c_2d\left(\frac{s-d}{s}\right)\left(\frac{c_3}{c_1+c_3}\right)}=\sqrt{2\times 4\times 80\times 200\times\frac{300-200}{300}\times\frac{14}{4+14}}\approx 182.18(\text{元})$$

9.3 随机型存储模型

本节主要介绍3个方面的内容，包括随机型存储模型的特点及存储策略，一次性订货的离散型随机存储模型，一次性订货的连续型随机存储模型。

9.3.1 随机型存储模型的特点及存储策略

随机型存储模型的主要特点是需求为随机的，但其概率和分布是已知的。在这种情况下，前面介绍的4种模型就不能适用了。例如，一个商场对某种商品每天的销售量就是随机的，1000件商品可能在一个月内售完，也可能下个月之后还有剩余。在随机型需求下，商场如果想既不因缺货而失去销售机会，又不想因为滞销而过多地积压资金，就必须研究存储策略问题。

在随机型需求条件下，企业可供选择的存储策略主要有3种。

1. 定期订货策略

定期订货策略即确定一个固定的订货周期，如一个月或两个月，每个周期都只根据上一周期末剩余的存储量来确定当期的订货量，即剩下的存储量小就多订货，剩下的存储量大就少订货，甚至可以不订货。采用这一策略，每次订货的数量是不确定的，是根据当时库存的变化情况而定的。因此，要求每一期开始订货时都必须对库存进行认真的清点。

2. 定点订货策略

定点订货策略即没有固定的订货周期，而是确定一个适当的订货点，每当库存下降到订货点时就组织订货。订货点即当库存下降到多少时开始订货最好。采用这种策略，每一次订货的数量是确定的，是一个根据有关因素确定的经济批量。但要保证按订货点订货，则要求必须对库存进行连续的监控或记录。

3. 定期与定点相结合的策略

定期与定点相结合的策略即每隔一定时间对库存检查一次，如果库存数大于订货点 s，就不订货；如果库存数量小于订货点 s，就组织订货，并使得补充后的存储量达到 S。所以，这种策略也简称为 (s, S) 策略。

另外，与确定型模型相比，不确定型模型还有一个重要特点，这就是是否允许缺货，一般都使用概率来表达。例如，如果要求的保证概率为90%，那么缺货的概率就是10%，即10次订货允许缺货一次；如果要求的保证概率是100%，那么缺货的概率就是0，也就是不允许缺货。

存储策略的优劣，常以赢利期望值的大小作为衡量的标准。

9.3.2 模型一：一次性订货的离散型随机存储模型

为建立模型，先引入以下符号：

Q——订货量；

r——随机需求变量；

$P(r)$——需求为 r 的概率；

k——单位获利费；

h——单位滞销赔损费；

$C(Q)$——获利的期望值。

为了讲清楚随机型存储模型的解法，先通过一个例题介绍求解思路。

【例 9.5】 某商场拟在新年期间出售一批新年贺卡，每售出 1000 张可赢利 7 元。如果在新年期间不能售完，就必须削价处理，此时，1000 张亏损 4 元，由于削价，一定可以售完，根据以往的经验，市场需求的概率信息见表 9-1。

表 9-1 市场需求的概率信息

需求量 r/千张	0	1	2	3	4	5
概率 $P(r)\left(\sum_{r=0}^{5}P(r)=1\right)$	0.05	0.10	0.25	0.35	0.15	0.10

每年只能订货一次，问应订购贺卡几千张才能使获利期望值最大？

分析： 这个问题是求订货量 Q 为何值时，赚钱的期望值最大。或者从相反的角度考虑，求订货量 Q 为何值时，使发生滞销赔损及因缺货而失去销售机会的损失，两者期望值之和最小。下面分别用两种方法来求解。

1. 用计算赢利期望值最大的方法求解

解： 如果该店订货 4000 张，计算获利的可能值。

市场需求为 0 时获利：$-4\times4=-16$(元)

市场需求为 1000 时获利：$-4\times3+7\times1=-5$(元)

市场需求为 2000 时获利：$-4\times2+7\times2=6$(元)

市场需求为 3000 时获利：$-4\times1+7\times3=17$(元)

市场需求为 4000 时获利：$-4\times0+7\times4=28$(元)

市场需求为 5000 时获利：$-4\times0+7\times4=28$(元)

订货量为 4000 张时获利的期望值为

$$\begin{aligned}E[c(4)]&=(-16)\times0.05+(-5)\times0.10+6\times0.25+17\times0.35+28\times0.15+28\times0.10\\&=13.15(\text{元})\end{aligned}$$

按上述方法也可算出该店订货 0 张、1000 张、2000 张、3000 张、5000 张贺卡时获利期望值 $E[c(0)]$、$E[c(1)]$、$E[c(2)]$、$E[c(3)]$、$E[c(5)]$ 的值，见表 9-2。

表 9-2 赢利信息(赢利期望值最大方法)

获利 \ 需求量/千张 \ 订货量/千张	**0**	**1**	**2**	**3**	**4**	**5**	**获利的期望值**
0	0	0	0	0	0	0	0
1	−4	7	7	7	7	7	6.45

（续）

获利 \ 需求量/千张 \ 订货量/千张	0	1	2	3	4	5	获利的期望值
2	−8	3	14	14	14	14	11.80
3	−12	−1	10	21	21	21	14.40
4	−16	−5	6	17	28	28	13.15
5	−20	−9	2	13	24	35	10.25

经比较，可知该店订购 3000 张贺卡可使获利的期望值最大(14.40 元)。

由以上分析，可设售出贺卡数量为 r(千张)，其概率 $P(r)$为已知，$\sum\limits_{r=0}^{\infty}P(r)=1$，订货数量为 Q。

(1) 当供过于求时($r\leqslant Q$)，这时只能销售出 r 千张卡片，每份赚 k(元)，共赚 $k\cdot r$(元)，没销售出的卡片，每份赔 h(元)，滞销损失为 $h(Q-r)$(元)。此时赢利的期望值为

$$\sum_{r=0}^{Q}[kr-h(Q-r)]P(r)$$

(2) 当供不应求时($r>Q$)，这时因为只有 Q 千张卡片可供出售，共赚 kQ(元)，无滞销损失，赢利的期望值为 $\sum\limits_{r=Q+1}^{\infty}kQP(r)$。

综合(1)、(2)两种情况，当订货量为 Q 时，其赢利的期望值为

$$C(Q)=\sum_{r=0}^{Q}krP(r)-\sum_{r=0}^{Q}h(Q-r)P(r)+\sum_{r=Q+1}^{\infty}kQP(r)$$

由于订购的贺卡的张数只能是整数，r 是离散变量，所以不能用求导的方法求极值。设最佳定货量为 Q，因此，为使订货 Q 赢利的期望值最大，应满足下列关系式。

① $C(Q+1)\leqslant C(Q)$

② $C(Q-1)\leqslant C(Q)$

从①可推得

$$k\sum_{r=0}^{Q+1}rP(r)-h\sum_{r=0}^{Q+1}(Q+1-r)P(r)+k\sum_{r=Q+2}^{\infty}(Q+1)P(r)$$

$$\leqslant k\sum_{r=0}^{Q}rP(r)-h\sum_{r=0}^{Q}(Q-r)P(r)+k\sum_{r=Q+1}^{\infty}QP(r)$$

经化简后得

$$kP(Q+1)-h\sum_{r=0}^{Q}P(r)+k\sum_{r=Q+2}^{\infty}P(r)\leqslant 0$$

进一步化简得

$$k\left[1-\sum_{r=0}^{Q}P(r)\right]-h\sum_{r=0}^{Q}P(r)\leqslant 0$$

即

$$\sum_{r=0}^{Q} P(r) \geqslant \frac{k}{k+h}$$

同理从②推导出

$$k\sum_{r=0}^{Q-1} rP(r) - h\sum_{r=0}^{Q-1}(Q-1-r)P(r) + k\sum_{r=Q}^{\infty}(Q-1)P(r)$$

$$\leqslant k\sum_{r=0}^{Q} rP(r) - h\sum_{r=0}^{Q}(Q-r)P(r) + k\sum_{r=Q+1}^{\infty} QP(r)$$

经化简后得

$$kP(Q) - h\sum_{r=0}^{Q-1} P(r) + k\sum_{r=Q+1}^{\infty} P(r) \geqslant 0$$

进一步化简得

$$k\left[1 - \sum_{r=0}^{Q-1} P(r)\right] - h\sum_{r=0}^{Q-1} P(r) \geqslant 0$$

即

$$\sum_{r=0}^{Q-1} P(r) \leqslant \frac{k}{k+h}$$

进货最佳数量 Q 应按下列不等式确定：

$$\sum_{r=0}^{Q-1} P(r) < \frac{k}{k+h} \leqslant \sum_{r=0}^{Q} P(r) \tag{9-18}$$

该题中，因为 $k=7$、$h=4$，所以$\frac{k}{k+h}\approx 0.637$。

$$P(0)=0.05,\quad P(1)=0.10,\quad P(2)=0.25,\quad P(3)=0.35$$

$$\sum_{r=0}^{2} P(r) = 0.40 < 0.637 < \sum_{r=0}^{3} P(r) = 0.75$$

可知该店应订贺卡 3000 张。

2. 用计算损失期望值最小的方法求解

解：如果该店订货 2000 张时，计算其损失的可能值。

市场需求量为 0 时滞销损失：(−4)×2=−8(元)

市场需求量为 1000 时滞销损失：(−4)×1=−4(元)

市场需求量为 2000 时滞销损失：0(元)

市场需求量为 3000 时滞销损失：(−7)×1=−7(元)

市场需求量为 4000 时滞销损失：(−7)×2=−14(元)

市场需求量为 5000 时滞销损失：(−7)×3=−21(元)

当订货量为 2000 张时，缺货和滞销两种损失之和的期望值为

$$E[C(2)] = (-8)\times 0.05 + (-4)\times 0.10 + 0\times 0.25 + (-7)\times 0.35 + (-14)\times 0.15 + (-21)\times 0.10$$
$$= -7.45(\text{元})$$

同理可算出订货量为其他值时的损失期望值，见表 9-3。

表 9-3 赢利信息(损失期望值最小方法)

订货量/千张	0	1	2	3	4	5
损失的期望值	−19.25	−12.8	−7.45	−4.85	−6.1	−9

(1) 当供过于求时($r\leqslant Q$)，这时因不能售出而承担的损失，其期望值为

$$\sum_{r=0}^{Q} h(Q-r)P(r)$$

(2) 当供不应求时($r>Q$)，这时因为缺货而少赚钱的损失，其期望值为

$$\sum_{r=Q+1}^{\infty} k(r-Q)P(r)$$

综合(1)、(2)两种情况，损失的期望值为

$$C(Q)=h\sum_{r=0}^{Q}(Q-r)P(r)+k\sum_{r=Q+1}^{\infty}(r-Q)P(r)$$

同理，其损失期望值应满足

$$① \ C(Q)\leqslant C(Q-1)$$

$$② \ C(Q)\leqslant C(Q+1)$$

从①出发进行推导有

$$h\sum_{r=0}^{Q}(Q-r)P(r)+k\sum_{r=Q+1}^{\infty}(r-Q)P(r)\leqslant h\sum_{r=0}^{Q+1}(Q+1-r)P(r)+k\sum_{r=Q+1}^{\infty}(r-Q-1)P(r)$$

经化简后得

$$(k+h)\sum_{r=0}^{Q}P(r)-k\geqslant 0$$

即

$$\sum_{r=0}^{Q}P(r)\geqslant\frac{k}{k+h}$$

从②出发进行推导有

$$h\sum_{r=0}^{Q}(Q-r)P(r)+k\sum_{r=Q+1}^{\infty}(r-Q)P(r)\leqslant h\sum_{r=0}^{Q-1}(Q-1-r)P(r)+k\sum_{r=Q}^{\infty}(r-Q+1)P(r)$$

经化简后得

$$(k+h)\sum_{r=0}^{Q-1}P(r)-k\leqslant 0$$

即

$$\sum_{r=0}^{Q-1}P(r)\leqslant\frac{k}{k+h}$$

进货最佳数量 Q 应按下列不等式确定

$$\sum_{r=0}^{Q-1}P(r)<\frac{k}{k+h}\leqslant\sum_{r=0}^{Q}P(r) \tag{9-19}$$

可看出，式(9-18)和式(9-19)完全一致，两种方法求得的结果相同，无论从哪一方面来考虑，最佳订货数量都是一个确定的数值，因此，今后处理这类问题时，根据情况选择其中一种方法分析即可。

由以上分析不难看出，建模过程中虽然引入了订货费，但是最后的模型中并不包含订货费。另外，该模型在建模中实际只考虑了一次订货。所以该模型也称为无订货费的一次性订货模型。符合该模型的存储问题一般称为报童问题。

【例 9.6】 某货物的需求量在 14～21 件之间，每卖出一件可赢利 6 元，每积压一件，损失 2 元，问一次性进货多少件，才使赢利期望最大？需求量及其概率见表 9-4。

表 9-4 需求量及概率表

需求量	14	15	16	17	18	19	20	21
概率	0.10	0.15	0.12	0.12	0.16	0.18	0.10	0.07
累积概率	0.10	0.25	0.37	0.49	0.65	0.83	0.93	1.00

解： $\frac{k}{k+h}=\frac{6}{6+2}=0.75$

可以看出 $\sum_{r=0}^{18}P(r)=0.65$，$\sum_{r=0}^{19}P(r)=0.83$。所以 Q 取 19 最佳。

【例 9.7】 某设备上有一关键零件常需更换，更换需要量 r 服从泊松分布。根据以往的经验，平均需要量为 5 件，此零件的价格为 100 元/件。若零件用不完，到期末就完全报废；若备件不足，待零件损坏了再去订购就会造成停工损失费 180 元，问应备多少备件最好？

解： 由于零件是企业内部使用，并不对外售出。零件被耗用时不构成浪费，故认为这时被"售出"，其收益为未造成的停工损失，少损失 180 元，可认为收益 180 元；零件未被耗用，认为出现"积压"造成浪费，损失的是成本 100 元。

泊松分布函数为

$$P(r)=\frac{\lambda^r}{r!}e^{-\lambda},\quad r=0,1,2,3,\Lambda$$

$$\frac{k}{k+h}=\frac{180}{180+100}=0.6428$$

查泊松分布表得出 $\sum_{r=0}^{5}\frac{5^r}{r!}e^{-5}=0.6159$，$\sum_{r=0}^{6}\frac{5^r}{r!}e^{-5}=0.7621$，即最好准备 6 件零件。

9.3.3 模型二：一次性订货的连续型随机存储模型

假设货物单位成本为 K，货物单位售价为 p，单位存储费为 c_1，需求 r 是连续的随机变量，密度函数为 $\phi(r)$，$\phi(r)\mathrm{d}r$ 表示随机变量在 r 与 $r+\mathrm{d}r$ 之间的概率，其分布函数为 $F(a)=\int_0^a\phi(r)\mathrm{d}r(a>0)$，$F(a)$ 表示需求量为 a 时的概率，进货量为 Q，一次订货费为 c_2，问如何确定最佳 Q 值，使赢利的期望值最大？

分析：首先应考虑到，当订货量为 Q 时，实际的销售量应该是 $\min[r, Q]$，也就是当需求为 r 而 r 小于 Q 时，实际销售量为 r，发生存储费用；当 r 大于 Q 时，实际销售量只能是 Q，发生缺货损失。需支付的存储费为

$$C_S(Q)=\begin{cases}c_1(Q-r) & (r<Q)\\ 0 & (r\geqslant Q)\end{cases}$$

货物的成本为 KQ，一次订货量为 Q 的赢利为 $W(Q)$，赢利的期望值记为 $E[W(Q)]$。

于是，订货一次的赢利为

$$W(Q)=p\cdot\min[r,\ Q]-(c_2+KQ)-C_S(Q)$$

另外，根据经济学原理，假定预期的销售量为 $E(r)$，则应有

$$\max E[W(Q)]=pE(r)-\min E[C(Q)]$$

即利润的最大化实际上也就是成本的最小化。假定缺货一个单位的损失是 p，则相应的成本函数为

$$E[C(Q)]=p\int_Q^{\infty}(r-Q)\phi(r)\mathrm{d}r+c_1\int_0^Q(Q-r)\phi(r)\mathrm{d}r+(c_2+KQ)$$

于是，根据极值原理，应有

$$\frac{\mathrm{d}E[C(Q)]}{\mathrm{d}Q}=\frac{\mathrm{d}}{\mathrm{d}Q}\left[p\int_Q^{\infty}(r-Q)\phi(r)\mathrm{d}r+c_1\int_0^Q(Q-r)\phi(r)\mathrm{d}r+(c_2+KQ)\right]$$

$$=c_1\int_0^Q\phi(r)\mathrm{d}r-p\int_Q^{\infty}\phi(r)\mathrm{d}r+K$$

令

$$\frac{\mathrm{d}E[C(Q)]}{\mathrm{d}Q}=0$$

记

$$F(Q)=\int_0^Q\phi(r)\mathrm{d}r$$

则有

$$c_1F(Q)-p[1-F(Q)]+K=0$$

即

$$F(Q)=\frac{p-K}{c_1+p} \tag{9-20}$$

由式(9-20)中解出 Q，记为 Q^*，即为 $E[C(Q)]$ 的最小值点。

根据式(9-20)，如果 $p-K<0$，显然由于需求量为 Q 时的概率 $F(Q)>0$，此时等式不成立，这时 $Q^*=0$，即当售价低于进价时以不订货为最佳。

此外，如果单位缺货损失 $c_3>p$，则应以 c_3 为单位缺货损失(有时缺货损失的不仅是销售机会，还有企业信誉)，这时有

$$F(Q)=\frac{c_3-K}{c_1+c_3} \tag{9-21}$$

式(9-20)和式(9-21)都是一次性订货的连续型随机存储模型。

在这里，如何求解 Q 是一个值得探讨的问题。

根据正态分布规律

$$z=\frac{r-\mu}{\sigma}$$

应有

$$r=\mu+z\sigma$$

根据正态分布表，如果已知 $F(r)$，即可查出 z 值。当 $F(r)>0.5$ 时，取 $1-F(r)$ 查

表，z 为正值，r 大于均值；当 $F(r)<0.5$ 时，z 取负值，r 小于均值。

【例 9.8】 某时装商店计划冬季到来之前订购一批款式新颖的皮制服装。每套皮装的进价是 1000 元，估计可以获得 80%的利润，冬季一过则只能按进价的 50%处理。根据市场需求预测，该皮装的销售量服从参数为 1/60 的指数分布，求最佳订货量。

解： 已知 $c_2=1000$，$k=800$，$h=500$，

$$\phi(r)=\frac{1}{60}e^{-\frac{1}{60}r},\quad r>0$$

临界值为$\frac{800}{800+500}=0.6154$

$$\int_0^Q \frac{1}{60}e^{-\frac{1}{60}r}dr = 1-e^{-\frac{Q}{60}} = 0.6154$$

$$Q^* = -60\times\ln 0.3846\approx 57(\text{件})$$

9.4 应用案例

案例 1

北京某媒体服务公司的存储决策问题

北京某媒体服务有限公司，涉足多媒体网络应用、数字视频、电子出版和桌面印刷制版等技术领域。公司提供从产品开发、网络集成、系统销售，直到专业化的影视后期编辑、平面设计、电子出版物制作等多项服务。

非线性视音频编辑系统(简称“非线性”)是公司的主要产品之一。“非线性”是应用于广播电视领域的专业计算机多媒体设备，主要用来完成电影、电视节目(如新闻、专题、电视剧等)的编辑制作。

目前，公司的“非线性”产品的核心硬件(Finish qxc/NT，Finish V60 及 Finish V80)，均是从美国进口的，如何订货才能使公司的成本最低是在年初计划时必须解决的问题。

由于该产品的订购折扣是一定的，且在实际销售过程中并不要求必须是现货供应。因此，属允许缺货的经济订货批量模型。具体统计数据见表 9-5，请对其存储问题进行决策。

表 9-5 “非线性”产品核心硬件统计数据

	年订货量/套	单位产品成本/元	订货费/元	年存储费/元	缺货损失费/元
Finish qxc/NT	1800	26500	3000	15800	1400
Finish V60	1000	42000	3000	24500	2000
Finish V80	1200	92000	3000	54000	4600

注：(1) 由于计算机多媒体技术发展非常快，技术折旧大，也就是说，产品如购进后没能及时售出，其技术折旧所带来的损失非常大。因此，在产品的年存储费中，仅仅考虑库存成本是很不全面的，所以在本问题的计算过程中，年存储费不但有库存费，还包括了产品的年技术折旧损失。

(2) 缺货损失是指由于缺货而带来的合同损失费用，以及由此产生的公司信用等软性损失。

案例 2

某包装制品厂存储决策问题

某包装制品公司1997年开始进口日本、韩国产的铜版纸、胶版纸、白版纸等印刷、包装用纸张，在国内销售，应用存储论正好可以解决公司每次订货多少、选择何时订货的问题，以免纸张存货不足，发生缺货现象而失去销售机会，或因为进货过多，一时销售不出去造成商品积压，占用流动资金过多而且周转不开。

由于市场对纸张的需求具有随机性，故要建立随机型存储模型。选择定点订货策略，即库存降到某一确定的数量时即订货，而订货的数量不变，存储量的变化如图9.7所示。

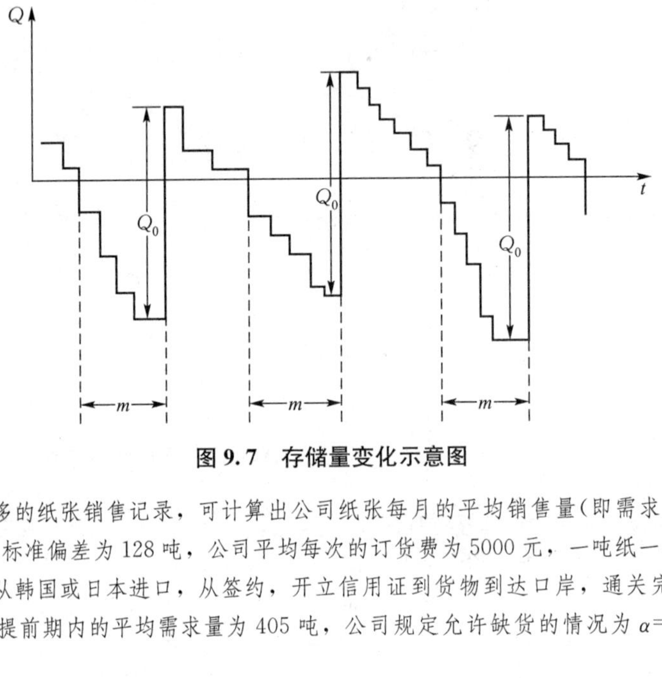

图 9.7　存储量变化示意图

根据公司两年多的纸张销售记录，可计算出公司纸张每月的平均销售量(即需求量)为486吨，年均需求量为5832吨，标准偏差为128吨，公司平均每次的订货费为5000元，一吨纸一年的存储费用为280元。由于货物需要从韩国或日本进口，从签约，开立信用证到货物到达口岸，通关完毕，进入仓库大约需要$m=25$天，故提前期内的平均需求量为405吨，公司规定允许缺货的情况为$\alpha=10\%$，试对其存储问题进行决策。

习　题

1. 设某工厂每年需用某种原料1800吨，无须每日供应，但不得缺货。设每吨原料每月的保管费为60元，每次的订购费为200元，试求最佳订购量。

2. 某产品每周的提取量为4000件，每件每周存储费为0.36元，每次装配费为20元，求最佳生产批量、最小费用和最佳生产周期。

3. 在第2题中，假定每周生产量为16000件，其他条件均不变化，则此时模型有何变化？并求在假定条件下的最佳生产批量、最佳生产周期和单位时间平均最小费用。

4. 商店经营一种商品，该商品的单位成本为500元，单位商品的保管费为其成本的0.5%，每次的订货费为600元。又知顾客对这种商品的日需求量为150件，不允许缺货。问：商店一年中应进货几次，每次进货的批量为多少才最经济合理？年最低总费用是多少?

5. 某装配车间每月需某种零件 600 件，该零件由厂内自行生产，其生产率为每月 800 件，每次订货费为 150 元，每月每个零件的存储费为 0.6 元。试求最佳生产批量和最低总费用。

6. 某医院药房每年需某种药品 1600 瓶，每次订购费为 5 元，每瓶药品每年保管费 0.1 元，试求每次应订多少瓶?

7. 某轧钢厂每月按计划需产角钢 3000 吨，每吨每月需存储费 5.3 元，每次生产需调整机器设备等，共需装配费 2500 元，求最佳生产批量。

8. 西安某金粉研究所，对某种印刷材料的全年需求量为 1040 吨，单价为每吨 1200 元，每次采购该种材料的订货费为 2040 元，年存储费为每吨 170 元，允许缺货并要求在下次进货时补齐，缺货损失费为每年每吨 500 元。试问每次的经济订货批量是多少？每年应分几次订货？每年的最低总费用是多少?

9. 食品店要确定每天牛奶的进货数。该店根据过去的销售经验，知需求量概率分布见表 9－6，若每箱进价 8 元，售价 10 元，当天不能售出的牛奶因变质而全部损失，试用报童问题确定最优进货策略。

表 9－6　食品店概率信息

需求/箱	25	26	27	28
概率 $P(r)$	0.1	0.3	0.5	0.1

10. 某菜场每天售出蔬菜总数是一个随机变量，见表 9－7。蔬菜每百斤进货价 8 元，售价 10 元。因菜不易保存，当天不能售出的则以每百斤 3 元的处理价卖给饲养场作为饲料。设菜场每天进货一次，求菜场每次进货量。

表 9－7　某菜场概率信息

售出数量/百斤	25	26	27	28	29
概率 $P(r)$	0.05	0.1	0.5	0.3	0.05

关键词及其英文对照

存储论　Inventory Theory

第10章 实验指导

实验指导是针对理工科本科专业运筹学课程的实验用书。教师可以根据课程教学大纲和实验学时，选择不同的实验，最终达到实验大纲所规定的实验要求。

本章内容分为4个部分：线性规划模型求解程序设计、WinQSB运算分析软件的应用、LINGO软件在优化建模中的应用、课程设计研究。线性规划模型求解程序设计是线性规划问题从编程角度进行的求解，是线性规划问题的MATLAB实现。WinQSB或LINGO软件的应用是对运筹学中的相关问题进行求解，是对运筹学案例的充分验证。课程设计研究为学生提供了很多运筹学的实际问题，学生通过调研搜集材料、建模并求解，通过这一章的学习，要求学生会用MATLAB编写相关运筹学问题的程序，并能应用WinQSB或LINGO软件求解相应的运筹学实际问题，同时能对求解结果进行分析。

实验主要内容有以下几方面。

1. 用MATLAB语言编写模型的求解程序

(1) 单纯形法求解极大化线性规划问题(见图10.1)。

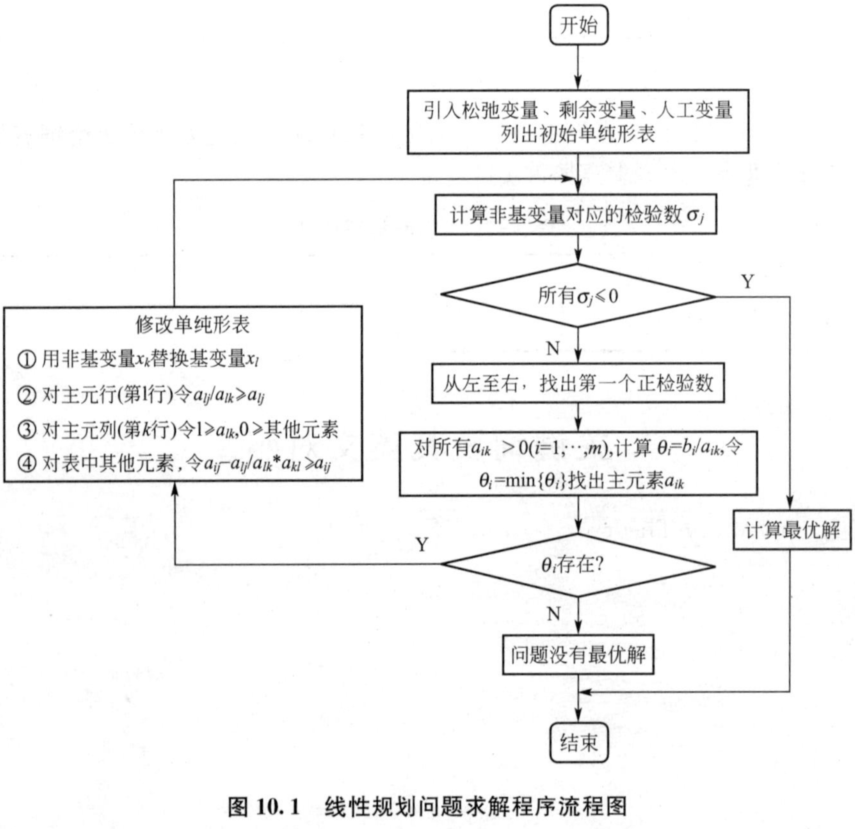

图10.1 线性规划问题求解程序流程图

(2) 用最小元素法求解运输问题(见图10.2)。

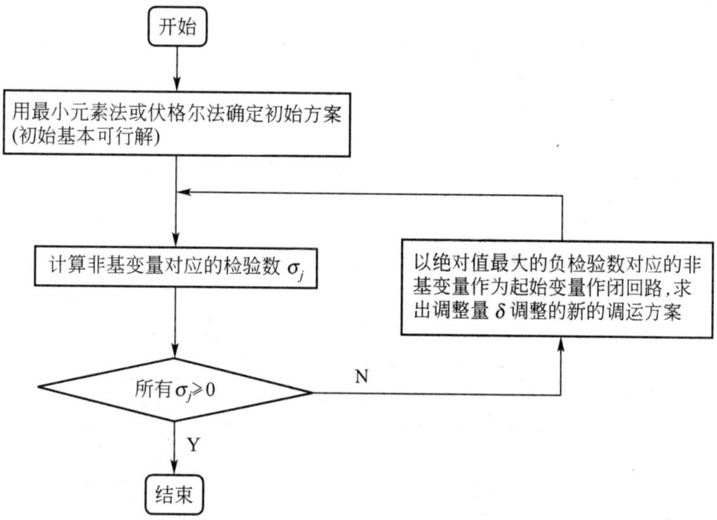

图 10.2　运输问题求解程序流程图

(3) 求解最短路问题(见图 10.3)。

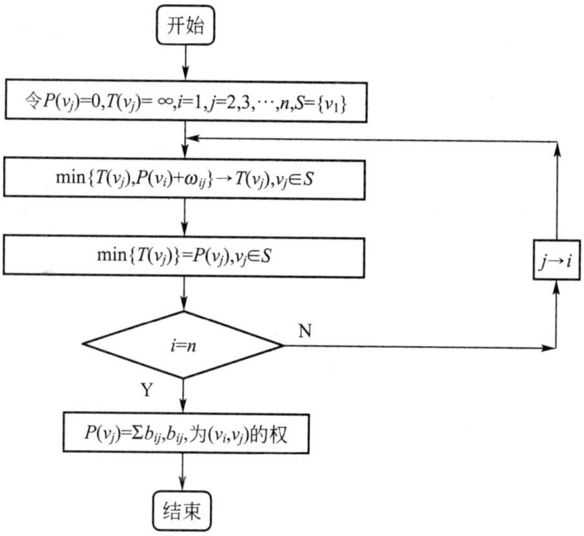

图 10.3　最短路问题求解程序流程图

(4) 求解最小费用最大流问题(见图 10.4)。

2. 使用 WinQSB 软件、LINGO 软件求解模型

(1) 线性规划。

(2) 整数规划。

(3) 运输问题。

(4) 指派问题。

(5) 网络问题。

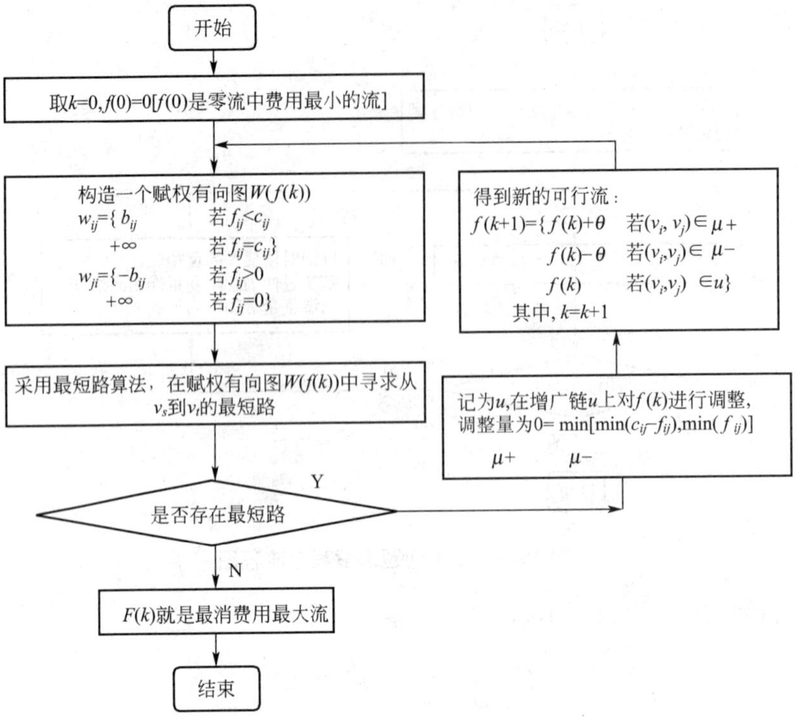

图 10.4 最小费用最大流问题求解程序流程图

(6) 计划评审问题。

(7) 动态规划。

(8) 存储论问题。

(9) 排队论问题。

(10) 排队系统模拟问题。

(11) 决策论问题。

(12) 马尔可夫过程问题。

(13) 时间序列预测。

3. 综合实验与课程设计选题

运筹学研究系统控制与决策、经济活动与军事活动中能用数量来表达的有关运用、筹划与管理等方面的问题。它根据问题的要求，通过数学、建模分析和运算，做出综合性的合理安排，以达到较经济、有效地使用人力、物力、财力的目的。

学生可以针对某一个问题，收集资料，建立相应的模型，正确选择与使用相关算法，培养分析、设计新算法的能力以及解决实际问题的能力。

10.1 线性规划模型求解程序设计

MATLAB是一种面向科学和工程计算的高级语言，现已成为国际公认的最优秀的科技界应用软件之一，在世界范围内广为流行和使用。MATLAB所具有的强大的科学计算与可视化功能，简单易用的开放式可扩展环境，以及多达 30 个面向不同领域而扩展的工具箱支持，使其在许多科学领域中成为计算机辅助设计与分析、算法研究与应用开发的基本工具和首选平台。本实验指导内容从线性系统的分析和设计角度出发，介绍运筹学分析中常用的 MATLAB 命令及相关函数和表达方法，为刚开始学习运筹学课程的同学能够有效地使用 MATLAB 及其工具箱提供帮助。

10.1.1 实验目的与要求

1. 实验目的

(1) 掌握各模型的求解原理。

(2) 培养学生熟练运用 MATLAB 语言设计、编程能力。

(3) 了解线性规划的相关函数(LINPROG)的具体功能及其使用方法。

2. 实验要求

(1) 分解各模型的运算流程。

(2) 用 MATLAB 语言编写和调试模型的求解程序，实现相关算法。

(3) 通过调用 MATLAB 最优化工具箱中的函数，验证程序的正确性。

10.1.2 模型求解程序设计

(1) 线性规划问题求解程序流程图。

(2) 运输问题求解程序流程图。

(3) 最短路问题求解程序流程图。

(4) 最小费用最大流问题求解程序流程图。

10.1.3 单纯形法求解实验

1. 用 MATLAB 编写的程序，求解线性规划模型

$$\max Z=2x_1-x_2+x_3$$

$$s.t.\begin{cases}3x_1+x_2+x_3\leqslant 45\\x_1-2x_2+3x_3\leqslant 27\\x_1+x_2-x_3\leqslant 20\\x_1,\ x_2,\ x_3\geqslant 0\end{cases}$$

要求：① 根据单纯形法流程图设计模型通用软件。

② 算出模型的最优解和最优值。

(1) 调用 MATLAB 最优化工具箱中的 LINPROG 函数求解。

① LINPROG 函数介绍：LINPROG 函数求解的线性规划问题标准形式如下所示，任何形式的线性规划问题都能够转换为该标准形式：

$$\min Z=f'\times X$$

$$s.t.\begin{cases}A\times X\leqslant b\\Aeq\times X=beq\\lb\leqslant X\leqslant ub\end{cases}$$

调用格式：[X，fval]=linprog(f，A，b，Aeq，beq，lb，ub)

其中，f 为目标函数线性方程中决策变量的系数列向量；A 为线性等式约束方程组左边决策变量的系数矩阵；b 为线性等式约束方程组右边相应常数的列向量；Aeq 为线性不等式约束方程组左边决策变量的系数矩阵；beq 为线性不等式约束方程组右边相应常数的列向量；lb 为所有决策变量的下限列向量；ub 为所有决策变量的上限列向量；X 为返回的线性规划最优解；fval 为返回的目标函数最优值。

使用说明：

(a) f、X、b、beq、lb、ub 为向量，A、Aeq 为矩阵。

(b) 标准形式中的目标函数是求 min，若实际问题是求 max，则令 $Z'=-Z=-f^T * X$。

(c) 约束条件可以是"≤"或"="形式的不等式，若约束条件中有"≥"形式的不等式，则给不等式两边同乘以－1 将其转换成"≤"形式的不等式。

(d) 决策变量在 [lb，ub] 范围内取值，若 X(i)为非负约束，则 lb(i)＝0，ub(i)＝Inf；若 X(i)为非正约束，则 lb(i)＝－Inf，ub(i)＝0；若 X(i)无约束，则 lb(i)＝[ ]，ub(i)＝[ ]。

(e) 若实际问题没有等式约束条件，则 Aeq＝[ ]，beq＝[ ]。

(f) 若实际问题没有不等式约束条件，则 A＝[ ]，b＝[ ]。

② 程序清单示范如下。

```
f=[-2;1;-1];
Aeq=[ ];
beq=[ ];
A=[3 1 1;1 -2 3;1 1 -1];
b=[45;27;20];
lb=zeros(3,1);
ub=[inf inf inf];
[x,fval]=linprog(f,A,b,Aeq,beq,lb,ub);
MaxZ=-fval
x
```

③ 运行结果如下。

```
>> Optimization terminated successfully.
MaxZ=31.5000
x=13.5000  0.0000  4.5000
```

(2) 应用单纯形法自编 MATLAB 程序求解。

① 程序说明：

```
% 求解标准型线性规划:max Cj*x;s.t.A*x≤b;x≥0
% 功能:用单纯形法求带有松弛变量的线性规划问题的最优解和最优值
% 前提条件:决策变量全非负,约束方程全为"≤"不等式,目标函数最大化
% 输入变量:
% Cj—价格向量(由决策变量表示的线性目标函数的系数向量)
% A—约束条件系数矩阵
```

```
% b—资源向量(每一约束条件的右端常数构成的向量)
% f—约束方程符号向量中的元素全为'<'
% 输出变量:X—最优解;maxZ—最优值
```

② 程序清单如下。

(a) 函数文件：在MATLAB文本编辑器中建立函数文件，并以文件名simplex_method.m保存在MATLAB默认的work工作目录中。该函数文件按照图10.1单纯形法求解极大化线性规划问题流程图进行编写。

```
function [maxZ,X]=simplex_method(Cj,A,b,f)
[m,n]=size(A);                              % 得到约束条件个数m及原变量个数n
% 原性规划问题的标准化
for i=1:m
    if f(i)=='<'                            % 约束方程全为'≤'
        A(:,n+i)=0;
        A(i,n+i)=1;
        Cj(n+i)=0;
    end
end
Cj(m+n+1)=0;
if size(b,2)~=1
    b=b';
end
A=[A,b];
if size(Cj,1)~=1
    Cj=Cj';
end
B=[A;Cj];
N=[m+1:m+n];                                % 初始基变量的下标
[p,q]=size(B);
flag=1;                                     % 设立标志位
while flag
    if B(p,:)<=0                            % 单纯形法已找到最优解
        flag=0;
        X=zeros(1,q-1);
        for i=1:p-1
            X(N(i))=B(i,q);                 % 解向量记录
        end
        X=X(1:n);                           % 最优解
        maxZ=-B(p,q);                       % 最优值
    else
        for i=1:q-1
            if B(p,i)>0&B(1:p-1,i)<=0       % 该问题无最优解
```

```
                disp('No optimal solution to the problem! ');
                flag=0;
                break;
            end
        end
        if flag                                  % 还不是最优表,继续进行迭代运算
            temp=0;
            for i=1:q-1
                if B(p,i)>temp
                    temp=B(p,i);
                    inb=i;                       % 进基变量下标
                end
            end
            beta=zeros(1,p-1);
            for i=1:p-1
                if B(i,inb)>0
                        beta(i)=B(i,q)/B(i,inb);
                end
            end
            temp=inf;
            for i=1:p-1
                if beta(i)>0&beta(i)<temp
                        temp=beta(i);
                        outb=i;                  % 出基变量下标
                end
            end
            % 更新基变量
            for i=1:p-1
                if i==outb
                        N(i)=inb;
                end
            end
            % 进行迭代,循环运算单纯形表
            B(outb,:)=B(outb,:)/B(outb,inb);
            for i=1:p
                if i~=outb
                        B(i,:)=B(i,:)-B(outb,:)*B(i,inb);
                end
            end
        end
    end
end
```

(b) 命令文件：在 MATLAB 文本编辑器中建立命令文件，并以文件名 main. m 保存在 MATLAB 默认的 work 工作目录中。

```
Cj=[2 -1 1];
A=[3 1 1;1 -2 3;1 1 -1];
b=[45 27 20];
f=['<<<'];        % 等价于 f=['<' '<' '<'];
[maxZ,X]=simplex_method(Cj,A,b,f)
```

③ 运行结果：在 MATLAB 的命令窗口中输入 main. m 并回车，就会按顺序执行该命令文件中的程序，运行结果为 maxZ=31. 5000，X=[13. 5000 0. 0000 4. 5000]。

由运行结果可以看出，该线性规划模型存在最有解。当决策变量 $x_1=13.5$，$x_2=0$，$x_3=4.5$ 时目标函数达到最大值 31. 5。程序中用到的 MATLAB 部分库函数见表 10 - 1。

表 10 - 1 程序中用到的 MATLAB 部分库函数

函数名	格　式	功　能
size	d=size(X)	得到阵列 X 每个维的尺寸
	m=size(X，dim)	得到阵列 X 指定维 dim 的尺寸
	[m，n]=size(X)	得到矩阵 X(二维阵列)的尺寸
	[d1，d2，d3，…，dn]=size(X)	得到多维阵列 X 各个维的尺寸
zeros	y=zeros(n)	建立 n 维全零阵列
	y=zeros(m，n)	建立 m 行 n 列全零阵列
	y=zeros(d1，d2，d3，…)	建立 d1×d2×d3×…多维全零阵列
disp	disp(X)	显示文本或阵列 X 的内容

2. 通用软件验证作业结果(以上程序的约束方程全为“≤”不等式)的设计

10. 2 WinQSB 运算分析软件的应用

WinQSB 软件是运筹学计算机分析、运算中常用的软件，它可以用来求解线性规划、整数规划、目标规划、运输问题、网络模型、动态规划等一系列问题，WinQSB 软件操作简单，使用方便，它通过输入各种模型的参数，来获得问题的解。

10. 2. 1 WinQSB 软件功能简介

WinQSB 是 Windows Quantitative Systems for Business 的缩写，它是 QSB 的 Windows 版本，可以在 Windows NT/2000/XP 平台下运行。WinQSB 的技术成熟、运行稳定、操作方便、对硬件要求较低、非常适合初学者上机使用。WinQSB V2. 0 是在 WinQSB V1. 0 的基础上，升级开发的运行于 Windows 操作系统的《运筹学》应用软件包。WinQSB V2. 0 共有 19 个子系统，分别用于解决运筹学不同方面的问题，具体功能见表 10 - 2。

表 10-2 WinQSB V2.0 的具体功能

序号	启动程序名称	内容	应用范围
1	Acceptance Sampling Analysis	验收抽样分析	各种抽样分析、抽样方案设计、假设分析
2	Aggregate Planning	综合计划编制	具有多时期正常排班、加班、分时段、转包生产量、需求量、储存费用、生产费用等复杂的整体综合生产计划的编制方法
3	Decision Analysis	决策分析	确定型与风险型决策、贝叶斯决策、决策树、二人零和对策、蒙特卡罗模拟问题
4	Dynamic Programming	动态规划	最短路问题、背包问题、生产与储存等类问题的求解
5	Facility Location and Layout	设备场地布局	设备场地设计、功能布局、线路均衡布局
6	Forecasting and Linear Regression	预测与线性回归	简单平均、移动平均、加权移动平均、线性趋势移动平均、指数平滑、多元线性回归、Holt-Winters 季节叠加与乘积算法的运算
7	Goal Programming	目标规划	目标规划、多目标线性规划、线性目标规划
8	Inventory Theory and System	存储论与存储系统	经济订货批量模型、批量折扣模型、单时期随机模型、多时期动态储存模型、储存控制系统(各种储存策略)
9	Job Scheduling	作业调度	零件加工排序、流水线车间加工排序
10	Linear and Integer Programming	线性规划与整数规划	线性规划、整数规划、对偶问题、灵敏度分析、参数分析
11	MarKov Process	马尔可夫过程	马尔可夫动态过程问题
12	Material Requirements Planning	物料需求计划	产品物料的供应链计划
13	Network Modeling	网络模型	运输、指派、最大流、最短路、最小生成树、货郎担等问题
14	Nonlinear Programming	非线性规划	有(无)条件约束、目标函数或约束条件非线性，目标函数与约束条件都非线性
15	PERT_CPM	计划评审技术与关键路径法	路径求解、计划评审技术分析、网络优化、工程完工时间模拟、绘制甘特图与网络图
16	Quadratic Programming	二次规划	求解线性约束、目标函数是二次型的一种非线性规划问题，变量可以取整数
17	Quality Control Chart	质量管理控制图	用于分析基于统计数据的产品和服务质量分析与控制

（续）

序号	启动程序名称	内容	应用范围
18	Queuing Analysis	排队分析	各种排队模型的求解与性能分析、各种分布模型求解、灵敏度分析、服务能力分析、成本分析
19	Queuing System Simulation	排队系统模拟	用于进行各种排队系统的仿真模拟与研究分析

使用时，首先要在计算机上安装 WinQSB V2.0 软件包，WinQSB V2.0 软件安装完毕后，会在“开始→程序→WinQSB”中生成 19 个菜单项，对应 19 个子程序，如图 10.5 所示。用户可针对不同的运筹学问题，选择不同的菜单项，运行相应的子程序。

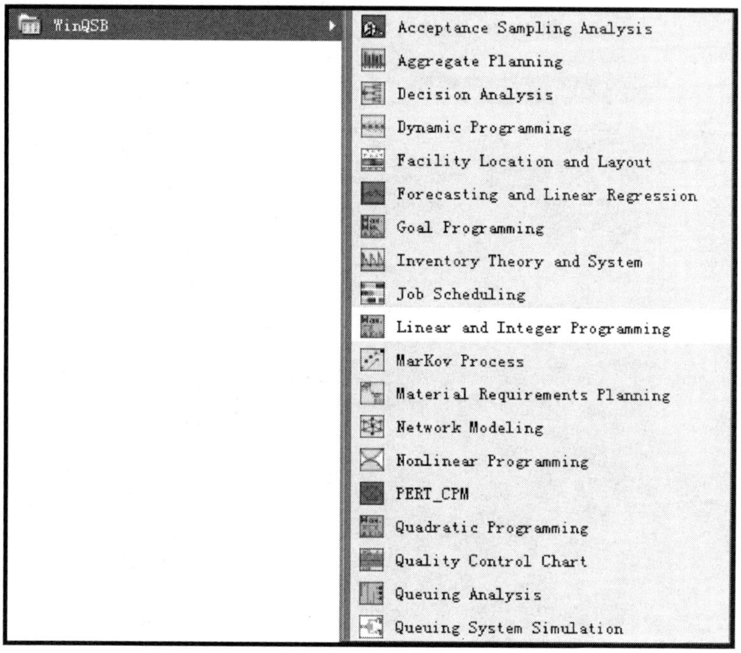

图 10.5　WinQSB 软件子程序

运用 WinQSB 软件解决运筹学问题，可分为以下 4 个步骤。

(1) 启动子程序。

(2) 建立新问题。

(3) 输入新问题相关数据。

(4) 求解并选择显示方式。

10.2.2　运筹学问题的计算机求解

1. 线性规划问题

1) 启动子程序

在图 10.5 所示界面中选择 Linear and Integer Programming 选项，首先屏幕自动显示如图 10.6 所示线性与整数规划的启动界面；接着出现如图 10.7 所示线性与整数规划的主窗口。

图 10.6 线性与整数规划的启动界面

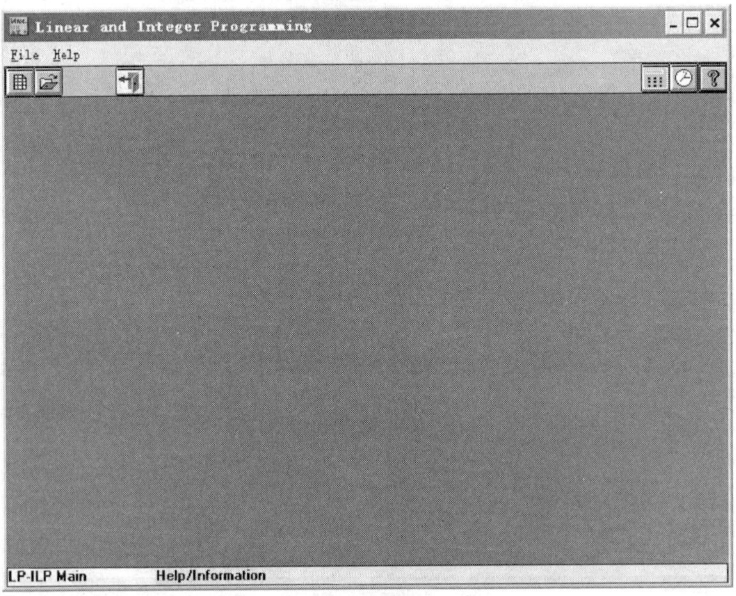

图 10.7 线性与整数规划的主窗口

在图 10.7 中，线性与整数规划的主窗口共有两个菜单：File 和 Help。File 有 3 个子菜单：New Problem(建立新问题)、Load Problem(加载问题)和 Exit(退出)。Help 为帮助菜单，选择“Help”菜单可弹出如图 10.8 所示的线性与整数规划的帮助窗口。

2) 建立新问题

运用 WinQSB 求解例 1.1 的线性规划问题。在图 10.7 界面中用鼠标选择 File→New Problem 菜单，弹出线性与整数规划问题的基本信息对话框如图 10.9 所示，在此对话框中需要输入例 1.1 线性规划问题的 6 项基本信息：问题名称(example1.1)、变量个数(2)、约束条件个数(3)、目标函数准则(最大值)、变量类型(非负连续变量)、数据输入格式(矩阵式电子表格)，确认输入无误后单击 OK 按钮进入例 1.1 线性规划问题的数据输入窗口，如图 10.10 所示。

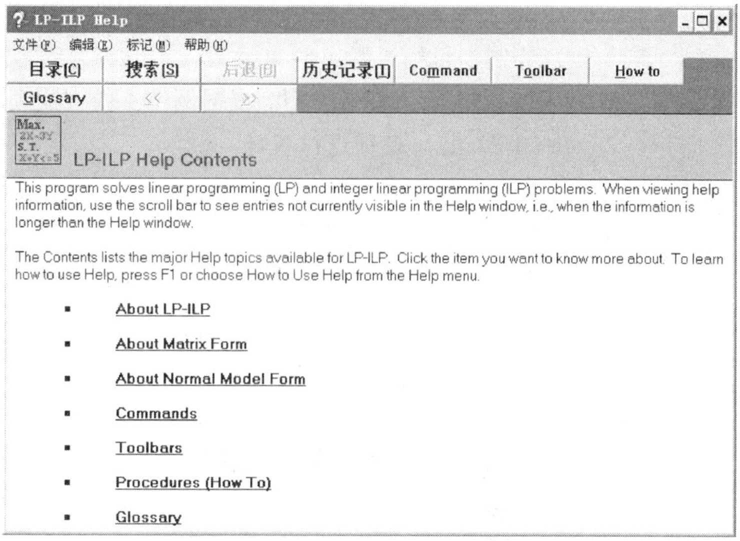

图 10.8 线性与整数规划的帮助窗口

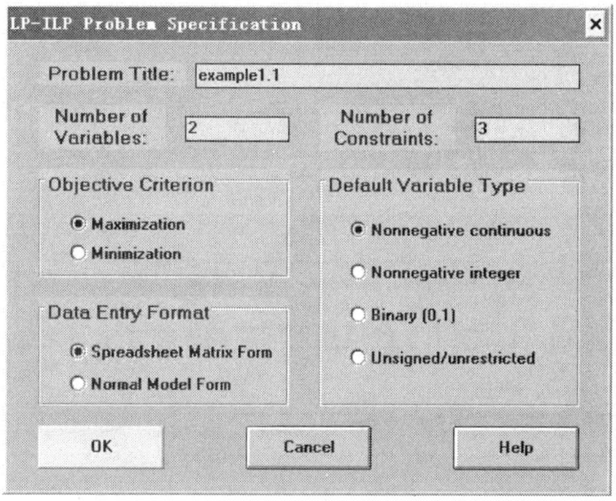

图 10.9 线性与整数规划问题的基本信息对话框

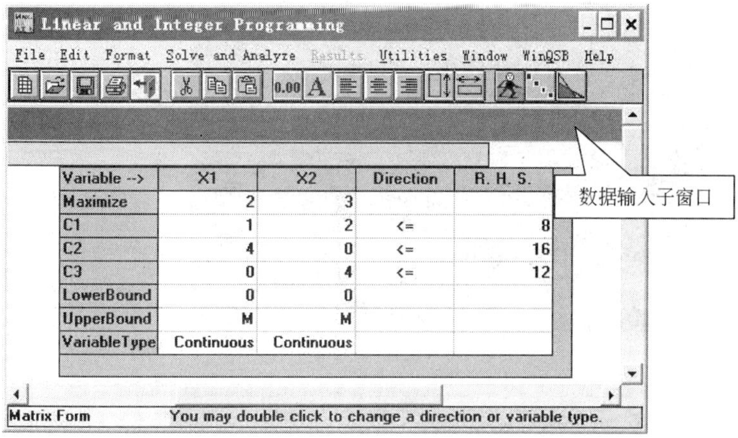

图 10.10 例 1.1 线性规划问题的数据输入窗口

3）输入新问题相关数据

在图 10.10 中：第 1～4 行分别为目标系数、约束系数、约束符号及右端项；第 5 行为变量下限；第 6 行为变量上限；第 7 行为变量类型。根据例 1.1 线性规划问题的数学模型输入完数据后，选择 Solve and Analyze 选项进行求解。

4）求解并选择显示方式

例 1.1 线性规划问题求解以后，本程序可以根据用户的不同需要选择求解结果的不同显示方式，在 Solve and Analyze 的二级菜单中：若选择 Solve the Problem 选项，生成表格式求解结果，如图 10.11 所示；若选择 Solve and Display Steps 选项，求解并显示单纯形法迭代过程，选择 Simplex Iteration 选项直到最终单纯形表；若选择 Graphic Method 选项，生成图形化求解结果，图 10.12 为图形化求解结果。

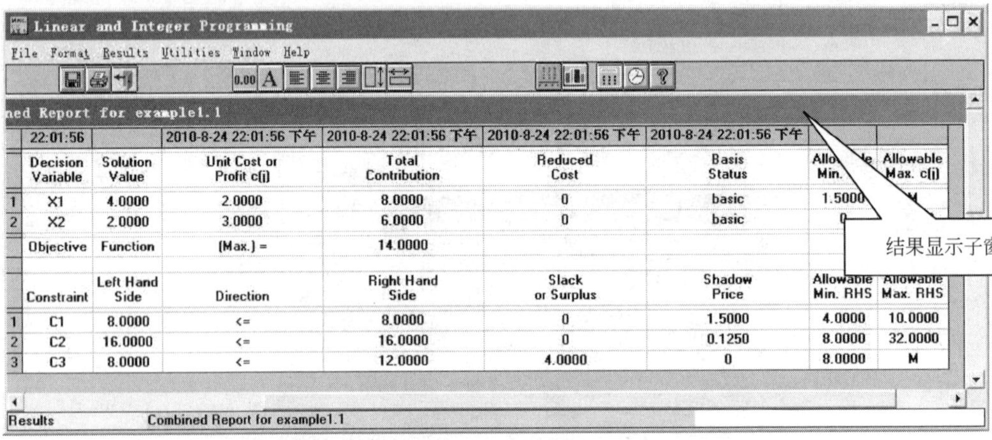

22:01:56		2010-8-24 22:01:56 下午	2010-8-24 22:01:56 下午	2010-8-24 22:01:56 下午	2010-8-24 22:01:56 下午		
Decision Variable	Solution Value	Unit Cost or Profit c(j)	Total Contribution	Reduced Cost	Basis Status	Allowable Min. c(j)	Allowable Max. c(j)
X1	4.0000	2.0000	8.0000	0	basic	1.5000	M
X2	2.0000	3.0000	6.0000	0	basic	0	[illegible]
Objective	Function	(Max.) =	14.0000				
Constraint	Left Hand Side	Direction	Right Hand Side	Slack or Surplus	Shadow Price	Allowable Min. RHS	Allowable Max. RHS
C1	8.0000	<=	8.0000	0	1.5000	4.0000	10.0000
C2	16.0000	<=	16.0000	0	0.1250	8.0000	32.0000
C3	8.0000	<=	12.0000	4.0000	0	8.0000	M

图 10.11　例 1.1 线性规划问题的表格式求解结果

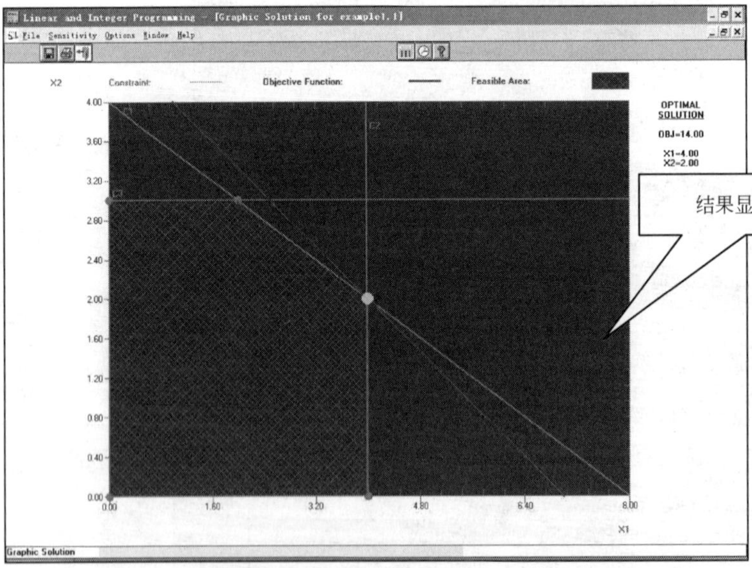

图 10.12　例 1.1 线性规划问题的图形化求解结果

2. 运输问题

运用 WinQSB 求解例 3.1 的运输问题。在图 10.5 所示的界面中选择 Network Modeling 选项，首先屏幕自动显示网络模型的启动界面，接着出现网络模型的主窗口。

在主窗口中选择 File→New Problem 菜单，弹出网络模型的基本信息对话框如图 10.13 所示，在图 10.13 所示的界面中需要输入例 3.1 运输问题的 6 项基本信息：问题类型(运输问题)；目标函数准则(最小值)；数据输入格式(矩阵式电子表格)；问题名称(example3.1)；产地个数(2)；销地个数(3)。确认输入无误后单击 OK 按钮进入例 3.1 运输问题的数据输入窗口，如图 10.14 所示。在图 10.14 中分别输入产地和销地的总量、运价(或成本)。

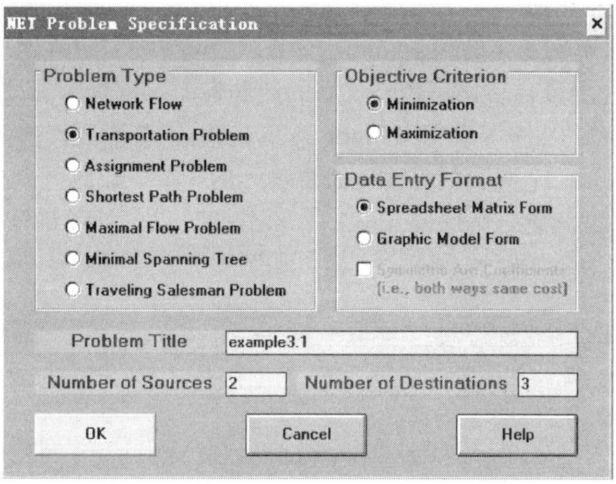

图 10.13　网络模型的基本信息对话框

From \ To	Destination 1	Destination 2	Destination 3	Supply
Source 1	90	70	100	200
Source 2	80	65	75	250
Demand	100	150	200	

图 10.14　例 3.1 运输问题的数据输入窗口

例 3.1 运输问题求解以后，本程序可以根据用户的不同需要选择求解结果的不同显示方式，选择 Solve and Analyze→Solve the Problem 选项求解该运输问题并显示求解结果窗口。若选择 Results→Solution Table 选项则生成表格式求解结果，如图 10.15 所示；若选择 Results→Graphic Solution 选项则生成图形化求解结果，如图 10.16 所示。

08-10-2010	From	To	Shipment	Unit Cost	Total Cost	Reduced Cost
1	Source 1	Destination 1	50	90	4500	0
2	Source 1	Destination 2	150	70	10500	0
3	Source 1	Destination 3	0	100	0	15
4	Source 2	Destination 1	50	80	4000	0
5	Source 2	Destination 2	0	65	0	5
6	Source 2	Destination 3	200	75	15000	0
	Total	Objective	Function	Value =	34000	

图 10.15　例 3.1 运输问题的表格式求解结果

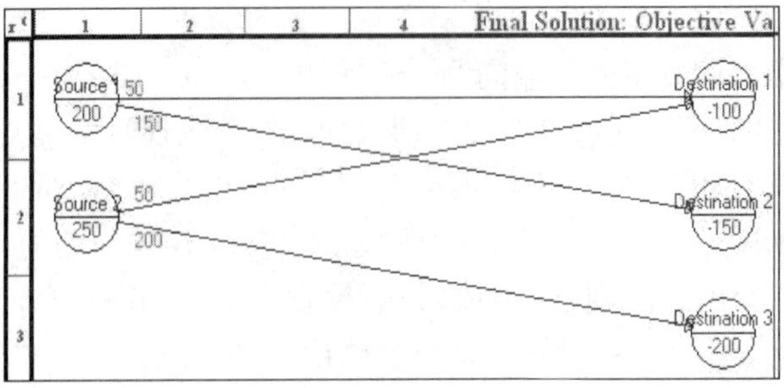

图 10.16　例 3.1 运输问题的图形化求解结果

3. 最短路问题

运用 WinQSB 求解例 5.1 的最短路问题。在图 10.5 所示的界面中选择 Dynamic Programming 选项，首先屏幕自动显示动态规划的启动界面；接着出现动态规划的主窗口。

在主窗口中选择 File→New Problem 菜单，弹出动态规划的基本信息对话框如图 10.17 所示，在图 10.17 所示的界面中需要输入例 5.1 最短路问题的 3 项基本信息：问题类型(最短路问题)、问题名称(example5.1)和节点数目(10)。确认输入无误后单击 OK 按钮，弹出例 5.1 最短路问题的数据输入窗口如图 10.18 所示。

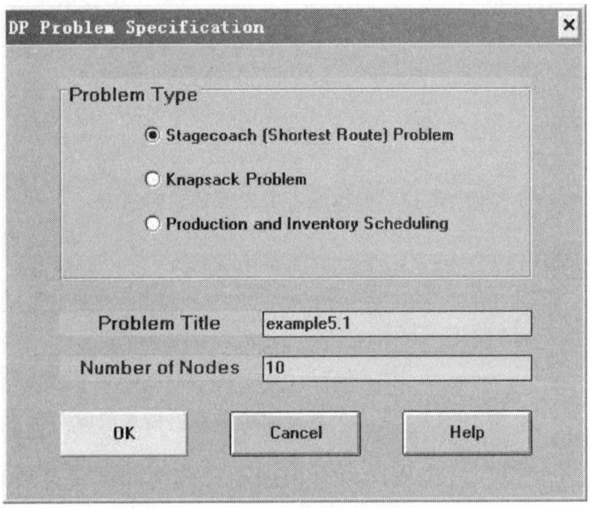

图 10.17　动态规划的基本信息对话框

From \ To	Node1	Node2	Node3	Node4	Node5	Node6	Node7	Node8	Node9	Node10
Node1		2	4	3						
Node2					7	4				
Node3					3	2	4			
Node4					6	2	5			
Node5								3	4	
Node6								6	3	
Node7								3	3	
Node8										3
Node9										4
Node10										

图 10.18　例 5.1 最短路问题的数据输入窗口

根据例 5.1 示意图在图 10.18 中输入相关数据；选择 Solve and Analyze→Solve the Problem 选项，并按照图 10.19 设定例 5.1 最短路问题的起点和终点，并单击 Solve 按钮进行问题的求解并显示求解结果窗口。若选择 Results→Show Solution Summary 选项，则生成如图 10.20 所示的简略显示求解结果；若选择 Results→Show Solution Detail 选项，则生成如图 10.21 所示的详细显示求解结果。

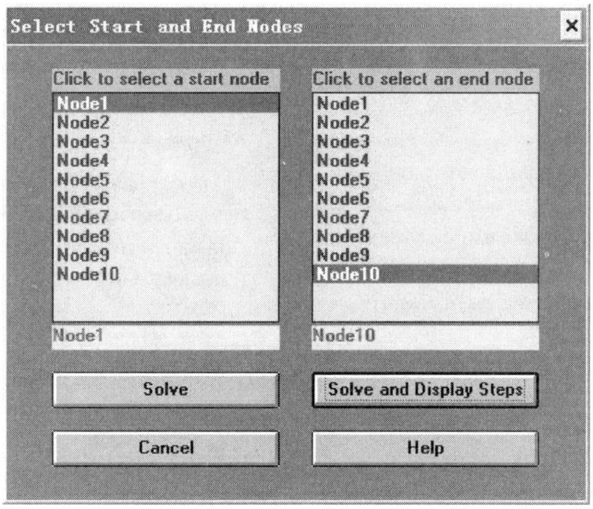

图 10.19 例 5.1 最短路问题的起点和终点设定

08-25-2010 Stage	From Input State	To Output State	Distance	Cumulative Distance	Distance to Node10
1	Node1	Node4	3	3	12
2	Node4	Node6	2	5	9
3	Node6	Node9	3	8	7
4	Node9	Node10	4	12	4
	From Node1	To Node10	Min. Distance	= 12	CPU = 0.00

图 10.20 例 5.1 最短路问题求解结果的简略显示

08-25-2010 12:46:32	Stage	From Input State	To Output State	Distance	Distance to Node10	Status
1	1	Node1	Node4	3	12	Optimal
2	2	Node2	Node6	4	11	
3	2	Node3	Node5	3	9	
4	2	Node4	Node6	2	9	Optimal
5	3	Node5	Node8	3	6	
6	3	Node6	Node9	3	7	Optimal
7	3	Node7	Node8	3	6	
8	4	Node8	Node10	3	3	
9	4	Node9	Node10	4	4	Optimal
	From Node1	To Node10	Minimum	Distance =	12	CPU = 0.00

图 10.21 例 5.1 最短路问题求解结果的详细显示

4. 网络最大流问题

运用 WinQSB 求解例 6.4 的网络最大流问题。在图 10.5 所示的界面中选择 Network Modeling 选项，首先屏幕自动显示网络模型的启动界面，接着出现网络模型的主窗口。

在主窗口中选择 File→New Problem 菜单，弹出网络模型的基本信息对话框如图 10.22 所示。在图 10.22 所示对话框中需要输入例 6.4 网络最大流问题的 5 项基本信息：问题类型(网络最大流问题)；目标函数准则(最大值)；数据输入格式(矩阵式电子表格)；问题名称(example6.4)；网络节点数(6)。确认输入无误后单击 OK 按钮，弹出例 6.4 网络最大流问题的数据输入窗口，如图 10.23 所示。

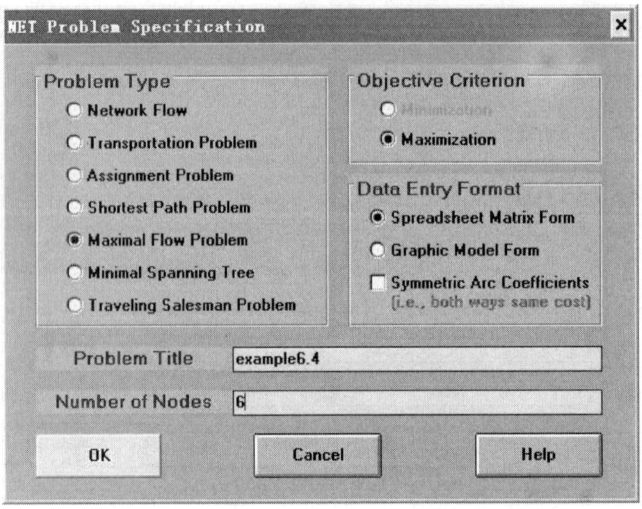

图 10.22　网络模型的基本信息对话框

From \ To	Node1	Node2	Node3	Node4	Node5	Node6
Node1		8	7			
Node2			5	9		
Node3					9	
Node4			2			5
Node5				6		10
Node6						

图 10.23　例 6.4 网络最大流问题的数据输入窗口

根据例 6.4 示意图在图 10.23 中准确无误地输入相关数据；选择 Solve and Analyze→Solve the Problem 选项，并按照图 10.24 设定例 6.4 网络最大流问题的起点和终点，并单击 Solve 按钮进行问题的求解并显示求解结果窗口。若选择 Results→Solution Table 则生成如图 10.25 所示的表格式求解结果；若选择 Results→Graphic Solution 则生成如图 10.26 所示的图形化求解结果。

5. 最短路问题

运用 WinQSB 求解例 7.1 的最短路问题(注：假设事先知道畅销($s1$)、一般($s2$)、滞销($s3$)这 3 种自然状态出现的概率分别为 $P(s1)=0.3$，$P(s2)=0.5$，$P(s3)=0.2$))。在图 10.5 所示的界面中选择 Decision Analysis 选项，首先屏幕自动显示决策分析的启动界面；接着出现决策分析的主窗口。

在主窗口中选择 File→New Problem 菜单，弹出决策分析的基本信息对话框如图 10.27 所示，在图 10.27 中需要输入例 7.1 决策问题的 4 项基本信息：问题类型(收益表分析)、问题名称(example7.1)、自然状态数(3)、决策方案数(3)。确认输入无误后单击 OK 按钮，弹出例 7.1 决策问题的数据输入窗口，如图 10.28 所示。

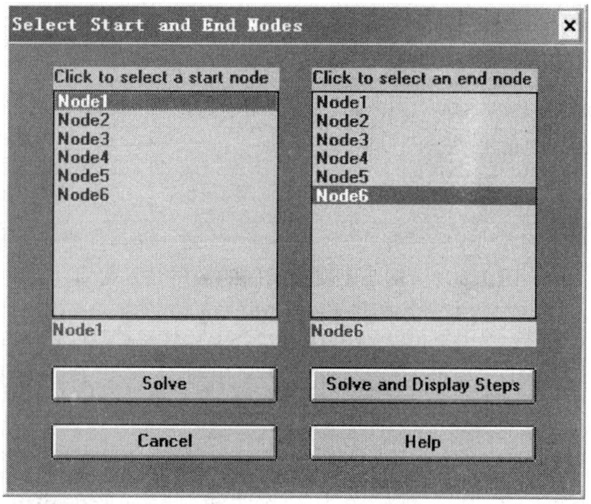

图 10.24　例 6.4 网络最大流问题的起点和终点设定

08-25-2010	From	To	Net Flow		From	To	Net Flow
1	Node1	Node2	7	5	Node3	Node5	9
2	Node1	Node3	7	6	Node4	Node6	5
3	Node2	Node3	2	7	Node5	Node6	9
4	Node2	Node4	5				
Total	Net Flow	From	Node1	To	Node6	=	14

图 10.25　例 6.4 网络最大流问题的表格式求解结果

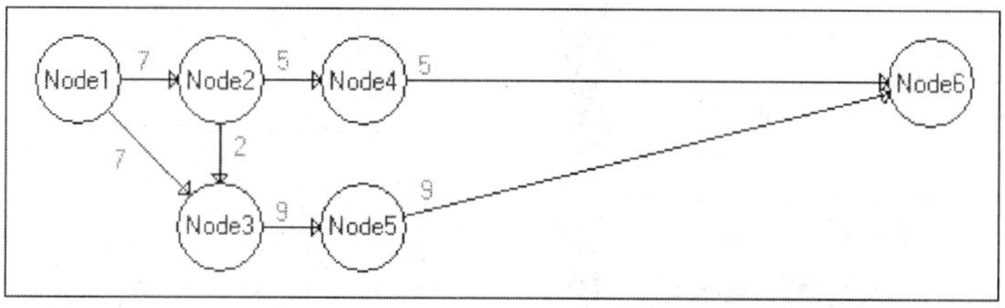

图 10.26　例 6.4 网络最大流问题的图形化求解结果

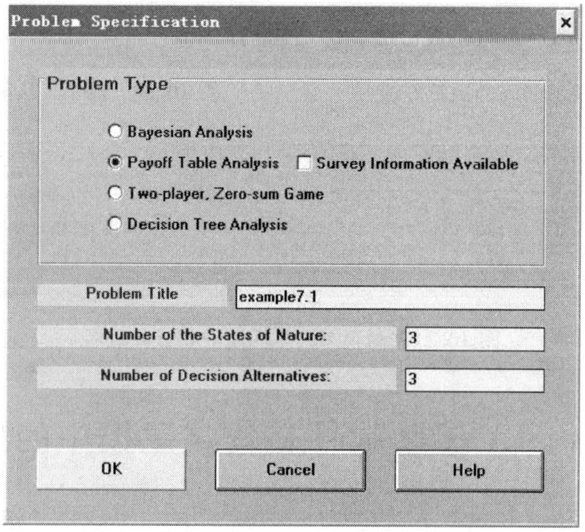

图 10.27　决策分析的基本信息对话框

在图 10.28 中：第 1 行为各自然状态出现的先验概率；第 2～4 行为各种自然状态下各方案的赢利。根据例 7.1 决策问题中的表 7-1 方案赢利信息在图 10.28 中输入相关数据。

Decision \ State	State1	State2	State3
Prior Probability	0.3	0.5	0.2
Alternative1	60	10	-6
Alternative2	30	25	0
Alternative3	10	10	10

图 10.28　例 7.1 决策问题的数据输入窗口

数据输入完毕后，选择 Solve and Analyze→Solve the Problem 选项，弹出图 10.29 所示对话框，软件将按照图 10.29 所示的决策方法(乐观法、悲观法、乐观系数法、后悔值法、平均法)对例 7.1 进行决策。

在单击图 10.29 所示对话框中的 OK 按钮前必须在输入框中输入乐观系数法的乐观系数，即表示例 7.1 数据输入完毕。最后单击 OK 按钮进行问题的求解，并显示求解结果窗口。若选择 Results→show Payoff Table Decision 选项则生成如图 10.30 所示的收益决策表；若选择 Results→Show Payoff Table Analysis 选项，则生成如图 10.31 所示的收益分析表。

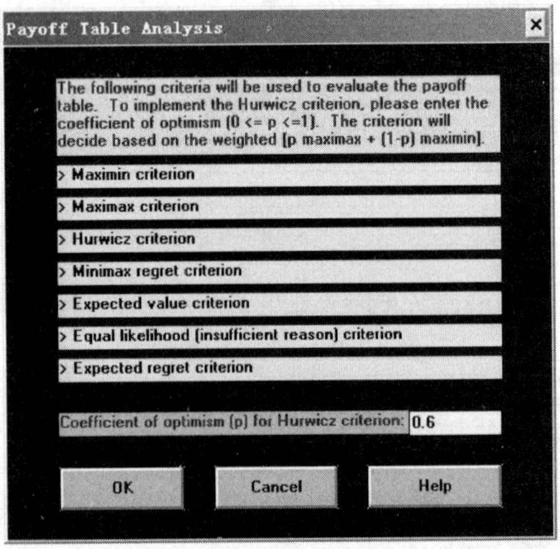

图 10.29　例 7.1 决策问题的决策方法

08-25-2010 Criterion	Best Decision	Decision Value	
Maximin	Alternative3	$10	
Maximax	Alternative1	$60	
Hurwicz (p=0.6)	Alternative1	¥ 33.60	
Minimax Regret	Alternative1	$16	
Expected Value	Alternative1	¥ 21.80	
Equal Likelihood	Alternative1	¥ 21.33	
Expected Regret	Alternative1	¥ 10.70	
Expected Value	without any	Information =	¥ 21.80
Expected Value	with Perfect	Information =	¥ 32.50
Expected Value	of Perfect	Information =	¥ 10.70

图 10.30　例 7.1 决策问题的收益决策表

08-25-2010 Alternative	Maximin Value	Maximax Value	Hurwicz (p=0.6) Value	Minimax Regret Value	Equal Likelihood Value	Expected Value	Expected Regret
Alternative1	($6)	$60**	¥ 33.60**	$16**	¥ 21.33**	¥ 21.80**	¥ 10.70**
Alternative2	0	$30	$18	$30	¥ 18.33	¥ 21.50	$11
Alternative3	$10**	$10	$10	$50	$10	$10	¥ 22.50

图 10.31　例 7.1 决策问题的收益分析表

10.3　LINGO 软件在优化建模中的应用

LINGO 软件是美国 LINGO 公司开发的一套专门用于求解最优化问题的软件包，主要针对线性规划问题、二次规划问题和非线性规划问题，以及一些线性和非线性方程组的求解。LINGO 软件是优化问题的一种建模语言，提供了许多常用的函数，通过输入模型快速得到复杂优化问题的解，而且提供接口用于调用其他数据文件(如文本文件、Excel 文件、数据库文件)，因此在教学、科研和工业、商业服务等领域得到广泛应用。

10.3.1 LINGO 软件简介

LINGO 是英文 Linear INteractive and General Optmizer 字首的缩写形式，即交互式线性和通用优化求解器，是最优化问题的一种建模语言，它的最大优势在于可以允许决策变量是整数。LINGO 有两种命令窗口：Model Windows 模型窗口和 Command - Line 命令行窗口，以及 Status Windows 状态窗口。

1. Model Windows 模型窗口

Model Windows 模型窗口如图 10.32 所示，是供用户输入 Lingo 程序(即模型)的环境。LINGO 的模型窗口有 5 个主菜单：File(文件)、Edit(编辑)、LINGO(LINGO 系统)、Window(窗口)、Help(帮助)。用户可以通过菜单、工具条上按钮或者是快捷键 3 种不同的方式调用命令。下面对各个菜单进行介绍。

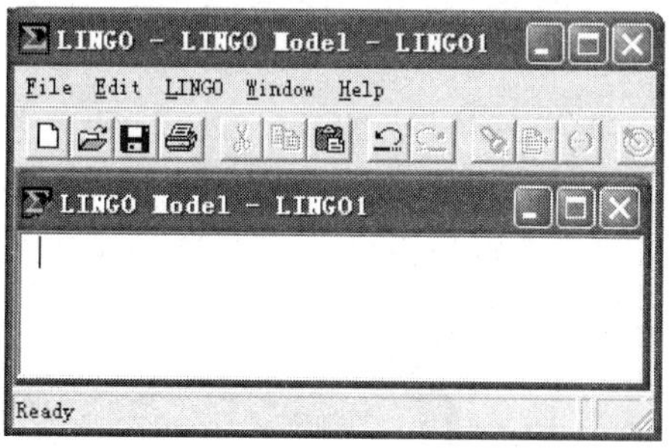

图 10.32 LINGO 模型窗口

1) 文件菜单

文件菜单有 File| New、File| Open、File| Save、File| Print、File| Close、File| Exit 子项，其功能是新建文件、打开文件、保存文件、打印文件、关闭文件和退出 LINGO；File| Export File 项将提供两种输出格式文件：MPS 格式和 MPI 格式。MPS 是 IBM 开发的数字规划文件标准格式，MPI 是 LINGO 制定的一种数字规划文件格式。File| User Database Info 项提供调用数据库文件接口。

2) 编辑菜单

编辑菜单有 Edit| Undo、Edit| Redo、Edit| Cut、Edit| Copy、Edit| Paste、Edit| Find、Edit| Go To Line、Edit| Select Font 子项，其功能是取消、恢复、剪切、复制、粘贴、查找、定位某行、设置字体。粘贴还有不同的选项，例如：paste、paste special、paste function 分别是粘贴剪切板中的内容、某种特殊对象或函数。Edit| Match Parenthesis 项用于匹配模型中的括号；Edit| Insert New Object、Edit| links、Edit| Ojject Propertions 子项的功能是插入应用程序所生成的整个对象、选择其他对象的链接、修改对象的属性。

3) LINGO 系统菜单

LINGO 系统菜单有 LINGO| Solve 求解模型子项对模型进行编译，进行单纯表形的一次迭代、分析无解的原因等；LINGO| Solution 显示解答项，它可以显示当前的解，单纯形表，LINGO| Range 子项进行灵敏度分析、LINGO| Model Statiatics 统计模型信息、LINGO| Debug 子项设置信息项参数和报告格式等；LINGO| Look、LINGO| Generate、LING| Picture 子项将可以选择模型的输入形式显示，对模型集合的非零项按代数表达形式显示、矩阵形式显示或图形方式进行显示；LINGO| Options 子项用于修改 LINGO 系统

的各种控制参数和选项，选项卡参数分为界面、通用求解程序、线性求解程序、线性求解程序、非线性求解程序、整数预处理程序、整数求解程序、全局最优求解程序不同的参数。一般情况下用户都采用默认值。

4）窗口菜单

窗口菜单有 Window|Send to Back、Window|Tile、Window|Close All 子项，其功能是后置窗口、平铺窗口、关闭所有窗口，Window|Command Window、Window|Status Window 是打开命令窗口、状态窗口。

5）Help 菜单

Help 菜单可以提供在线帮助、上下文相关帮助等。

2. 命令行窗口

命令行窗口是通过一行一行的命令来驱动 LINGO 程序运行，命令的运行方式类似 DOS 操作系统下执行一条一条 DOS 命令。窗口可以通过 Window|Command Window 打开。在命令窗口下输入 COMMANDS 或 COM 就能看到所有的有效命令，如图 10.33 所示，共有 9 个方面。

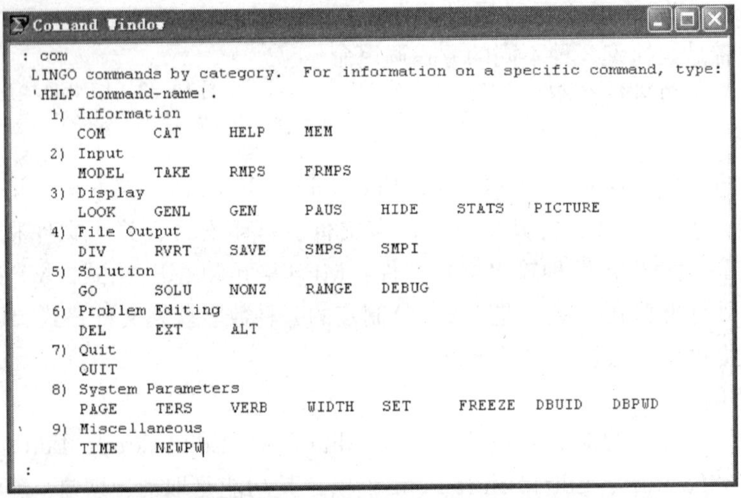

图 10.33　LINGO 命令行窗口

（1）Information 信息类命令：COM、CAT、HELP、MEM。

（2）Input 输入类命令：MODEL、TAKE、RMPS、FRMPS。

（3）Display 显示类命令：LOOK、GENL、GEN、PAUS、HIDE、STATE 、PICTURE。

（4）File Output 文件输出类命令：DIV、RVRT、SAVE、SMPS、SMPI。

（5）Solution 求解类命令：GO、SOLU、NONZ、RANGE、DEBUG。

（6）Problem Editing 编辑类命令：DEL、EXT、ALT。

（7）Quit 退出类命令：QUIT。

（8）System parameters 系统参数类命令：PAGE、TERS、VERB、WIDTH、SET、FREEZE、DBUID、DBPWD。

（9）Miscellaneous 其他命令：TIME、NEWPW。

SET 命令用于设定控制参数，其功能也可以通过 LINGO|Options 项来实现。使用格

式：SET parameter_name| parameter_index [paramter_value]。

以上命令的基本功能可以通过输入 HELP name(name 是命令名)来具体了解，这里不再详细介绍。

3. Status Windows 状态窗口

求解器状态窗口用于监视求解器的进展和模型大小。求解器状态窗口提供一个中断求解器按钮(Interrupt Solver)，单击它会导致 LINGO 在下一次迭代时停止求解。状态窗口如图 10.34 所示。

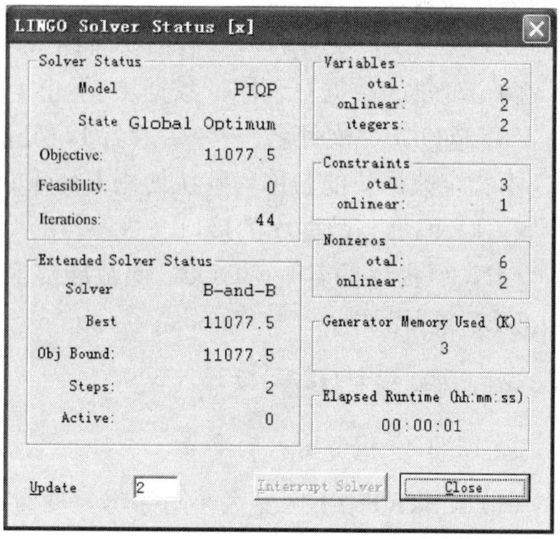

图 10.34 LINGO 的求解状态窗口

在状态窗口可以得到一些解的重要信息：Variables(变量数量)、Constraints(约束数量)、Nonzeros(非零系数数量)、Generator Memory Used(内存使用量)、Elapsed Runtime(已运行时间)；Solver Status(求解器状态)有 Model(模型类别)、State(当前解的状态)、Objectives(当前解的目标函数值)、Feasibility(当前约束不满足的总量)、Iterations(到目前为止的迭代次数)；Extended Solver Status(扩展求解器状态)有 Solver(使用的特殊算法的类型)、Best(目前为止找到的可行解的最佳目标函数值)、Obj Bound(目标函数值的界限)、Steps(特殊求解程序当前当选运行步数显示非负整数)、Active(有效步骤)。

4. LINGO 外部文件的数据传递

LINGO 程序运行时需要用到的大量数据，这些数据通常保存在其他文件中，通常利用 Windows 剪贴板命令，或者用 Ctrl+C 和 Ctrl+V 快捷键，粘贴到 LINGO 程序中。另外，是通过引用 LINGO 与其他文件的接口来调用数据文件。

1) 通过 Windows 剪切板传递数据

打开并选中 Word 或 Excel 中的数据块，选择菜单中的“复制”选项，然后在模型窗口中 LINGO 程序需要粘贴的地方选择 Edit 菜单中的 paste 选项，则数据连同表格一起出现在 LINGO 程序中。

2) LINGO 与文本文件的接口

从文件读取信息格式：@FILE(fname)；

该语句参数 fname 是存放数据的文件名，文件名可以包含目录路径(或默认在当前目录)。文件中可以包含不同的数据段，数据段之间用“～”分开，数据段内的多个数据之间用逗号或空格分开。数据结束时不要加“;”。

把计算结果写入文本文件格式：@TEXT（‘jg.txt’)=变量名；

该语句参数‘jg.txt’是文件名，如果文件不存在，则在当前目录下生成这个文件，如果文件已经存在，则其中的内容将会被覆盖。

3) LINGO 与 Excel 的接口

使用@OLE 函数能把计算结果写入 Excel 文件，使用格式有以下 3 种。

(1) @OLE('文件名'，'数据块名称 1'，'数据块名称 2')=变量名 1，变量名 2；

将两个变量的内容分别写入指定文件的两个预先已经定义了名称的数据块，数据块的长度不应小于变量所包含的数据，如果数据块原有的数据，则@OLE 写入语句运行后原来的数据将被新的数据覆盖。

(2) @OLE('文件名'，'数据块名称')=变量名 1，变量名 2；

两个变量的数据写入同一数据块(不止 1 列)，先写变量 1，变量 2 写入另外 1 列。

(3) @OLE('文件名',)=变量名 1，变量名 2；

不指定数据块的名称，默认使用 Excel 文件中与变量名同名的数据块。

4) LINGO 与数据库的接口

LINGO 提供的名为@ODBC 函数能够实现从 ODBC 数据源导出数据或将计算结果导入 ODBC 数据源中。

10.3.2 LINGO 模型(程序)设计

1. LINGO 模型输入的要点

(1) LINGO 中不区分大小写字母，变量和行名必须以字母开头，长度不能超过 32 个字符。

(2) 约束条件中，变量、常数可以放在方程等式(或不等式)的任意一边，LINGO 中的语句与行序无关，但应尽量按模型的标准型格式输入。

(3) LINGO 模型是由一系列语句组成的，每个语句都以分号“;”结尾，但是 SETS、ENDSETS、DATA、ENDDATA、INIT、ENDINIT 和 MODEL、END 除外。

(4) 函数调用以“@”开头。

(5) 方程式中，每个系数与变量之间是乘积关系的，乘号“*”不能省略。

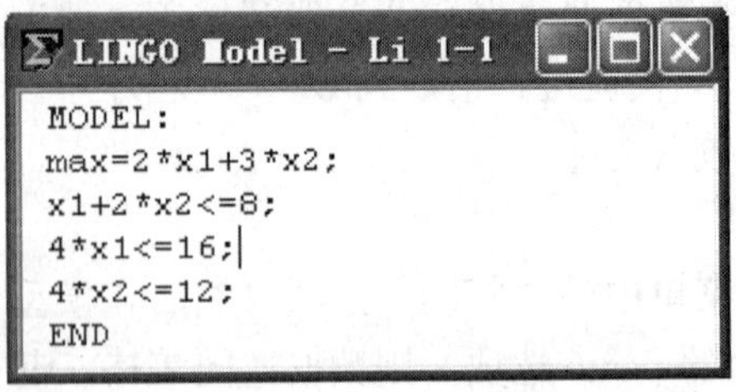

图 10.35　例 1.1 模型的直接输入程序

(6) LINGO 求解时已约定所有变量非负(除非另行说明)。

(7) LINGO 中的注释语句以感叹号“!”开始，以分号“;”结束。

这种方法通常适用模型为标准形式，决策变量数、参数的数据量不大的情况，如图 10.35 所示。

2. LINGO 模型结构

模型结构较复杂时，描述模型可以选择如图 10.36 所示的方式，其结构以 MODEL 开始，以 END 结束，中间部分语句可分为 4 个部分。

(1) 集合部分(SETS)。这部分以“SETS:”开始，以“ENDSETS”结束。其作用是定义必要的变量，便于后面编程进行大规模计算。LINGO 中的集合有两类：一类是(PRIMITIVE SETS)，另一类是(DERIVER SETS)。

原始集合定义格式：SETNAME| member list(or 1..n)/：attribute，attribute，etc.

导出集合定义格式：SETNAME(set1，set2，etc.)：attribute，attribute，etc.

其中，SETNAME 为集的名字，member list 为集成员列表，attribute 为属性。

```
LINGO Model - 例1-1
MODEL:
sets:
  row/1..3/:b;                                      !b的维数=3;
  arrange/1..2/:x,c;                                !x,c的维数=2;
  link(row,arrange):a;
endsets
data:
  b=8,16,12;                                        !b的实际值;
  c=2,3;                                            !c的实际值;
  a=1,2,4,0,0,4;                                    !a的实际值;
enddata
[OBJ]max=@sum(arrange(j):c(j)*x(j));               !目标函数;
@for(row(i):@sum(arrange(j):a(i,j)*x(j))<=b(i););  !约束关系;
@for(arrange(j):x(j)>=0;);
END
```

图 10.36　例 1.1 模型的结构描述程序

(2) 目标与约束。其作用是定义了目标函数、约束条件等，一般要用到 LINGO 的内部函数。

(3) 数据部分(DATA)。这部分以“DATA:”开始，以“END DATA”结束。其作用在于对集合的属性(数组)输入必要的数值。定义格式为 attribute=value_list。

(4) 初始化部分(INIT)。这部分以“INIT:”开始，以“END INIT”结束。其作用在于对集合的属性(数组)定义初值，格式为 attribute=value_list。

3. LINGO 内部运算符和相关函数

1) 常用运算符

算术运算符有+加，一减，*乘，/除，^次方。

逻辑运算符有#EQ#，#NE#，#GT#，#GE#，#LT#，#LE#，#NOT#，#AND#，#OR#。

关系运算符有=，<=，>=。

LINGO 没有单独的“<”和“>”关系，如果出现单个“<”或“>”，LINGO 认为是省略了“=”号，即“<”等同于“<=”，“>”等同于“>=”。

当不同种类的运算符混合运算时，优先级别为：算术优于逻辑，逻辑优于关系，平级从左到右，括号改变次序。

2) 常用数学函数

常用的数学函数有：求绝对值@ABS(X)、求正弦@SIN(X)、求余弦@COS(X)、求正切@TAN(X)、求自然对数@EXP(X)、向 0 靠近返回 X 的整数部分@FLOOR(X)、求 Γ 函数的自然对数值@LGM(X)、求变量 X 的自然对数值@LOG(X)、求变量 X 的符号值@SIGN(X)、求最大值@SMAX(X1，X2，…，XN)、求最小值@SMIN(X1，X2，…，XN)。

3) 集合函数

集合函数的使用格式：set_operator(set_name|condition：expression)

其中 set_operator 部分是集合函数名，set_name 是数据集合名 expression 部分是表达式，condition 部分是条件，用逻辑表达式描述(无条件时可省略)。逻辑表达式中可以有 3 种逻辑算符(与：#AND#，或：#OR#，非：#NOT#)和 6 种关系算符(等于：#EQ#，不等于：#NE#，大于：#GT#，大于等于：#GE#，小于：#LT#，小于等于：

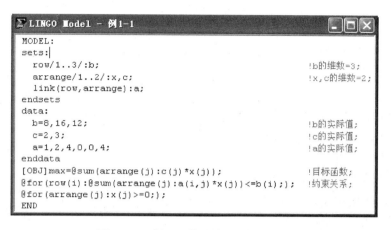

#LE#)。

常见的集合函数有：@FOR(set_name：constraint_expressions)、@MAX(set_name：expressions)、@ MIN (set _ name： expressions)、@ SUM (set _ name： expressions)、@SIZE(set_name)、@IN(set_name，set_element)。

4）变量界定函数

变量函数对变量的取值范围有 4 种限制。

(1) @BND(L，X，U)限制 L≤X≤U。

(2) @BIN(X)限制 X 为 0 或 1。

(3) @FREE(X)取消对 Xr 符号限制(即可取任意实数值)。

(4) @GIN(X)限制 X 为整数值。

5）文件输入输出函数

(1) @FILE(fn)：引用其他 ASCII 码文件中的数据或文本。

(2) @ODBC(fn)：与 ODBC，开放式数据库连接。

(3) @OLE(fn)：与 OLE 对象链接与嵌入。

(4) @TEXT(fn)：向文本文件输出数据。

(5) @POINTER(N)：从共享的内存区域传递数据。

(6) @ITERS( )：返回求解时的迭代次数。

(7) @RANGED(变量名或行名)：最优解保持不变，约束行右边项的允许范围。

(8) @RANGEU(变量名或行名)：最优解保持不变，目标函数中变量系数的允许变化范围。

(9) @STATUS( )：返回 LINGO 求解模型结束后的状态。

10.3.3 运筹学问题的计算机求解

运用 LINGO 软件解决运筹学问题，可分为以下两个步骤：①输入模型；②求解模型并选择显示方式。本节将针对线性规划、运输问题、动态规划和图论的几类问题，运用 LINGO 软件求解教材中例题。

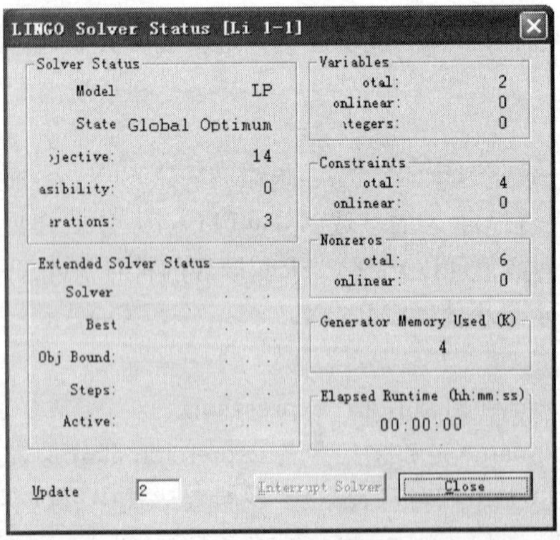

图 10.37 例 1.1 线性规划问题的求解器窗口

1. 线性规划问题

1）输入模型

在图 10.32 中输入例 1.1 的数学模型，在这里按两种格式输入，如图 10.35 模型的直接输入、图 10.36 模型的结构描述。

2）求解模型

选择 LINGO| Solve 编译、求解模型，将弹出求解器状态窗口如图 10.37 所示。其结果迭代 2 次以后，目标函数值为 14。

选择 LINGO| Solution 求解模型，将弹出求解报告窗口，如图 10.38 所示。其结果为 $x_1=4$，$x_2=2$，对偶问题的最优解 $s_1=3/2$，$s_2=1/8$。

```
例1-1
Global optimal solution found at iteration:        5
Objective value:                                   14.00000

        Variable           Value        Reduced Cost
           X( 1)        4.000000            0.000000
           X( 2)        2.000000            0.000000

             Row    Slack or Surplus      Dual Price
             OBJ        14.00000            1.000000
               2        0.000000            1.500000
               3        0.000000            0.1250000
               4        4.000000            0.000000
               5        4.000000            0.000000
               6        2.000000            0.000000
```

图 10.38　例 1.1 求解报告窗口

选择 LINGO|Range 进行灵敏度分析，将弹出灵敏度报告窗口如图 10.39 所示。其结果表明目标函数系数 C 变化的范围为 $\Delta c1 \in [-0.5, \infty)$，$\Delta c2 \in [-3, 1]$，右端系数 b 的变化范围为 $\Delta b1 \in [-4, 2]$，$\Delta b2 \in [-8, 16]$，$\Delta b3 \in [-4, \infty)$。

```
Range Report - Li 1-1

Ranges in which the basis is unchanged:

                              Objective Coefficient Ranges
                         Current        Allowable        Allowable
        Variable     Coefficient         Increase         Decrease
              X1        2.000000         INFINITY        0.5000000
              X2        3.000000         1.000000         3.000000

                                 Righthand Side Ranges
             Row         Current        Allowable        Allowable
                             RHS         Increase         Decrease
               2        8.000000         2.000000         4.000000
               3        16.00000         16.00000         8.000000
               4        12.00000         INFINITY         4.000000
```

图 10.39　例 1.1 界面的分析报告窗口

2. 运输问题

运用 LINGO 求解例 3.1 的运输问题。在图 10.32 中输入例 3.1 的数学模型，如图 10.40所示。

```
LINGO Model - 例3_1
MODEL:
sets:
  row/1..5/:b;                                        !b的维数=5;
  arrange/1..6/:x,c;                                  !x,c的维数=6;
  link(row,arrange):a;
endsets
data:
  b=200,250,100,150,200;                              !b的实际值;
  c=90,70,100,80,65,75;                               !c的实际值;
  a=1,1,1,0,0,0,     0,0,0,1,1,1,     1,0,0,1,0,0,
    0,1,0,0,1,0,     0,0,1,0,0,1;                     !a的实际值;
enddata
[OBJ]min=@sum(arrange(j):c(j)*x(j));                  !目标函数;
@for(row(i):@sum(arrange(j):a(i,j)*x(j))=b(i););      !约束关系;
@for(arrange(j):x(j)>=0;);
END
```

图 10.40　例 3.1 运输问题的程序

选择 LINGO|Solve 编译、求解模型，将弹出求解器状态窗口如图 10.41 所示，其目

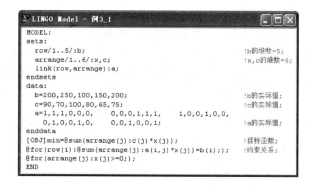

标函数最优值为 34000。

选择 LINGO|Solution 求解模型，将弹出求解报告窗口，如图 10.42 所示。其最优解为 $x_1=50$，$x_2=150$，$x_3=0$，$x_4=50$，$x_5=0$，$x_6=200$。

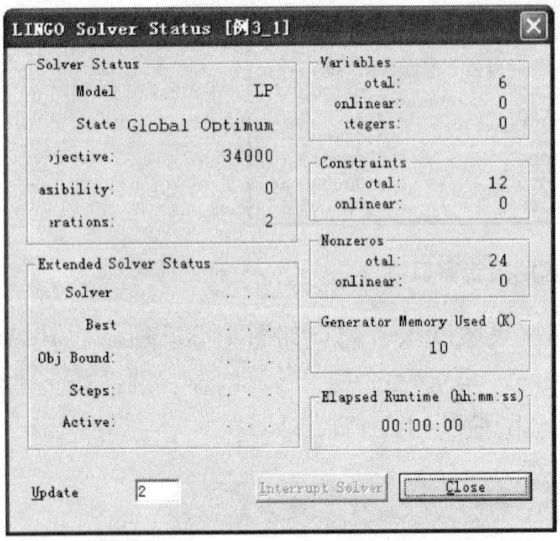

图 10.41 例 3.1 运输问题的求解器窗口

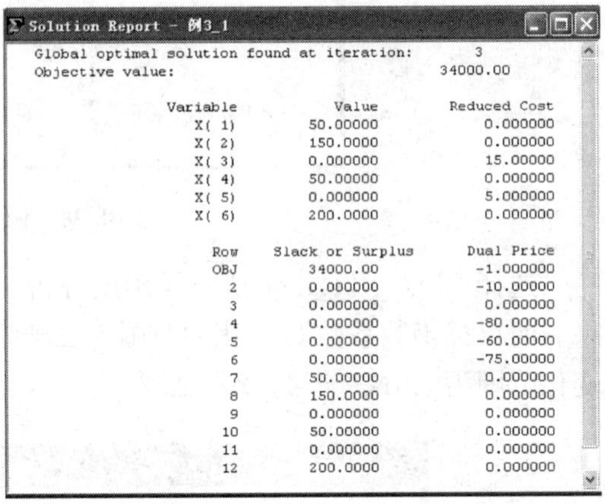

图 10.42 例 3.1 运输问题的求解报告窗口

3. 动态规划问题

运用 LINGO 求解例 5.1 的动态规划中的最短路问题。在图 10.32 中输入例 5.1 的数学模型(即如下程序)。

```
MODEL:
sets:
   point/1..10/;
   road(point,point):w,x;
endsets
data:
   w=0,2,4,3,0,0,0,0,0,0,      2,0,0,0,7,4,0,0,0,0,
     4,0,0,0,3,2,4,0,0,0,      3,0,0,0,6,2,5,0,0,0,
     0,7,3,6,0,0,0,3,4,0,      0,4,2,2,0,0,0,6,3,0,
     0,0,4,5,0,0,0,3,3,0,      0,0,0,0,3,6,3,0,0,3,
     0,0,0,0,4,3,3,0,0,4,      0,0,0,0,0,0,0,3,4,0;     ！权值的实际值;
enddata
min=@sum(road(i,j):w(i,j)* x(i,j));     ！最短路;
@for(point(i)|i#ne#1#and#i#ne#10:
              @sum(point(k):x(k,i))=@sum(point(j):x(i,j)));
@sum(point(j)|j#ne#1:x(1,j))=1;          ！从起点开始;
@sum(point(k)|k#ne#1:x(k,1))=0;          ！不能回到起点;
@sum(point(k)|k#ne#10:x(k,10))=1;        ！到达终点;
@sum(point(j)|j#ne#10:x(10,j))=0;        ！终点截止;
```

```
@for(road(i,j):x(i,j)<=w(i,j));          ! 不关联的路;
@for(road(i,j):@ bin(x(i,j)));           ! xij=0  or  1;
END
```

选择 LINGO| Solve 编译、求解模型，可以得到最短路程为 12，最优路线：点 1→点 4→点 6→点 9→点 10。

4. 网络最大流问题

运用 LINGO 求解例 6.4 图论中的最大流问题。在图 10.32 中输入例 6.4 的数学模型(即如下程序)。

```
MODEL:
sets:
   point/1..6/;
   road(point,point):c,f;
endsets
data:
   c=0,8,7,0,0,0,    0,0,5,9,0,0,    0,0,0,0,9,0,
     0,0,2,0,0,5,    0,0,0,6,0,10,   0,0,0,0,0,0;     ! 权矩阵;
enddata
max=source;                                          ! 流量最大;
n=@size(point);                                      ! 中间点;
source=@sum(point(j):f(1,j));                        ! 从起点流出的量;
terminal=@sum(point(j):f(i,6));                      ! 流入终点的量;
source=terminal
@for(point(i)|i#ne#1#and#i#ne#n:                     ! 中间点平衡;
        @sum(point(j):f(i,j))=@sum(point(k):f(k,i)));
@for(road(i,j):f(i,j)<=c(i,j));                      ! 流量补充超过容量;
END
```

选择 LINGO| Solve 编译、求解模型，可以得到最大流为 14，各支路的流量为 f(1，2)=7，f(1，3)=7，f(2，4)=7，f(3，5)=9，f(4，3)=2，f(4，6)=5，f(5，6)=9。

10.4 运筹学分析运算的综合应用

基于运筹学方法论以及运筹学课程的要求，为学生提出了综合性设计的实验项目，通过收集整理资料、分析问题、建立模型等过程，培养学生独立思考问题与解决问题的能力及计算机运用能力。

1. 实验目的

(1) 掌握不同问题的模型及计算流程。

(2) 培养学生学习和掌握“运筹学运算软件”的使用。

2. 实验要求

(1) 要求学生综合分析问题的背景，提交研究结果。

(2) 要求学生验算各章节的习题。

3. 综合实验与课程设计选题参考

(1) 实验前学生自选以下任意一个题目，通过调研收集资料，建立相关问题的数学模型。

① 为所在班级同学设计一套特定要求的食谱。

② 为父母或同学们设计一套个人储蓄方案。

③ 结合具体情况，设计一套因人而异的学习时间安排方案。

④ 图书馆阅览室自习座位的合理设计(餐厅就餐桌、凳数量、布局的设计)。

⑤ 在调研的基础上制订符合实际的优化的安排生产方案或生产库存计划。

⑥ 帮助农村某乡、村或农户制订作物种植计划，或作物运输方案。

⑦ 为某运输公司制订合理的配车计划。

⑧ 为公交公司制订合理的车辆更新计划。

⑨ 自选背景，解决选址问题，如急救中心、医院、学校、发电厂、仓库等。

⑩ 医院科室医生(学生超市、书店、食堂服务员)数量的合理配置研究。

⑪ 西安市旅游景点经典路线的设计(高校联络最短路线设计)。

⑫ 从老师提供的案例背景材料中选择一个感兴趣的问题进行研究。

⑬ 求最短路径问题的策略迭代法，设计简单明了的表达方式显示求解过程。

⑭ 从《二维背包问题》、《设备更新问题》中任选一例，并建模、求解等。

⑮ 对动态规划的最短路问题和网络最短路问题进行对比分析。

⑯ 调查某工厂扩建(或扩建生产线)问题，利用决策树法求解。

⑰ 设计一个团体体育竞赛项目，用对策论的知识描述、求解。

⑱ 设计某商场里的某种商品的存储问题，用所学的存储知识进行分析求解。

⑲ 实验前另选其他题目，经任课老师同意，可以作为选题。

以上选题均需要通过 QSB 或 LINGO 软件进行求解。

(2) 运用运筹学运算软件得出结果，并记录相关结果。

4. 运用运筹学软件测试书后各章“应用案例”

(略)

参 考 文 献

[1] (美)索尔·加斯. 线性规划方法与应用 [M]. 王建华，等译. 北京：高等教育出版社，1990.
[2] 钱颂迪，等. 运筹学 [M]. 北京：清华大学出版社，2005.
[3] 马仲蕃，魏权龄. 数学规划讲义 [M]. 北京：中国人民大学出版社，1981.
[4] 魏权龄. 数学规划引论 [M]. 北京：北京航空航天大学出版社，1991.
[5] 魏国华. 实用运筹学 [M]. 上海：复旦大学出版社，1987.
[6] 董加礼. 工程运筹学 [M]. 北京：北京工业大学出版社，1988.
[7] 熊义杰. 运筹学教程 [M]. 北京：国防工业出版社，2004.
[8] 徐裕生，等. 优化与决策(修订版) [M]. 西安：陕西科学技术出版社，2004.
[9] 徐渝，胡奇英. 运筹学 [M]. 西安：陕西人民出版社，2001.
[10] Hamdy A. Taha. Operations Research - An Introduction，Second Edition，1976.
[11] A. Kaufmann，Integer and Mixed Programming Theory and Applications，1977.
[12] David G. Luenberger. Linear and Nonlinear Programming [J]. Second Edition，Addison - Wesley，1984.
[13] L. R. Foulds. Optimization Techniques [M]. Springer - Verlag New York Inc. 1981.
[14] 胡运权. 运筹学习题集(修订版) [M]. 北京：清华大学出版社，1995.
[15] 徐永仁. 运筹学习题精选与答题技巧 [M]. 哈尔滨：哈尔滨工业大学出版社，2000.
[16] 朱德通. 最优化模型与实验 [M]. 上海：同济大学出版社，2003.
[17] 陶谦坎. 运筹学 [M]. 西安：西安交通大学出版社，1987.
[18] 程理民，等. 运筹学模型与方法教程 [M]. 北京：清华大学出版社，2000.
[19] 韩中庚. 实用运筹学——模型、方法与计算 [M]. 北京：清华大学出版社，2007.
[20] 肖华勇. 实用数学建模与软件应用 [M]. 西安：西北工业大学出版社，2008.
[21] 张宏斌. 运筹学方法及其应用 [M]. 北京：清华大学出版社，北京交通大学出版社，2008.
[22] 薛毅，等. 运筹学与实验 [M]. 北京：电子工业出版社，2008.
[23] 袁新生. LINGO 和 Excel 在数学建模中的应用 [M]. 北京：科学出版社，2007.
[24] 徐俊明. 图论及其应用 [M]. 合肥：中国科学技术大学出版社，2005.
[25] (美)希利尔，等著. 运筹学导论 [M]. 9 版. 胡运权，等译. 北京：清华大学出版社，2010.
[26] 张之骕，等. 动态规划及其应用 [M]. 北京：国防工业出版社，1994.

北京大学出版社本科计算机系列实用规划教材

序号	标准书号	书　名	主　编	定价	序号	标准书号	书　名	主　编	定价
1	7-301-10511-5	离散数学	段禅伦	28	42	7-301-14504-3	C++面向对象与 Visual C++程序设计案例教程	黄贤英	35
2	7-301-10457-X	线性代数	陈付贵	20	43	7-301-14506-7	Photoshop CS3 案例教程	李建芳	34
3	7-301-10510-X	概率论与数理统计	陈荣江	26	44	7-301-14510-4	C++程序设计基础案例教程	于永彦	33
4	7-301-10503-0	Visual Basic 程序设计	闵联营	22	45	7-301-14942-3	ASP .NET 网络应用案例教程(C# .NET 版)	张登辉	33
5	7-301-10456-9	多媒体技术及其应用	张正兰	30	46	7-301-12377-5	计算机硬件技术基础	石　磊	26
6	7-301-10466-8	C++程序设计	刘天印	33	47	7-301-15208-9	计算机组成原理	娄国焕	24
7	7-301-10467-5	C++程序设计实验指导与习题解答	李　兰	20	48	7-301-15463-2	网页设计与制作案例教程	房爱莲	36
8	7-301-10505-4	Visual C++程序设计教程与上机指导	高志伟	25	49	7-301-04852-8	线性代数	姚喜妍	22
9	7-301-10462-0	XML 实用教程	丁跃潮	26	50	7-301-15461-8	计算机网络技术	陈代武	33
10	7-301-10463-7	计算机网络系统集成	斯桃枝	22	51	7-301-15697-1	计算机辅助设计二次开发案例教程	谢安俊	26
11	7-301-10465-1	单片机原理及应用教程	范立南	30	52	7-301-15740-4	Visual C# 程序开发案例教程	韩朝阳	30
12	7-5038-4421-3	ASP .NET 网络编程实用教程(C#版)	崔良海	31	53	7-301-16597-3	Visual C++程序设计实用案例教程	于永彦	32
13	7-5038-4427-2	C 语言程序设计	赵建锋	25	54	7-301-16850-9	Java 程序设计案例教程	胡巧多	32
14	7-5038-4420-5	Delphi 程序设计基础教程	张世明	37	55	7-301-16842-4	数据库原理与应用(SQL Server 版)	毛一梅	36
15	7-5038-4417-5	SQL Server 数据库设计与管理	姜　力	31	56	7-301-16910-0	计算机网络技术基础与应用	马秀峰	33
16	7-5038-4424-9	大学计算机基础	贾丽娟	34	57	7-301-15063-4	计算机网络基础与应用	刘远生	32
17	7-5038-4430-0	计算机科学与技术导论	王昆仑	30	58	7-301-15250-8	汇编语言程序设计	张光长	28
18	7-5038-4418-3	计算机网络应用实例教程	魏　峥	25	59	7-301-15064-1	网络安全技术	骆耀祖	30
19	7-5038-4415-9	面向对象程序设计	冷英男	28	60	7-301-15584-4	数据结构与算法	佟伟光	32
20	7-5038-4429-4	软件工程	赵春刚	22	61	7-301-17087-8	操作系统实用教程	范立南	36
21	7-5038-4431-0	数据结构(C++版)	秦　锋	28	62	7-301-16631-4	Visual Basic 2008 程序设计教程	隋晓红	34
22	7-5038-4423-2	微机应用基础	吕晓燕	33	63	7-301-17537-8	C 语言基础案例教程	汪新民	31
23	7-5038-4426-4	微型计算机原理与接口技术	刘彦文	26	64	7-301-17397-8	C++程序设计基础教程	郗亚辉	30
24	7-5038-4425-6	办公自动化教程	钱　俊	30	65	7-301-17578-1	图论算法理论、实现及应用	王桂平	54
25	7-5038-4419-1	Java 语言程序设计实用教程	董迎红	33	66	7-301-17964-2	PHP 动态网页设计与制作案例教程	房爱莲	42
26	7-5038-4428-0	计算机图形技术	龚声蓉	28	67	7-301-18514-8	多媒体开发与编程	于永彦	35
27	7-301-11501-5	计算机软件技术基础	高　巍	25	68	7-301-18538-4	实用计算方法	徐亚平	24
28	7-301-11500-8	计算机组装与维护实用教程	崔明远	33	69	7-301-18539-1	Visual FoxPro 数据库设计案例教程	谭红杨	35
29	7-301-12174-0	Visual FoxPro 实用教程	马秀峰	29	70	7-301-19313-6	Java 程序设计案例教程与实训	董迎红	45
30	7-301-11500-8	管理信息系统实用教程	杨月江	27	71	7-301-19389-1	Visual FoxPro 实用教程与上机指导（第 2 版）	马秀峰	40
31	7-301-11445-2	Photoshop CS 实用教程	张　瑾	28	72	7-301-19435-5	计算方法	尹景本	28
32	7-301-12378-2	ASP .NET 课程设计指导	潘志红	35	73	7-301-19388-4	Java 程序设计教程	张剑飞	35
33	7-301-12394-2	C# .NET 课程设计指导	龚自霞	32	74	7-301-19386-0	计算机图形技术(第 2 版)	许承东	44
34	7-301-13259-3	VisualBasic .NET 课程设计指导	潘志红	30	75	7-301-15689-6	Photoshop CS5 案例教程(第 2 版)	李建芳	39
35	7-301-12371-3	网络工程实用教程	汪新民	34	76	7-301-18395-3	概率论与数理统计	姚喜妍	29
36	7-301-14132-8	J2EE 课程设计指导	王立丰	32	77	7-301-19980-0	3ds Max 2011 案例教程	李建芳	44
37	7-301-13585-3	计算机专业英语	张　勇	30	78	7-301-20052-0	数据结构与算法应用实践教程	李文书	36
38	7-301-13684-3	单片机原理及应用	王新颖	25	79	7-301-12375-1	汇编语言程序设计	张宝剑	36
39	7-301-14505-0	Visual C++程序设计案例教程	张荣梅	30	80	7-301-20523-5	Visual C++程序设计教程与上机指导(第 2 版)	牛江川	40
40	7-301-14259-2	多媒体技术应用案例教程	李　建	30	81	7-301-20630-0	C#程序开发案例教程	李挥剑	39
41	7-301-14503-6	ASP .NET 动态网页设计案例教程(Visual Basic .NET 版)	江　红	35					

北京大学出版社电气信息类教材书目(已出版)

欢迎选订

序号	标准书号	书　　名	主　编	定价	序号	标准书号	书　　名	主　编	定价
1	7-301-10759-1	DSP 技术及应用	吴冬梅	26	38	7-5038-4400-3	工厂供配电	王玉华	34
2	7-301-10760-7	单片机原理与应用技术	魏立峰	25	39	7-5038-4410-2	控制系统仿真	郑恩让	26
3	7-301-10765-2	电工学	蒋　中	29	40	7-5038-4398-3	数字电子技术	李　元	27
4	7-301-19183-5	电工与电子技术(上册)(第2版)	吴舒辞	30	41	7-5038-4412-6	现代控制理论	刘永信	22
5	7-301-19229-0	电工与电子技术(下册)(第2版)	徐卓农	32	42	7-5038-4401-0	自动化仪表	齐志才	27
6	7-301-10699-0	电子工艺实习	周春阳	19	43	7-5038-4408-9	自动化专业英语	李国厚	32
7	7-301-10744-7	电子工艺学教程	张立毅	32	44	7-5038-4406-5	集散控制系统	刘翠玲	25
8	7-301-10915-6	电子线路 CAD	吕建平	34	45	7-301-19174-3	传感器基础(第 2 版)	赵玉刚	30
9	7-301-10764-1	数据通信技术教程	吴延海	29	46	7-5038-4396-9	自动控制原理	潘　丰	32
10	7-301-18784-5	数字信号处理(第 2 版)	阎　毅	32	47	7-301-10512-2	现代控制理论基础(国家级十一五规划教材)	侯媛彬	20
11	7-301-18889-7	现代交换技术(第 2 版)	姚　军	36	48	7-301-11151-2	电路基础学习指导与典型题解	公茂法	32
12	7-301-10761-4	信号与系统	华　容	33	49	7-301-12326-3	过程控制与自动化仪表	张井岗	36
13	7-301-10762-5	信息与通信工程专业英语	韩定定	24	50	7-301-12327-0	计算机控制系统	徐文尚	28
14	7-301-10757-7	自动控制原理	袁德成	29	51	7-5038-4414-0	微机原理及接口技术	赵志诚	38
15	7-301-16520-1	高频电子线路(第 2 版)	宋树祥	35	52	7-301-10465-1	单片机原理及应用教程	范立南	30
16	7-301-11507-7	微机原理与接口技术	陈光军	34	53	7-5038-4426-4	微型计算机原理与接口技术	刘彦文	26
17	7-301-11442-1	MATLAB 基础及其应用教程	周开利	24	54	7-301-12562-5	嵌入式基础实践教程	杨　刚	30
18	7-301-11508-4	计算机网络	郭银景	31	55	7-301-12530-4	嵌入式 ARM 系统原理与实例开发	杨宗德	25
19	7-301-12178-8	通信原理	隋晓红	32	56	7-301-13676-8	单片机原理与应用及 C51 程序设计	唐　颖	30
20	7-301-12175-7	电子系统综合设计	郭　勇	25	57	7-301-13577-8	电力电子技术及应用	张润和	38
21	7-301-11503-9	EDA 技术基础	赵明富	22	58	7-301-12393-5	电磁场与电磁波	王善进	25
22	7-301-12176-4	数字图像处理	曹茂永	23	59	7-301-12179-5	电路分析	王艳红	38
23	7-301-12177-1	现代通信系统	李白萍	27	60	7-301-12380-5	电子测量与传感技术	杨　雷	35
24	7-301-12340-9	模拟电子技术	陆秀令	28	61	7-301-14461-9	高电压技术	马永翔	28
25	7-301-13121-3	模拟电子技术实验教程	谭海曙	24	62	7-301-14472-5	生物医学数据分析及其MATLAB实现	尚志刚	25
26	7-301-11502-2	移动通信	郭俊强	22	63	7-301-14460-2	电力系统分析	曹　娜	35
27	7-301-11504-6	数字电子技术	梅开乡	30	64	7-301-14459-6	DSP 技术与应用基础	俞一彪	34
28	7-301-18860-6	运筹学(第 2 版)	吴亚丽	28	65	7-301-14994-2	综合布线系统基础教程	吴达金	24
29	7-5038-4407-2	传感器与检测技术	祝诗平	30	66	7-301-15168-6	信号处理 MATLAB 实验教程	李　杰	20
30	7-5038-4413-3	单片机原理及应用	刘　刚	24	67	7-301-15440-3	电工电子实验教程	魏　伟	26
31	7-5038-4409-6	电机与拖动	杨天明	27	68	7-301-15445-8	检测与控制实验教程	魏　伟	24
32	7-5038-4411-9	电力电子技术	樊立萍	25	69	7-301-04595-4	电路与模拟电子技术	张绪光	35
33	7-5038-4399-0	电力市场原理与实践	邹　斌	24	70	7-301-15458-8	信号、系统与控制理论(上、下册)	邱德润	70
34	7-5038-4405-8	电力系统继电保护	马永翔	27	71	7-301-15786-2	通信网的信令系统	张云麟	24
35	7-5038-4397-6	电力系统自动化	孟祥忠	25	72	7-301-16493-8	发电厂变电所电气部分	马永翔	35
36	7-5038-4404-1	电气控制技术	韩顺杰	22	73	7-301-16076-3	数字信号处理	王震宇	32
37	7-5038-4403-4	电器与 PLC 控制技术	陈志新	38	74	7-301-16931-5	微机原理及接口技术	肖洪兵	32

序号	标准书号	书　　名	主　编	定价	序号	标准书号	书　　名	主　编	定价
75	7-301-16932-2	数字电子技术	刘金华	30	109	7-301-20763-5	网络工程与管理	谢　慧	39
76	7-301-16933-9	自动控制原理	丁　红	32	110	7-301-20845-8	单片机原理与接口技术实验与课程设计	徐懂理	26
77	7-301-17540-8	单片机原理及应用教程	周广兴	40	111	301-20725-3	模拟电子线路	宋树祥	38
78	7-301-17614-6	微机原理及接口技术实验指导书	李干林	22	112	7-301-21058-1	单片机原理与应用及其实验指导书	邵发森	44
79	7-301-12379-9	光纤通信	卢志茂	28	113	7-301-20918-9	Mathcad 在信号与系统中的应用	郭仁春	30
80	7-301-17382-4	离散信息论基础	范九伦	25	114	7-301-20327-9	电工学实验教程	王士军	34
81	7-301-17677-1	新能源与分布式发电技术	朱永强	32	115	7-301-16367-2	供配电技术	王玉华	49
82	7-301-17683-2	光纤通信	李丽君	26	116	7-301-20351-4	电路与模拟电子技术实验指导书	唐　颖	26
83	7-301-17700-6	模拟电子技术	张绪光	36	117	7-301-21247-9	MATLAB 基础与应用教程	王月明	32
84	7-301-17318-3	ARM 嵌入式系统基础与开发教程	丁文龙	36	118	7-301-21235-6	集成电路版图设计	陆学斌	36
85	7-301-17797-6	PLC 原理及应用	缪志农	26	119	7-301-21304-9	数字电子技术	秦长海	49
86	7-301-17986-4	数字信号处理	王玉德	32	120	7-301-21366-7	电力系统继电保护(第 2 版)	马永翔	42
87	7-301-18131-7	集散控制系统	周荣富	36	121	7-301-21450-3	模拟电子与数字逻辑	邬春明	39
88	7-301-18285-7	电子线路 CAD	周荣富	41	122	7-301-21439-8	物联网概论	王金甫	42
89	7-301-16739-7	MATLAB 基础及应用	李国朝	39	123	7-301-21849-5	微波技术基础及其应用	李泽民	49
90	7-301-18352-6	信息论与编码	隋晓红	24	124	7-301-21688-0	电子信息与通信工程专业英语	孙桂芝	36
91	7-301-18260-4	控制电机与特种电机及其控制系统	孙冠群	42	125	7-301-22110-5	传感器技术及应用电路项目化教程	钱裕禄	30
92	7-301-18493-6	电工技术	张　莉	26	126	7-301-21672-9	单片机系统设计与实例开发（MSP430）	顾　涛	44
93	7-301-18496-7	现代电子系统设计教程	宋晓梅	36	127	7-301-22112-9	自动控制原理	许丽佳	30
94	7-301-18672-5	太阳能电池原理与应用	靳瑞敏	25	128	7-301-22109-9	DSP 技术及应用	董　胜	39
95	7-301-18314-4	通信电子线路及仿真设计	王鲜芳	29	129	7-301-21607-1	数字图像处理算法及应用	李文书	48
96	7-301-19175-0	单片机原理与接口技术	李　升	46	130	7-301-22111-2	平板显示技术基础	王丽娟	52
97	7-301-19320-4	移动通信	刘维超	39	131	7-301-22448-9	自动控制原理	谭功全	44
98	7-301-19447-8	电气信息类专业英语	缪志农	40	132	7-301-22474-8	电子电路基础实验与课程设计	武　林	36
99	7-301-19451-5	嵌入式系统设计及应用	邢吉生	44	133	7-301-22484-7	电文化——电气信息学科概论	高　心	30
100	7-301-19452-2	电子信息类专业 MATLAB 实验教程	李明明	42	134	7-301-22436-6	物联网技术案例教程	崔逊学	40
101	7-301-16914-8	物理光学理论与应用	宋贵才	32	135	7-301-22598-1	实用数字电子技术	钱裕禄	30
102	7-301-16598-0	综合布线系统管理教程	吴达金	39	136	7-301-22529-5	PLC 技术与应用(西门子版)	丁金婷	32
103	7-301-20394-1	物联网基础与应用	李蔚田	44	137	7-301-22386-4	自动控制原理	佟　威	30
104	7-301-20339-2	数字图像处理	李云红	36	138	7-301-22528-8	通信原理实验与课程设计	邬春明	34
105	7-301-20340-8	信号与系统	李云红	29	139	7-301-22582-0	信号与系统	许丽佳	38
106	7-301-20505-1	电路分析基础	吴舒辞	38	140	7-301-22447-2	嵌入式系统基础实践教程	韩　磊	35
107	7-301-22447-2	嵌入式系统基础实践教程	韩　磊	35	141	7-301-22776-3	信号与线性系统	朱明早	33
108	7-301-20506-8	编码调制技术	黄　平	26					

相关教学资源如电子课件、电子教材、习题答案等可以登录 www.pup6.com 下载或在线阅读。

扑六知识网(www.pup6.com)有海量的相关教学资源和电子教材供阅读及下载(包括北京大学出版社第六事业部的相关资源)，同时欢迎您将教学课件、视频、教案、素材、习题、试卷、辅导材料、课改成果、设计作品、论文等教学资源上传到 pup6.com，与全国高校师生分享您的教学成就与经验，并可自由设定价格，知识也能创造财富。具体情况请登录网站查询。

如您需要免费纸质样书用于教学，欢迎登陆第六事业部门户网(www.pup6.com)填表申请，并欢迎在线登记选题以到北京大学出版社来出版您的大作，也可下载相关表格填写后发到我们的邮箱，我们将及时与您取得联系并做好全方位的服务。

扑六知识网将打造成全国最大的教育资源共享平台，欢迎您的加入——让知识有价值，让教学无界限，让学习更轻松。

联系方式：010-62750667，pup6_czq@163.com，szheng_pup6@163.com，linzhangbo@126.com，欢迎来电来信咨询。